AF126432

**Studientexte
Basiscurriculum Berufs- und Wirtschaftspädagogik**

Herausgegeben von
Bernhard Bonz, Reinhold Nickolaus und Heinrich Schanz

Band 9

Betriebliche Bildungsarbeit

Kompetenzbasierte Berufs- und Weiterbildung
in digitalen Zeiten

von

Peter Dehnbostel

3. erweiterte und vollständig neubearbeitete Auflage

Schneider Verlag Hohengehren
Baltmannsweiler 2022

Umschlag: Verlag

Gedruckt auf umweltfreundlichem Papier (chlor- und säurefrei hergestellt).

Bibliografische Information der Deutschen Nationalbibliothek

Die Deutsche Nationalbibliothek verzeichnet diese Publikation in der Deutschen Nationalbibliografie; detaillierte bibliografische Daten sind im Internet über ›http://dnb.dnb.de› abrufbar.

ISBN 978-3-8340-2176-2

Schneider Verlag Hohengehren,
Wilhelmstr. 13, 73666 Baltmannsweiler
www:paedagogik.de

© Schneider Verlag Hohengehren,
   D-73666 Baltmannsweiler 2022
   Printed in Germany – Druck: Format Druck, Stuttgart

Inhaltsverzeichnis

Geleitwort

Die Schriftenreihe „Studientexte Basiscurriculum Berufs- und Wirtschaftspädagogik" – SBBW – ist thematisch am Basiscurriculum der Berufs- und Wirtschaftspädagogik orientiert, das als Grundlage der pädagogischen Ausbildung in Studiengängen zur Vorbereitung auf eine Berufstätigkeit im berufsbildenden Schulwesen,
im betrieblichen Bildungs- und Personalwesen, in der beruflichen Weiterbildung, in
der Bildungsverwaltung, im Bildungsmanagement und in der Bildungspolitik dient.
Intention der einzelnen Bände ist es, in den jeweiligen Themenbereich einzuführen,
d. h. die grundlegenden Fragestellungen aufzuzeigen, den Erkenntnisstand im Überblick zugänglich zu machen und zu eigenständiger Auseinandersetzung mit der
Thematik anzuregen. Wesentliches Ziel der einzelnen Bände ist es, sowohl den wissenschaftlichen Zugang zu den Themen zu ermöglichen als auch wichtiges Orien-
tierungswissen für die pädagogische Praxis zur Verfügung zu stellen.

In der Schriftenreihe SBBW sind folgende Bände erschienen oder in Vorbereitung:

1. Wissenschaftstheorie – Logik und Paradigmen berufs- und wirtschaftspädago-
   gischer Forschung
2. Institutionen der Berufsbildung
3. Didaktik – Modelle und Konzepte beruflicher Bildung
4. Methodik – Lern-Arrangements in der Berufsbildung
5. Berufliche Sozialisation
6. Lehr-Lern-Theorien
7. Diagnostik und Evaluation beruflicher Lernprozesse
8. Professionalisierung des beruflichen Bildungspersonals
9. Betriebliche Bildungsarbeit
10. Ideen- und Sozialgeschichte der beruflichen Bildung

Die Schriftenreihe SBBW wendet sich in erster Linie an Studierende berufsbildender Studiengänge sowie an Studierende anderer mit der Berufsbildung befasster
Disziplinen, aber auch an das Lehr- und Bildungspersonal in Schulen, Betrieben
und anderen Institutionen der Berufsbildung einschließlich der beruflichen Fort-
und Weiterbildung.

Die Herausgeber der Schriftenreihe
Bernhard Bonz, Reinhold Nickolaus und Heinrich Schanz

1 Einführung und Übersicht

In diesem Studienbuch geht es um die „Betriebliche Bildungsarbeit" als junges und sich entwickelndes Fach- und Wissenschaftsgebiet. Einhergehend mit dem wachsenden Stellenwert des betrieblichen Lernens und der betrieblichen Kompetenzentwicklung wird der Begriff immer häufiger verwendet, hingegen sind Verständnis und Gegenstandsbeschreibung bisher kaum hinreichend entwickelt und wissenschaftlich fundiert.

Dies zeigt sich auch in der einschlägigen Fachliteratur verschiedener Wissenschaftsdisziplinen, die die betriebliche Bildungsarbeit in ihrem jeweiligen Kontext ansprechen, kaum aber systematisch und grundlegend bearbeiten. Allerdings versuchten drei bereits in den 1990er-Jahren erschienene Abhandlungen die betriebliche Bildungsarbeit als zeitgemäßes Konzept und als wissenschaftlichen Gegenstandsbereich auszuweisen: Meyer-Dohm mit Fokus auf das lernende Unternehmen (Meyer-Dohm 1991a, 1991b); Arnold mit Fokus auf die Betriebspädagogik (Arnold 1997, 61 ff.); Rottmann mit Fokus auf die Professionalisierung des Bildungspersonals (Rottmann 1997, S. 79 ff.). Ihre Ausführungen zu einer modernen betrieblichen Bildungsarbeit sind für den aktuellen Diskurs relevant, auch wenn die zum damaligen Zeitpunkt sich bereits entwickelnde digitale Transformation der Lebens-, Arbeits- und Lernwelten in ihrer epochalen Bedeutung und Wirkung noch nicht erfasst und thematisiert wurde.

In einer allgemeinen Bestimmung umfasst die betriebliche Bildungsarbeit die Gesamtheit aller auf Individuen, Gruppen und Organisationen bezogenen Lernprozesse, die unmittelbar im Unternehmen stattfinden oder von diesem veranlasst, durchgeführt oder verantwortet werden. Dies betrifft alle betrieblichen Trainings-, Qualifizierungs-, Berufsbildungs- und Weiterbildungsaktivitäten, ebenso aber auch die informellen Lern- und Kompetenzentwicklungsprozesse mit ihrer wachsenden Bedeutung in restrukturierten Organisationen und digitalisierten Arbeitsprozessen. Informelles Lernen prägt die berufliche Handlungsfähigkeit von Fachkräften in der modernen Arbeitswelt durchweg stärker als formale Qualifizierungsmaßnahmen. Damit ist die formale Qualifizierung keineswegs unwichtig geworden, im Gegenteil, sie ist in der wissensbasierten Arbeitswelt zu stärken und mit der Qualifizierung im Prozess der Arbeit zu verschränken.

Betriebliche Bildungsarbeit ist mit den Bildungsbereichen des Bildungssystems vielfach verbunden und trägt so wesentlich zur Verzahnung von Beschäftigungs- und Bildungssystem bei. Dem entspricht, dass sich mit den digitalen Transformationen in vielen gesellschaftlichen Bereichen eine – ganz im Gegensatz zur herkömmlichen Industriegesellschaft – wachsende Überschneidung von Arbeitswelt und Lebenswelt zeigt. Im Einzelnen ist die betriebliche Bildungsarbeit unmittelbar mit den Sekundarstufen I und II, der Hochschulbildung (tertiärer Bereich) und der Weiterbildung (quartärer Bereich) über Abschlüsse, Bildungsgänge und Qualifizierungsmaßnahmen verbunden, und zwar:

- mit den Sekundarstufen I und II über berufsorientierende und ausbildungsvorbereitende Maßnahmen sowie über die Berufsausbildung;

- mit der hochschulischen Bildung über duale Studiengänge, berufsbegleitende Bachelor- und Master-Studiengänge, Zertifikatskurse und andere Betrieb und Hochschule verbindende Studienformate;

- mit der beruflichen Umschulung und Fortbildung über betriebliche Weiterbildungsformate, wobei die höherqualifizierende Berufsbildung nach dem novellierten Berufsbildungsgesetz von 2020 für die betriebliche Bildungsarbeit besondere, auf Laufbahn- und Aufstiegswege bezogene Perspektiven bietet (BMBF 2020, S. 73).

Im Mittelpunkt betrieblicher Bildungsarbeit stand zunächst das duale System der Berufsausbildung. Die im Berufsbildungsgesetz (BBiG) und der Handwerksordnung (HwO) fixierten rechtlichen Grundlagen beinhalten eine Einbettung der Berufsausbildung in das öffentlich-rechtliche Bildungssystem. Insbesondere die Dualität der Lernorte Berufsschule und Betrieb steht exemplarisch für die Verzahnung von Beschäftigungssystem und Bildungssystem. Sie findet ihre Fortsetzung in expandierenden und sich immer stärker differenzierenden dualen und berufsbegleitenden Studiengängen.

Der Schwerpunkt der betrieblichen Bildungsarbeit hat sich in jüngster Zeit – einhergehend mit der digitalen Transformation und dem lebensbegleitenden Lernen – von der Berufsausbildung auf die Weiterbildung verlagert, wobei in strategisch aufgestellten Konzepten diese als Einheit, nicht aber als abzugrenzende oder getrennte Systeme gesehen werden. Die in den letzten Jahrzehnten stark expandierende betriebliche Weiterbildung ist mit Abstand der größte Bereich der beruflichen Weiterbildung, wobei die Weiterbildungsbeteiligung der Unternehmen in den letzten Jahren – mit der Digitalisierung als Treiber – gestiegen ist und mit 87, 9 Prozent im Jahr 2019 den bisherigen Höchststand erreicht hat (Seyda/Placke 2020, S. 108 f.). Auch die Gesamtkosten für die betriebliche Weiterbildung sind erheblich gestiegen, und zwar von 28,5 Milliarden Euro im Jahr 2007 auf 41,3 Euro im Jahr 2019 (ebd., S. 110 f.). Allerdings wird die Covid-19-Pandemie, wie schon die Wirtschafts- und Finanzkrise 2008/2009, die Trends zumindest temporär unterbrechen.

Vergleicht man die Aus- und Weiterbildungsbeteiligung der Unternehmen, so steht den 87,9 Prozent betrieblicher Weiterbildungsbeteiligung eine betriebliche Ausbildungsbeteiligung von 19,7 Prozent im Jahr 2018 gegenüber, wobei sich der bis 2017 festzustellende Bestandsverlust an Ausbildungsbetrieben nicht fortgesetzt hat (BMBF 2020, S. 27). Die Auswirkungen der Corona-Pandemie mit einem voraussichtlich starkem Einbruch der Ausbildungszahlen sind in dieser Datenlage jedoch noch nicht berücksichtigt.

Mit der wachsenden Weiterbildungsbeteiligung der Unternehmen korrespondiert die Weiterbildungsbeteiligung der Beschäftigten. Im Jahr 2018 betrug die Weiterbildungsbeteiligung an der betrieblichen Weiterbildung 40 Prozent, wohingegen sie 2012 noch 35 Prozent betrug (BMBF 2019, S. 22). Der Anstieg der gesamten – und nicht nur der betrieblichen – Weiterbildungsbeteiligung von 49 Prozent im Jahr 2012 auf 54 Prozent in 2018 geht ausschließlich auf die betriebliche Weiterbildung zurück, während die nicht berufsbezogene Weiterbildung mit 13 Prozent gleichblieb und die individuelle berufsbezogene Weiterbildung von 9 auf 7 Prozent zurückging (ebd.). Dabei geht es in der Erhebung des Adult Education Survey (AES) nur um die Erfassung nichtformaler Weiterbildungsaktivitäten. Dies bedeutet, dass in dieser Empirie das größtenteils informell erfolgende Lernen in der Arbeit (vgl. Zwischenkapitel 2.3) und die informelle Weiterbildung als größter und wirksamster Bereich der betrieblichen Weiterbildung nicht einmal berücksichtigt werden.

Entscheidend für die Entwicklung der betrieblichen Bildungsarbeit sind die Restrukturierung von Organisationen und die Digitalisierung der Arbeit sowie die damit verbundenen erheblich gewachsenen Lern- und Qualifikationsanforderungen. Wie in diesem Studientext deskriptiv und analytisch aufgezeigt, bestehen für die betriebliche Bildungsarbeit vor allem folgende Entwicklungs- und Gegenstandsbereiche:

- die betriebliche Kompetenzentwicklung zielt auf die umfassende berufliche Handlungskompetenz, eine reflexive Handlungsfähigkeit und digitale Kompetenzen;

- Lernen im Prozess der Arbeit wird ausgebaut, digitales arbeitsintegriertes Lernen entwickelt sich als Bestandteil digitaler Arbeit;

- arbeitsbezogenes Lernen differenziert sich, betriebliche Lernkonzepte werden eingeführt;

- Lernorte und Lernräume entgrenzen und erweitern sich;

- neue Lernorganisationsformen und Lernbegleitungsformen inmitten der Arbeit entstehen;

- die Arbeit wird lern- und kompetenzförderlich gestaltet, in der Arbeit erworbene Kompetenzen werden validiert und anerkannt;

- europäische Empfehlungen und Konzepte nehmen zunehmend Einfluss auf die Berufs- und Weiterbildung.

Erst mit diesen Entwicklungen kann eigentlich von betrieblicher Bildungsarbeit als einem systemisch zusammenhängenden Funktions- und Gegenstandsbereich gesprochen werden, der die gesamte betriebliche Qualifizierung und Bildung begründet, steuert und gestaltet. Die betriebliche Bildungsarbeit ist ein innerbetriebliches Teilsystem des komplexen Unternehmenssystems, zugleich aber auch mit außerbetrieblichen Referenz- und Sozialsystemen verbunden. Innerbetrieblich werden Zielsetzungen der Qualifizierung und Kompetenzentwicklung differenziert und erweitert, außerbetrieblich werden sie durch gesellschaftliche und gesetzliche Inhalte und Bindungen erweitert. Die Einbeziehung der Berufsbildung nach dem BBiG und der HwO zeigt die qualifikationsbezogenen und gesetzlichen Erweiterungen exemplarisch. Es geht aber ebenso um unternehmenskulturelle Zielsetzungen und normative sowie soziale Setzungen, die u. a. über Managementkonzepte und betriebliche Aushandlungen zwischen der Unternehmensleitung und Personalvertretungen in die betriebliche Bildungsarbeit Eingang finden.

Wie im Kapitel 3 ausgeführt, konstituiert sich die betriebliche Bildungsarbeit in ihrer Ausdifferenzierung über die Berufs- und Weiterbildung, die Personal- und Organisationsentwicklung sowie das betriebliche Bildungsmanagement. Übergreifend bezieht sie sich auf das Berufsprinzip und die Berufsform der Arbeit. Der Beruf erbringt eine am Arbeitsmarkt verwertbare Qualifikation, für das Individuum haben Beruf und berufliche Sozialisation eine wichtige Orientierungs-, Allokations-, Identifikations-, Integrations- und Bildungsfunktion. Sie verleihen ihm Selbstwertgefühl, Selbstbewusstsein, sozialen Status und damit letztlich gesellschaftliche Anerkennung. Die Zusammenführung der Begriffe „Beruf" und „Bildung" zur „Berufsbildung" enthält den bildungstheoretisch begründeten Anspruch, den Beruf mit einer die Persönlichkeit bildenden, humanen Entwicklung zu verbinden.

Eng verbunden damit ist die Frage der Positionierung der betrieblichen Bildungsarbeit zwischen Bildung und Ökonomie. Die betriebliche Bildungsarbeit steht wie kein anderer Bildungsbereich im Spannungsfeld von wirtschaftlichen Interessen und individueller Bildungsentwicklung. Der mit restrukturierten Organisationen und der digitalen Transformation einhergehende Lern-, Prozess- und Reflexionscharakter betrieblicher Arbeit und die erhöhten Selbststeuerungs- und Kollaborationsansprüche können ein Indiz für verstärkte Bildungspotenziale im Rahmen betrieblicher Sozial- und ökonomischer Zweckorientierungen sein. Andererseits können aber genau diese Entwicklungen einschließlich einer verstärkten Verantwortung der Beschäftigten für die Arbeitsabläufe zu einer erhöhten Anpassung an technologisch und ökonomisch begründete Effektivitäts- und Effizienzkriterien führen.

Soweit absehbar, lässt die Stellung des Menschen in modernen Arbeitsprozessen durchaus polare Entwicklungen zu: Wachsenden Autonomie- und Entscheidungsspielräumen in der Arbeit stehen mögliche ökonomische Funktionalisierungen durch den ganzheitlich kompetenzbasierten Zugriff auf die Beschäftigten gegenüber. Diese Ambivalenz moderner Arbeitsprozesse wird in den folgenden Kapiteln mehrfach thematisiert, konzentriert im Zwischenkapitel 3.2 unter der Überschrift „Spannungsfeld von Bildung und Ökonomie".

In den folgenden sieben Kapiteln dieses Buches werden Grundlagen, Entwicklungen und Perspektiven der betrieblichen Bildungsarbeit dargelegt. Die Darstellung zeichnet sich dadurch aus, dass der aktuelle Stand der Forschung zu den Schwerpunktthemen aufgenommen und mit aktuellen Entwicklungen, zumal im Hinblick auf die digitale Transformation, verbunden wird. Aus wissenschaftlicher Sicht ist der Blickwinkel somit auf die Handlungs-, Verwendungs- und Anwendungsforschung gerichtet.

Die zu erwartenden Auswirkungen der Corona-Pandemie auf die berufliche Bildung werden kaum angesprochen, da ausgewiesene Forschungsergebnisse zum gegenwärtigen Zeitpunkt noch nicht vorliegen. Es ist aber festzustellen, dass der digital getriebene Strukturwandel der Arbeitswelt erheblich beschleunigt und in der betrieblichen Bildungsarbeit nachhaltige Wirkungen hinterlassen wird. So u. a. in der Stärkung der digitalen Medien und Technologien und ihren Auswirkungen auf das Lernen im Prozess der Arbeit sowie in Veränderungen des Lernorts Arbeitsplatz – Stichwort Home-Office und Coworking Places – und damit verbundener Lernkonzepte, Vernetzungen und Lernformen.

Den Kapiteln ist jeweils zu Beginn ein inhaltlich erläuternder und einordnender Überblick vorangestellt, der die hier vorgenommene kurze Übersicht erweitert. Das folgende **zweite Kapitel** stellt den derzeitigen Wandel der Arbeitswelt dar. Unter Rückblick auf die historische Entwicklung der Arbeit in der 1. und 2. industriellen Revolution wird der aktuelle Wandel der Arbeit als epochal charakterisiert. Er basiert auf dem Einsatz digitaler Systeme und Technologien und geht mit restrukturierten Organisationen einher. In der digitalen Arbeit erfolgt eine Neubestimmung von Technik, Arbeitsorganisation und Qualifikation sowie deren Wechselbeziehungen; der Qualifizierung und dem Lernen wird eine zentrale Rolle zugewiesen. Herausgearbeitet wird, dass die jeweiligen Lern- und Qualifizierungskonzepte nicht technikdeterminiert sind; sie werden vielmehr im gesellschaftlichen Rahmen wirtschafts- und bildungspolitisch und über Aushandlungen bestimmt und gestaltet. Für das wachsende Lernen im Prozess der Arbeit gilt, dass unter den Bedingungen digitaler Arbeit ein arbeitsintegriertes Lernen entsteht, das seinerseits konstitutiver Bestandteil des Arbeitens ist.

Das **dritte Kapitel** fundiert und erweitert das in diesem einleitenden Kapitel vorgenommene Verständnis der betrieblichen Bildungsarbeit und definiert diese. Die Bezugs- und Referenzdisziplinen der betrieblichen Bildungsarbeit, die Berufs- und Weiterbildung, die Personal- und Organisationsentwicklung sowie das betriebliche Bildungsmanagement werden erläutert, die wichtigsten Handlungsfelder der betrieblichen Bildungsarbeit werden skizziert. Auf das bereits angesprochene Spannungsfeld von Bildung und Ökonomie wird eingegangen, die berufliche Handlungskompetenz und die reflexive Handlungsfähigkeit werden als Leitziele der betrieblichen Bildungsarbeit beschrieben und erörtert.

Das **vierte Kapitel** bietet einen Einblick in Theorien und Konzepte betrieblichen Lernens. Es definiert Modelle und Grundformen arbeitsbezogenen Lernens und erläutert diese. Die Lernarten des formalen, informellen und nichtformalen Lernens werden gleichfalls definiert und in ihrer Verwendung in der Arbeits- und Berufswelt aufgezeigt. Betriebliches Lernen erfolgt im Arrangement dieser Lernarten und führt im Kontext des Theorie- und Erfahrungswissens zu beruflicher Handlungskompetenz und reflexiver Handlungsfähigkeit. Es schließen sich Ausführungen zu den wichtigsten betrieblichen Lernkonzepten an. Diese nehmen einschlägig bekannte lerntheoretische Ansätze auf, sind aber vorrangig durch lernkonzeptionelle Leitideen sowie betriebliche Kontextbedingungen geprägt und weisen dem informellen Lernen eine Schlüsselstellung zu. Ein modellhaft entwickeltes und erprobtes Konzept zur abschlussbezogenen arbeitsintegrierten Qualifizierung im Pflegebereich beschließt das Kapitel.

Im **fünften Kapitel** werden betriebliche Lernorte in ihrer Pluralisierung, Erweiterung und Entgrenzung dargestellt. Die Entwicklungen weisen dem „Lernort Arbeitsplatz" und dem „Lernort Betrieb" die Funktion eines Metalernorts zu. Besondere Aufmerksamkeit kommt dem Ausbau betrieblicher Lernorte zu und deren Erweiterung um physische, virtuelle sowie hybride Lernräume und Lernarchitekturen. Synchron zur Entwicklung der Lernorte haben sich die Kooperationsbeziehungen entwickelt: Die Ausdifferenzierung und Erweiterung von Lernorten geht mit einem gleichlaufenden Prozess der Reorganisation der Kooperation zwischen ihnen einher. Aus- und Weiterbildungsverbünde und Qualifizierungsnetzwerke sind Ausdruck dieser Reorganisation.

Betriebliche Lernformen, worunter Lernorganisationsformen und Lernbegleitungsformen verstanden werden, sind Gegenstand des **sechsten Kapitels**. Die Lernformen werden jeweils in ihren konzeptionellen Grundlagen erörtert, um dann Einzelkonzepte beispielhaft darzustellen. Arbeiten und Lernen verbindende betriebliche

Lernorganisationsformen sind Lern- und Qualifizierungsformen inmitten der Arbeit, die die jeweilige Arbeitsinfrastruktur mit einer gezielt angelegten Lerninfrastruktur verschränken und somit auch informelles mit organisiertem Lernen. Auch für Lernbegleitungsformen – kurz Begleitungsformen genannt – ist die Verbindung von Arbeiten und Lernen kennzeichnend. Die starke Verbreitung von Lernformen im Betrieb ist Ausdruck der wachsenden Bedeutung des Lernens im Prozess der Arbeit und seiner Gestaltungs- und Innovationspotenziale.

Das anschließende **siebte Kapitel** widmet sich zwei weiteren zentralen Teilbereichen und Handlungsfeldern der betrieblichen Bildungsarbeit: der lern- und kompetenzförderlichen Arbeitsgestaltung sowie der Validierung und Anerkennung betrieblichen Lernens. Erstere basiert auf der seit den 1980er-Jahren in Theorie und Praxis entwickelten lernförderlichen Arbeitsgestaltung. Es bestehen disziplindifferenzierte Forschungsansätze und ausgewiesene Kriterien, die gleichermaßen der Analyse wie auch der Konstruktion lern- und kompetenzförderlicher Arbeitsgestaltung dienen. Die Validierung, Anerkennung und Anrechnung informell und nichtformal erworbener Kompetenzen ist auf betrieblicher Ebene gleichermaßen im Interesse von Unternehmen und Beschäftigten. Zudem werden darüber bundesweit Gleichwertigkeit und Durchlässigkeit im Bildungssystem erhöht.

Im abschließenden **achten Kapitel** wird ein Blick auf die Zukunft der betrieblichen Bildungsarbeit im Kontext der Europäisierung der Berufsbildung geworfen. Der Einfluss der europäischen Bildungspolitik prägt die Berufsbildung in Deutschland und den Mitgliedstaaten der Europäischen Union zusehends; eine Entwicklung, die angesichts vorherrschender Megatrends wie Digitalisierung, Globalisierung und Nachhaltigkeit ohne Alternative ist. Dies heißt aber auch, dass die europäischen Empfehlungen, Konzepte und Vereinbarungen mit nationalen Entwicklungen in Einklang zu bringen sind. Meilensteine der Entwicklung wie der „Kopenhagen-Prozess", der „Bologna-Prozess" und der „Europäische Qualifikationsrahmen" (EQR) sind von daher darzustellen und in ihren Wirkungen zu erörtern. Hierzu gehört auch der „Deutsche Qualifikationsrahmen" (DQR), der in seiner Umsetzung weitgehend offen ist und bisher kaum als Reforminstrument verstanden wird.

Zum Abschluss dieser Einführung ist darauf hinzuweisen, dass am Ende der Kapitel und zum Teil auch von Zwischenkapiteln kurze zusammenfassende Aufgaben gestellt werden, die der Reflexion und Vertiefung der Ausführungen dienen. Ihre Bearbeitung zeigt, ob die dargelegten Erkenntnisse und Wissensbestände beherrscht werden. Die Aufgaben dienen also der Selbstüberprüfung und sollen zugleich zu einer eigenständigen Auseinandersetzung mit der Thematik anregen. Musterlösungen, ohnehin für relativ offene Fragestellungen kaum möglich, sind nicht erstellt, ein zugehöriges Praxisbuch ist mit dem Verlag in Aussicht genommen.

Im Text werden auf die betriebliche Bildungsarbeit bezogene Begriffsbestimmungen, die in der Regel vorher hergeleitet sind, als ausführliche Glossarbegriffe mit einer umränderten Schattierung hervorgehoben. Das ausführliche Literaturverzeichnis ermöglicht einen Zugriff auf die Veröffentlichungen, ein Abbildungs- und ein Tabellenverzeichnis verweisen auf die Textstellen ihrer Verwendung. Zudem ermöglicht das Sachwortverzeichnis eine nach Begriffen strukturierte Orientierung, was das selbstständige und forschende Lernen erleichtert.

Anzumerken ist schließlich, dass in diese wesentlich überarbeitete und erweiterte Drittauflage dankenswerterweise zahlreiche Hinweise, Anmerkungen und Kritiken eingeflossen sind. In konzentrierter Form erfolgte dies u. a. in den berufsbegleitenden Masterstudiengängen „Bildungs- und Wissenschaftsmanagement" an der Carl von Ossietzky Universität Oldenburg und „Organisations- und Personalentwicklung" an der Friedrich-Alexander Universität Erlangen-Nürnberg, in denen der Verfasser lehrt. Es bleibt zu wünschen, dass diese dritte Auflage weiterhin zu Diskursen und Hinweisen anregt.

2 Epochaler Wandel der Arbeitswelt und arbeitsintegriertes Lernen

Die Arbeitswelt erlebt seit den 1970er-Jahren einen grundlegenden Wandel, der auf dem Einsatz digitaler Systeme und Technologien basiert und mit restrukturierten Organisationen einhergeht. Anders betrachtet, geht es um die Ablösung der herkömmlichen Industriegesellschaft durch die aufkommende digitale Gesellschaft. Damit kündigt sich eine epochale Veränderung der Arbeit an, die auch unter dem Label der 3. und 4. industriellen Revolution gefasst wird.

Die digitale Transformation der Arbeitswelt mit ihren grundlegenden Wandlungsprozessen, strukturellen Umbrüchen und Entgrenzungen prägt die betriebliche Bildungsarbeit. Auf institutioneller und gesellschaftlicher Ebene erfolgt eine Transformation des gesamten Bildungs- und Beschäftigungssystems, die zudem durch die in der Corona-Pandemie vorangetriebene Digitalisierung beschleunigt wird und nachhaltige Wirkungen in Lebens-, Arbeits- und Lernwelten erzeugt. Digitale Transformationen stellen eine in ihrem Ausmaß zur 1. und 2. industriellen Revolution vergleichbare gesellschaftliche Umbruchsituation dar.

Der aktuelle Wandel der Arbeit nimmt eine Neubestimmung von Technik, Arbeitsorganisation und Qualifikation sowie deren Wechselbeziehungen vor und weist der Qualifizierung und dem Lernen eine zentrale Rolle zu. Wie schon die 1. und 2. industrielle Revolution zeigen, sind die jeweiligen Lern- und Qualifizierungskonzepte nicht technikdeterminiert; sie werden im gesellschaftlichen Rahmen wirtschafts- und bildungspolitisch bestimmt, d. h. gegenwärtig wesentlich über Aushandlungen der Sozialpartner und Stakeholder.

Bei aller Offenheit und allen denkbaren Entwicklungswegen der Digitalisierung herrscht Konsens darüber, dass das Lernen in der Arbeit neu aufgestellt wird und einen zuvor nicht gekannten Stellenwert in der Arbeit erhält. Während in der herkömmlichen Industriegesellschaft mit ihren tayloristischen Arbeitsstrukturen ein Lernen in der Arbeit kaum möglich war, setzte mit Beginn der Digitalisierung und restrukturierten Organisationskonzepten eine Renaissance des Lernens in der Arbeit ein. Heute generiert digitales Arbeiten ein arbeitsintegriertes Lernen, das seinerseits konstitutiver Bestandteil des Arbeitens ist.

In diesem Kapitel wird zunächst der Wandel der Arbeit unter Einbeziehung der Verläufe der industriellen Revolutionen in den Blick genommen und gezeigt, dass Qualifizierung und Berufsbildung nicht technik- und organisationsdeterminiert sind (2.1). Dann werden die seit den 1970er-Jahren erfolgende Restrukturierung von Organisationen und die Digitalisierung der Arbeit genauer dargestellt (2.2), um anschließend auf das Lernen im Prozess der Arbeit und das arbeitsintegrierte Lernen als konstitutiver Bestandteil digitaler Arbeit einzugehen (2.3).

2.1 Wandel der Arbeit und Offenheit der Qualifizierung

Der Wandel der Arbeitswelt zeigt sich seit den 1970er-Jahren in restrukturierten Organisationskonzepten und der sich entwickelnden Digitalisierung. Schlagworte wie „Lean Production", „Lean Management", „Lernende Organisation", „Smart Factory", „Industrie 4.0" und „Arbeit 4.0" bezeichnen neue Organisations-, Management- und Arbeitskonzepte (*Womack/Jones/Ross* 1992; *Senge* 1996; *Dehnbostel/Erbe/Novak* 1998; *Argyris/Schön* 2002; *Botthof/Hartmann* 2015; *BMAS* 2017; *Hirsch-Kreinsen/Ittermann/Niehaus* 2018). Sie sind Ausdruck tiefgehender Umbrüche in der Arbeitswelt und stehen, epochal gesehen, eher am Anfang ihrer Entwicklung.

Diese Umbrüche sind von tiefgreifenderer Bedeutung als herkömmliche und geläufige betriebliche Veränderungs- und Rationalisierungsmaßnahmen. Sie sind mit dem epochalen Wandel früherer industrieller Revolutionen vergleichbar. Kennzeichnend für sie sind die rasche Verbreitung digitaler Technologien, eine zunehmend kundenorientierte und globalisierte Ökonomie, eine veränderte Mensch-Maschine-Interaktion, der Einsatz von Lernkonzepten und Lernformen in der Arbeit, eine kompetenzbasierte Qualifizierung und – für die betriebliche Bildungsarbeit besonders bedeutend – ein arbeitsintegriertes Lernen als konstitutiver Bestandteil digitaler Arbeit.

Auf gesellschaftlicher Ebene geht dieser Wandel mit der Ablösung der herkömmlichen Industriegesellschaft einher, für deren Neuformierung eine ausgewiesene Begriffsbestimmung noch aussteht. Die bisher bestehenden Begriffe von der „Informationsgesellschaft", „Postmoderne" und „Wissens- und Dienstleistungsgesellschaft" über die „Zweite Moderne" und „Reflexive Moderne" bis zur „digitalen Gesellschaft" und „Transformationsgesellschaft" betonen jeweils bestimmte Phänomene des epochalen Wandels, erfassen aber den epochalen und ganzheitlichen Umbruch nur unzureichend. Analytisch treffen vor allem die soziologischen Befunde einer reflexiven Modernisierung auf die sich entwickelnde digitale Gesellschaft zu, so vor allem: Ende der herkömmlichen Erwerbsarbeit; prekäre Arbeitsverhältnisse; die Normalität von Ungewissheiten, Kontingenzen und Antinomien; die Digitalisierung, Dezentralisierung und Destandardisierung von Arbeit; das Wachsen des Informellen, der Wissensarbeit und von Netzwerken; das Entstehen von Autonomieräumen, Flexibilität und Nachhaltigkeit; die Globalisierung und

Individualisierung der Gesellschaft sowie ökologische Krisen (*Beck* 1986; *Beck/ Giddens/Lash* 1996; *Beck* 1999).

In Unternehmen verändern restrukturierte betriebliche Organisationskonzepte und die digitale Transformation die Grundlagen und Rahmenbedingungen der Arbeit und die darauf bezogene Qualifizierung. Sie führen – wie die nächsten Kapitel zeigen – in nahezu allen Handlungsfeldern und Bereichen der betrieblichen Bildungsarbeit und der Personalentwicklung zu Um- und Neugestaltungen. Entscheidend dabei ist, dass dieser Wandel gestaltbar ist, und wichtiger noch, dass er gestaltet wird, um eine menschengerechte Arbeit auszubauen und der gleichfalls möglichen gegenteiligen Entwicklung der Enthumanisierung der Arbeitswelt zu begegnen.

Bei allen Einschränkungen und Rückschritten, die sich angesichts politischer und wirtschaftlicher Entwicklungen weltweit zeigen, werden die Globalisierung und deren Auswirkungen auf die Arbeit nicht zurückzunehmen sein. Dabei ist in der globalen, vor allem aber in der nationalen Entwicklung die Frage nach der konzeptuellen Anlage der zukünftigen Qualifizierung für die digitale Arbeitswelt entscheidend; also die Frage der Gestaltung des Lernens, der Kompetenzentwicklung und der Bildung. Hierüber werden wirtschaftliche Entwicklungen wesentlich beeinflusst, vor allem werden aber die Rahmenbedingungen für eine mehr oder weniger menschengerechte Arbeit als Bestandteil der Identitätsbildung des Menschen und der Persönlichkeitsbildung festgelegt. Auszugehen ist dabei von der grundlegenden Annahme, dass die Digitalisierung der Arbeitswelt keine deterministisch bestimmten Qualifizierungskonzepte und Lernformen nach sich zieht.

Bereits ein kurzer Blick in die Technikgeschichte zeigt, dass in industriellen Revolutionen – vgl. die folgende Abbildung 1 – die technologischen und größtenteils auch arbeitsorganisatorischen Entwicklungen determiniert werden, Formen und Konzepte des Lernens und der Qualifizierung hingegen weitgehend unbestimmt bleiben (*Dehnbostel* 2016 a).

Schon die erste industrielle Revolution, beginnend in der zweiten Hälfte des 18. Jahrhunderts, ließ den Zusammenhang von Industrialisierung und beruflicher Qualifizierung einschließlich damit verbundener Lernformen offen. Während im Ursprungsland der ersten industriellen Revolution, in England, keine gestalteten Qualifizierungskonzepte für die mit Wasser- und Dampfkraft vorangetriebene Mechanisierung der Industrie entwickelt wurden, entdeckte die nachholende Industrialisierung auf dem Kontinent, zunächst in Frankreich und dann in Deutschland, die unterstützende und gestaltende Funktion einer organisierten Qualifizierung (*Greinert* 1999).

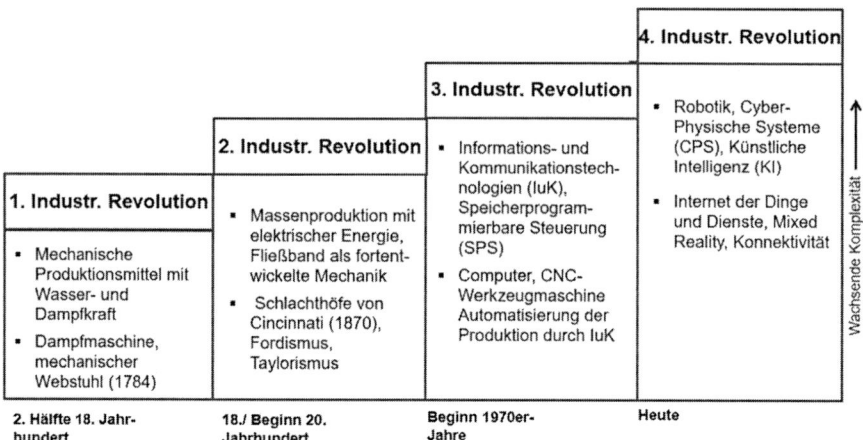

Abb. 1: Entwicklungsstufen industrieller Revolutionen

So ist die Herausbildung des dualen Systems der Berufsausbildung in Deutschland als Auseinandersetzung mit der überkommenen berufsständischen Qualifizierung und als Reaktion auf die durch die erste industrielle Revolution hervorgerufene Umwälzung der Arbeitskonzepte und der Arbeitskultur zu verstehen. Schon früh wurden Qualifizierungs- und Berufsbildungsstrukturen für notwendig erachtet, diese aber keineswegs als abhängige Variable der Qualifikationsbedarfe der Betriebe. Das duale System mit den beiden Lernorten Betrieb und Schule zielte von Beginn an auf sowohl qualifikatorische wie gesellschaftlich-soziale wie individuelle Standards, und zwar in öffentlich-rechtlicher Verantwortung.

Die in der zweiten Hälfte des 19. und mit Beginn des 20. Jahrhunderts einsetzende zweite industrielle Revolution war durch Massenproduktion unter Nutzung der Elektrizität charakterisiert. Die daraufhin in den industrialisierten Ländern durchgeführte Qualifizierung war sehr unterschiedlich angelegt. Dies zeigen beispielhaft der Taylorismus als „Wissenschaft der industriellen Arbeit" in den USA (*Friedmann* 1952) und das duale System der Berufsausbildung mit dem neuen Qualifikationstyp des Facharbeiters in Deutschland. Im Taylorismus erfolgte die Qualifizierung über Anlerntätigkeiten, wofür Henry Fords Variante mit Fließbandarbeit und Massenproduktion bei verhältnismäßig hohen Entlohnungen exemplarisch steht, während in Deutschland Facharbeitertätigkeiten vorherrschten.

Mit der seit den 1960-/1970er-Jahren stattfindenden dritten industriellen Revolution erfolgt eine informations- und kommunikationstechnologische Durchdringung der Arbeit durch den Einsatz von Mikroelektronik und digitalen Systemen. Inwieweit die erst seit 2011 in Deutschland propagierte Industrie 4.0 tatsächlich eine – wie in der Abbildung 1 ausgewiesen – historisch und technologisch neue, vierte industrielle Revolution kennzeichnet, sei dahingestellt. In jedem Fall findet auf der Grundlage digitaler Technologien und restrukturierter Organisationen eine spätestens in den 1970er-Jahren einsetzende epochale Veränderung der Arbeitswelt statt.

Die Ursachen und Entwicklungsverläufe des Wandels der Arbeitswelt werden häufig auf sich wechselseitig beeinflussende Megatrends zurückgeführt, die in den 1980er-Jahren in die Diskussion eingeführt wurden (*Wilbers* 2020, S. 130). Aktuell sind mit Blick auf den Wandel der Arbeit u. a. zu nennen: Globalisierung, Digitalisierung, Nachhaltigkeit, demografische Entwicklung und Fachkräftemangel, Konnektivität, Dienstleistungscharakter und Subjektivierung von Arbeit, Wertewandel (*Schiersmann* 2007, S. 16 ff.; *Dehnbostel* 2008, S. 24 ff.; *zukunftsInstitut* 2021).

Diese Megatrends sind für die Restrukturierung von Organisationen prägend und erfordern veränderte Qualifikationen und ganzheitliche Kompetenzen. Wie sich in den letzten Jahren herausgestellt hat, kommt dabei der bereits mehrfach angesprochenen Digitalisierung eine vorrangige Rolle zu, wobei sie sich mit anderen Megatrends verschränkt. Die beiden folgenden Zwischenkapitel zeigen, wie die Digitalisierung die Entwicklung von Organisationen und Arbeit sowie das darauf bezogene Lernen in den letzten Jahren dominiert.

2.2 Restrukturierte Organisationen und digitale Arbeit

Mit den seit den 1970er-/1980er-Jahren auf breiter Basis eingeführten neuen Organisations- und Arbeitskonzepten und der damit einhergehenden Requalifizierung, Reprofessionalisierung und Prozessorientierung von Facharbeit (*Kern/Schumann* 1984; *Schultz-Wild/Lutz* 1997) vollziehen Unternehmen zunächst den Wandel von einer tayloristischen zu einer prozessorientierten und in einer weiteren Entwicklungsstufe zu einer digitalen Organisation der Arbeit. Dieser grundlegende Wandel der Arbeitsorganisation ist unter Ausweisung zentraler Merkmale in der folgenden Tabelle 1 dargestellt.

Tab. 1: Wandel von der taylorisierten zur digitalen Arbeitsorganisation (in Anlehnung an *Baethge/Baethge-Kinsky* 1998, S. 463; *Dobischat/Düsseldorff/Schurgatz* 2011, S. 6)

Organisa- tion Merkmal	Taylorisierte Organisation	Prozessorientierte Organisation	Digitale Organisation
Arbeitstei-lung	aufgabenzentrierte Zerlegung	ablauforganisations-bezogene Kontexte	Situative, prospek-tive Ganzheitlichkeit
Arbeitsform	Einzelarbeit, aufgaben-bezogene Zusammen-arbeit	halbautonome Gruppenarbeit	physische und virtuelle Kolla-boration
Koopera-tionsform	funktional gegliederte Zuständigkeiten	kooperative, quer-funktionale Formen	Vernetzung, Konnek-tivität, Agilität
Statusorga-nisation	hochgradig vertikal differenziert	dezentral	heterarchisiert
Arbeitszeit-modell	starr, zentral festgelegt	dezentral, flexibel	digitalisiert, selbst-gesteuert

Die in der Übersicht typenartig abgegrenzte Einordnung verläuft real in fließenden Übergängen, da sich die Organisationstypen überlappen und in einzelnen Betrieben sogar synchron verlaufen. Auch sind die adjektivistischen Bezeichnungen nicht ein-deutig auf einen bestimmten Organisationstyp bezogen. So zeichnet sich die pro-zessorientierte Arbeitsorganisation auch durch ihre digitale Profilierung in Form des Einsatzes von digitalen Technologien aus, während die digitale Organisation durchaus Merkmale der Prozessorientierung und auch des Taylorismus aufweisen kann wie das beispielsweise in der „Amazonisierung der Industriearbeit" zum Aus-druck kommt (*Butollo/Ehrlich/Engel* 2017).

Arbeitsorganisatorisch zeichnet die post-taylorisierte Organisation eine Arbeitsan-reicherung und Arbeitserweiterung aus; repetitive und monotone Arbeitstätigkeiten werden automatisiert, es wird ein zuvor nicht gekannter Automatisierungsgrad erreicht. Anstelle hierarchischer Organisationen treten dezentrale, partizipative und agile Organisationsstrukturen. Arbeitsorganisationsformen erweitern sich durch Arbeitsanreicherung (Job Enrichment) auf individueller und gruppenbezogener Ebene sowie durch eine größere Arbeitsvarietät durch Arbeitsvergrößerung (Job Enlargement) und systematischen Arbeitsplatzwechsel (Job Rotation) (*Schreyögg* 2008, S. 209).

Hauptmerkmal der Digitalisierung der Arbeit ist der Einsatz digitaler Schlüsseltech-nologien. Zu nennen sind vorrangig die Robotik, Cyber-Physischen Systeme (CPS) und die Künstliche Intelligenz (KI), wobei letztere technologisch am breitesten aufgestellt und in den beiden erstgenannten partiell enthalten ist (*Die Bundesregierung* 2018; *Hirsch-Kreinsen/Karačić* 2019). In der Digitalisierung findet eine Online-Vernetzung von Maschinen, Betriebsmitteln und Logistiksystemen statt. Maschinen, Produktionsmittel, Dienstleistungen und Produkte kommunizieren direkt miteinander und stehen in einer multimodalen Mensch-Maschine-Interaktion. Letztlich vernetzt sich die physische Welt der Dinge mit der virtuellen Computerwelt und bewirkt dabei eine weitgehend autonome Steuerung und Optimierung von Produktions- und Arbeitssystemen durch eigenständigen Daten- und Informationsaustausch.

Zudem werden den technologischen Systemen, insbesondere der Künstlichen Intelligenz, Optimierungs- und Lernfähigkeiten zugeschrieben, deren Reichweite und Wirkung noch nicht abzusehen sind. In der „Nationalen Strategie für Künstliche Intelligenz" der Bundesregierung von 2018 wird zwischen „schwacher" und „starker" KI unterschieden (*Die Bundesregierung* 2018, S. 4 f.). Während die schwache KI mit maschinellem Lernen, adaptiven Assistenzsystemen und angewandter Robotik ihre Funktionsfähigkeit längst unter Beweis gestellt hat, steht dies – verbunden mit ungleich stärkeren gesellschaftlichen Implikationen – für die starke KI mit ihrem Anspruch auf dem Menschen vergleichbare oder ihn übertreffende kognitive und auch emotionale Fähigkeiten noch aus.

Die in der Industrie konzentrierte Entwicklung findet im intelligenten Zusammenspiel von Beschäftigten und Schlüsseltechnologien in allen Wirtschaftsbranchen in unterschiedlichen Konstellationen und mit unterschiedlicher Intensität statt. Von daher ist der Ausdruck „digitale Arbeitswelt" treffend. Die auf der Grundlage der Mikroelektronik und digitaler Technologien basierende Digitalisierung wird verallgemeinert und auf sozialwissenschaftlich und ökonomisch erfasste Entwicklungen und Erkenntnisse bezogen wie es in den Begriffen „Vision 4.0", „Arbeit 4.0", „Wirtschaft 4.0" und „Berufsbildung 4.0" zum Ausdruck kommt (*Hirsch-Kreinsen/Ittermann/Niehaus* 2018; *BMAS* 2017; *Wolter* u. a. 2019; *Zinke* 2019).

Digitale Arbeit ordnet sich in das Kontinuum von physischer und virtueller Realität ein, wobei hybride Formate deren Überschneidung, wenn auch nicht per se deren Integration anzeigen. Die neue Arbeitswelt spiegelt sich in Fachausdrücken wie „Augmented Reality", „Virtual Reality", „Mixed Reality", „Augmented Learning" und „Social Augmented Learning" wider. Der physische Arbeitsplatz wird digital über mobile Endgeräte um virtuelle Arbeitsorte erweitert, Lernorte und Lernräume verbinden sich in konnektivitätsbezogenen Netzwerken. Die virtuell erweiterte Realität und hybride Arbeits- und Organisationsformen sind die Normalität der zukünftigen Arbeitswelt.

Die digitale Arbeit zeichnet sich durch die Neubestimmung von Technik, Arbeitsorganisation und Qualifikation und deren Wechselbeziehungen aus:

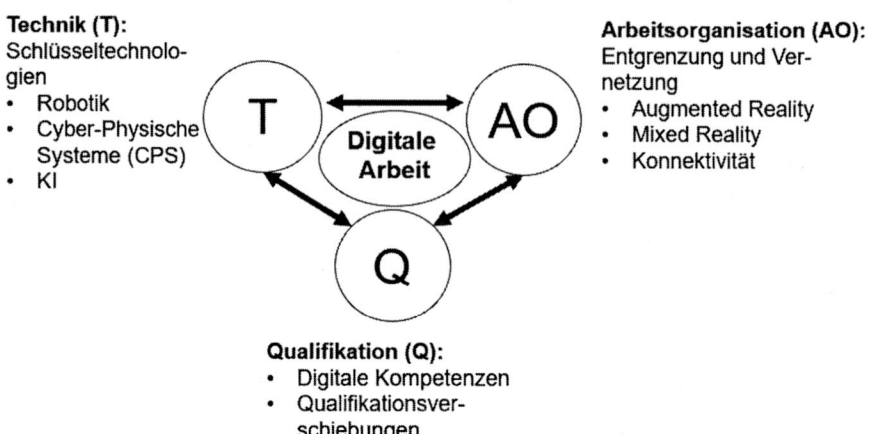

Technik (T):
Schlüsseltechnologien
- Robotik
- Cyber-Physische Systeme (CPS)
- KI

Arbeitsorganisation (AO):
Entgrenzung und Vernetzung
- Augmented Reality
- Mixed Reality
- Konnektivität

Qualifikation (Q):
- Digitale Kompetenzen
- Qualifikationsverschiebungen

Abb. 2: Digitale Arbeit im Kontext von Technik (T), Arbeitsorganisation (AO) und
Qualifikation (Q)

Wie die Abbildung zeigt, bestimmen digitale Schlüsseltechnologien die technische Grundlegung der digitalen Arbeit; die Arbeitsorganisation ist durch Entgrenzung und Vernetzung gekennzeichnet, wobei hier jeweils nur eine begrenzte, dabei aber dominierende Anzahl an Merkmalen genannt ist. Im Hinblick auf die Qualifikationen bestehen „neue Anforderungen am Arbeitsplatz und an die beruflichen Tätigkeiten" , wodurch „klassische Fachkrafttätigkeiten weniger und komplexe und hochkomplexe Tätigkeiten mehr und mehr nachgefragt werden" (*Helmrich* u. a. 2016, S. 19).

Bezogen auf die seit den 1970er-Jahren geführte Polarisierungsdebatte, die die Qualifikationsentwicklung in entgegengesetzte Hoch- und Niedrigqualifikationen zum Gegenstand hat, kommen Helmrich u. a. in ihren Forschungsergebnissen zu dem Schluss, dass „die Polarisierungsthese im engeren Sinne" auf die Digitalisierung der Arbeit nicht zutrifft, wohl aber neue Qualifikationen aufkommen und Berufsanpassungen notwendig sind. Dies trifft u. a. auf die industriellen Metall- und Elektroberufe zu, deren Qualifikationsentwicklung im Hinblick auf die Digitalisierung analysiert worden ist und deren Ausbildungsordnungen angepasst werden (*Becker / Spöttl* 2019, S. 586 ff.; *Zinke* 2019).

Anzumerken ist, dass empirische Befunde über die Folgen der Digitalisierung im Hinblick auf Qualifikationsanforderungen und Berufsveränderungen bisher wenig valide und reliabel sind, da die gegenstandsbezogene Forschung im Hinblick auf den Untersuchungsgegenstand etwas zu erfassen versucht, was höchst unbestimmt und in der Entwicklung bisher relativ ergebnisoffen ist. Insofern sind die vorliegenden, eher inkrementell und moderat gefassten Reformvorschläge zur Weiterentwicklung von Berufen zu hinterfragen und weitreichendere Analysen heranzuziehen.

Mit der Digitalisierung geht es im Unterschied zu vorherigen industriellen Umwälzungen nicht nur um die Substitution körperlich zu verrichtender Tätigkeiten, sondern – wie mit den Schlüsseltechnologien angesprochen – zunehmend um die Automatisierung kognitiver menschlicher Arbeit. Dabei stellt sich die zentrale Frage nach der Auflösung oder Substitution bisheriger Arbeitstätigkeiten, womit nicht nur der Qualifikations- und Qualifizierungswandel angesprochen wird, sondern ebenso die arbeitsmarkt- und personalpolitisch wichtige Frage nach dem Abbau resp. Zugewinn an Arbeitsplätzen.

Die Debatte über die Substitution von Arbeitstätigkeiten wird seit der 2013 erschienenen Studie von *C. B. Frey* und *M. Osborne* intensiv geführt (*Frey/Osborne* 2013; *Bonin/Gregory/Zierahn* 2015), wobei die Erstaussagen über die Gefährdung von Arbeitsplätzen und Wegfall von Berufen dahingehend revidiert wurden, dass es eher um die Automatisierung und den Wegfall von einzelnen Arbeitstätigkeiten und weniger von ganzen Berufen geht. Es wird davon ausgegangen, dass die Substituierungsmöglichkeiten mit dem Automatisierungsgrad von Tätigkeiten korrespondieren (*Helmrich* u. a. 2016; *Dengler/Matthes* 2018; *Dengler* 2019; *Wolter* u. a. 2019). Beispielsweise kann die Substituierung für Helfer- und Fachkraftberufe weit über 50 Prozent des derzeitigen Qualifikationsniveaus betragen, während diese bei Expertenberufen geringer als 30 Prozent ist. Absolute Arbeitsplatzverluste werden insgesamt nicht prognostiziert, da dem Abbau von Arbeitsplätzen die Schaffung neuer digitalisierter Arbeitsplätze gegenübersteht.

Für das Lernen zeigen sich in restrukturierten Organisationen und der digitalisierten Arbeit – unabhängig vom innertechnologischen maschinellen und algorithmischen Lernen – neue Lerngelegenheiten und Qualifizierungsoptionen jenseits des Taylorismus. Mit der Renaissance des Lernens in der Arbeit verändert sich auch die Qualifizierung, die wie im vorherigen Zwischenkapitel belegt und betont, zu gestalten ist und die dem Lernen in der Arbeit und der darüber erfolgenden arbeitsgebundenen Kompetenzentwicklung eine Schlüsselrolle zuweist.

2.3 Lernen im Prozess der Arbeit und arbeitsintegriertes Lernen

Lernen in der Arbeit ist die älteste und am weitesten verbreitete Form beruflicher Qualifizierung. Dabei stehen Lernen und Arbeiten seit jeher in einem Wechselverhältnis, das im Verlauf historischer Epochen und industrieller Revolutionen starken Veränderungen unterworfen war. In Europa wurden berufliche Tätigkeiten im mittelalterlichen Zunfthandwerk und in der traditionellen Beistelllehre vor allem durch Vor- und Nachmachen, durch das Imitatio-Prinzip erlernt (*Stratmann* 1993,

S. 237 ff.; *Greinert* 1997, S. 33 ff.; *Pätzold / Reinisch / Wahle* 2019, S. 6 ff.). Gelernt wurde durch Zusehen, Nachmachen, Mitmachen, Helfen und Probieren. Dieses Lernen in der Arbeit erfolgte im berufsständischen Rahmen, der bereits durch die Ebenen Lehrling, Geselle und Meister strukturiert war, es ist aus heutiger Sicht als ein vorrangig informelles Lernen anzusehen (*Dehnbostel* 2020c, S. 3).

Unter neuzeitlich berufsqualifizierenden und ausbildungsbezogenen Gesichts-punkten wurde das Lernen in der Arbeit zunehmend um organisiertes Lernen inner-halb und außerhalb von Betrieben ergänzt. Lehrwerkstätten in der Industrie und der Beginn des dualen Systems der Berufsausbildung im Übergang vom 19. zum 20. Jahrhundert kennzeichnen die Erweiterung des Lernens in der Arbeit durch ein didaktisch-methodisch angelegtes Lernen in organisierten Lernorten. Mit der 2. industriellen Revolution ging das Lernen in der Arbeit in durchgeplanten industriel-len Arbeitsprozessen nahezu verloren; die tayloristischen, auf Arbeitsteilung be-ruhenden Arbeitsstrukturen und monoton-repetitiven Arbeiten enthielten kaum Lernpotenziale und Lerngelegenheiten. Dies traf allerdings kaum auf das Handwerk zu, und auch in der Industrie bestanden zwischen einzelnen Branchen und Berufen erhebliche Unterschiede.

Mit restrukturierten Organisationskonzepten und dem Beginn der Digitalisierung zeichnete sich in den 1970er-Jahren eine Gegentendenz zur jahrzehntelangen Aus-lagerung von Qualifizierungsprozessen aus der Arbeit ab. Die auf herkömmliche industrielle Arbeitsprozesse zutreffende Annahme abnehmender Lernpotenziale und Lernchancen kehrte sich für die computergestützte Facharbeit um. Das Lernen in der Arbeit kam zurück, das historisch zum Arbeitsleben gehörte und erst mit industriell organisierten Strukturen seine Bedeutung verlor.

Es setzte sich die Erkenntnis durch, dass Lernen in modernen Arbeitsprozessen neue Lern- und Qualifizierungsoptionen jenseits des Taylorismus bietet, dass Ler-nen in der Arbeit möglich und notwendig ist. Arbeitsmethoden wie „Kontinuierliche Verbesserungsprozesse", „Kanban" und „Just-in-Time" und Organisationskonzepte wie „Lean Production" und „Lernendes Unternehmen" (*Womack / Jones / Roos* 1992; *Senge* 1996; *Dehnbostel / Erbe / Novak* 1998) verweisen auf Lernanforderun-gen, Lernpotenziale und Lernmöglichkeiten, die Teil der Arbeit sind und dieser neue Entfaltungs- und Gestaltungsmöglichkeiten geben. Deren Realisierung erweist sich als notwendige Voraussetzung für die Durchsetzung innovativer Arbeitsorganisatio-nen, partizipativer Arbeitsgestaltung und einer nutzerzentrierten Kompetenzent-wicklung.

Mit wachsenden Qualifikationsanforderungen und dem zunehmenden Lern-, Pro-zess- und Reflexionscharakter betrieblicher Arbeit verstärkt sich das Lernen in der Arbeit (*Dehnbostel* 2001, S. 70 ff.; *Lehmkuhl* 2002; *Frieling / Schäfer / Fölsch*

2007). Es schlägt sich besonders bei anspruchsvollen Arbeitsanforderungen nieder und wird für die Kompetenzentwicklung der Beschäftigten immer wichtiger. Für dieses Lernen wurde zunehmend der auch heute geläufige Begriff „Lernen im Prozess der Arbeit" verwendet.

Lernen im Prozess der Arbeit

Seit der der Einführung neuer Arbeits- und Organisationskonzepte und dem Beginn der Digitalisierung gewinnt das Lernen in der Arbeit zunehmend an Bedeutung. Mit der Ablösung des in der herkömmlichen Industriegesellschaft vorherrschenden Taylorismus entstehen in der Arbeit neue Lernanforderungen, Lernpotenziale und Lerngelegenheiten. Es findet ein handlungs- und aufgabenbezogenes authentisches Lernen statt, das arbeitsorganisatorisch und arbeitsmethodisch gefordert und gefördert wird. Für die Berufs- und Weiterbildung bietet es neue Kompetenz-, Qualifizierungs- und Bildungsmöglichkeiten, die sich unmittelbar im Arbeitshandeln, darüber hinaus aber auch in Lernkonzepten und in Arbeiten und Lernen verbindenden Lernformen innerhalb und auch außerhalb der Arbeit niederschlagen.

Anstelle des Begriffs „Lernen im Prozess der Arbeit" werden häufig auch die Begriffe „arbeitsgebundenes Lernen" oder nur „Lernen in der Arbeit" gebraucht. In einer frühen Verwendung wurde der Begriff in einem vom Zentralinstitut für Berufsbildung der DDR herausgegebenen Buch mit dem gleichnamigen Titel – abgesehen von stark parteiideologischen und politökonomischen Einordnungen – fachlich in zwei Formen unterteilt: das mit dem Arbeitsprozess unmittelbar verbundene und das nur mittelbar verbundene Lernen im Prozess der Arbeit, wobei zu Letzterem u. a. Schulen und Zentren zählen (*Harke* 1974, S. 25 ff.).

In der um die Jahrtausendwende intensiv geführten Diskussion über die betriebliche Berufs- und Weiterbildung wurde der Begriff von verschiedenen Disziplinen aufgenommen und in analytischer und gestaltender Absicht auf das Lernen im unmittelbaren Arbeitsprozess bezogen. Dies schlug sich u. a. in entsprechend betitelten Fachaufsätzen und einem Buchtitel nieder (*Bergmann* 1996; *Baitsch* 1998; *Kohl/ Molzberger* 2005; *Dehnbostel* 2007).

In lerntheoretischer Hinsicht ist das Lernen im Prozess der Arbeit als ein übergreifender Begriff anzusehen, der eher auf die arbeitsbezogenen und betrieblichen Rahmenbedingungen des Lernens setzt als auf subjektbezogene Lernarrangements und das Individuum. Grotlüschen und Pätzold stellen so fest, dass „Lernen im Prozess der Arbeit … gewissermaßen quer" zu den bekannten lerntheoretischen Ansätzen und Konzepten liegt (*Grotlüschen & Pätzold* 2020, S. 109). Diese haben aber durchaus in die betriebliche Bildungsarbeit Eingang gefunden, wie die im Kapitel 4 skizzierten betrieblichen Lernkonzepte zeigen. Sie sind erst mit der Renaissance des Lernens in der Arbeit in nennenswerter Weise aufgekommen und geben dem Lernen im Kontext betrieblicher Zielsetzungen und Rahmenbedingungen lerntheoretisch begründete Orientierungen.

Mit fortschreitender Digitalisierung nehmen das Lernen im Prozess der Arbeit und seine Bedeutung zu. Wie die bereits im einleitenden Kapitel angeführte Weiterbildungserhebung des IW Köln aus dem Jahr 2020 zeigt, erfährt die Beteiligung an dem als „Weiterbildungsform" bezeichneten „Lernen im Prozess der Arbeit" mit 85,1 Prozent den höchsten Wert aller berücksichtigten Formen (*Seyda/Placke* 2020, S. 107). Mit knapp 14 Prozent weist diese Weiterbildungsform auch den größten Zuwachs im Zeitraum von 2007 bis 2019 auf, wobei dieser Form „unter anderem Unterweisungen durch Kollegen, Vorgesetzte oder externe Trainer, Mentoringprogramme, Workshops und Einweisungen in neue Hard- und Software oder Maschinen" zugeordnet sind (ebd., S. 107 f.).

Mit dem digitalen Lernen ist das Lernen im Prozess der Arbeit aber durchaus weiter zu fassen. Dabei handelt es sich beim digitalen Lernen um einen Sammelbegriff, der sich auf das Lernen in digitalen Arbeitsumgebungen bezieht, die sich durch den Einsatz von Künstlicher Intelligenz, Cyper-Physischen Systemen, Robotik und andere digitale Technologien auszeichnen. Das Lernen, zumal das informelle Lernen, geht damit weit über das E-Learning und das Lernen mit digitalen Medien hinaus. Die Beschäftigten nutzen in wachsendem Maße interaktive Lernformen wie Videos, Blended Learning, Webinare, Lernplattformen, ChatBots, Mobile Learning und auch Instrumente der Virtual und Augmented Reality (*mmb Trendmonitor* 2019/ 2020; *Siepmann* 2020, S. 33), und zwar sowohl als organisierte Lernangebote wie auch als integrierte informelle Lerngelegenheiten beim digitalen Arbeitshandeln. In der Arbeit übernehmen dabei die digitalen Technologien in der Mensch-Maschine-Interaktion zunehmend die Funktionen, die in Bildungseinrichtungen digitalen Medien zukommen.

Dieses digitale Lernen ist als arbeitsintegriertes Lernen zu charakterisieren (*Dehnbostel* 2020b; *Richter* 2020). Es ist konstitutiver Bestandteil digitalen Arbeitens und erfolgt im Arbeitsvollzug, sei es bei der Arbeitsplanung, der Arbeitsverrichtung oder der Arbeitsbewertung. Dabei erweitert es sich um die besonderen Formen des innertechnologisch maschinellen und algorithmischen Lernens. Insbesondere ergibt sich beim Einsatz der Schlüsseltechnologie der Künstlichen Intelligenz ein eng verzahnter „Austauschprozess des gegenseitigen Lernens zwischen menschlicher und künstlicher Intelligenz" (*Reinhardt* 2020, S. 143). Dieses Lernen führt, so Reinhardt, zu einer Synthese zwischen menschlichen und künstlichen Kompetenzen.

Hiermit entstehen Lern- und Kompetenzentwicklungen in der Arbeit, die empirisch bisher kaum erfasst sind und lerntheoretisch jenseits bestehender Konzepte und Theorien grundlegende Fragen aufwerfen. Diese betreffen vor allem – ähnlich wie beim organisationalen Lernen – den Subjektbezug des Lernens und die Wechselbeziehung zwischen Individuum und System oder Strukturen.

Das arbeitsintegrierte Lernen tritt als konstitutiver Bestandteil digitaler Arbeit deutlich in Erscheinung. Es ist aber bereits zuvor mit dem Lernen im Prozess der Arbeit aufgekommen. So geht *Münch* im Kontext lernorttheoretischer Überlegungen zum lernenden Unternehmen von der „Integration von Arbeiten und Lernen" aus (*Münch* 1995, S. 50) und *Meyer-Dohm* fordert im Kontext der „Bildungsarbeit im lernenden Unternehmen" ein verstärktes „praxisintegriertes Lernen", ein Lernen, das „nach Möglichkeit integrierter Bestandteil der Arbeit sein sollte" (*Meyer-Dohm* 1991, S. 28). In einem interdisziplinären Forschungsprojekt zu Möglichkeiten und Grenzen der Erfassbarkeit von „Formen arbeitsintegrierten Lernens" werden darunter so unterschiedliche Formen wie Coaching, Einarbeitung, Job Rotation, Qualitätszirkel, selbstgesteuertes Lernen und Gruppenarbeit verstanden (*Grünewald* u. a. 1998, S. 31 ff.).

Mit der Unterscheidung des Lernens in formale, informelle und nichtformale Lernkontexte (vgl. Zwischenkapitel 4.2) bietet sich eine genauere Kennzeichnung des arbeitsintegrierten Lernens an. Danach differenziert es sich in ein rein informelles Lernen und ein mit nichtformalem und formalem Lernen in der Arbeit verbundenes informelles Lernen. Beispiele für die Verbindung von informellem mit nichtformalem oder formalem Lernen sind Lernformen wie Online-Communities, Lernplattformen, Coaching, Lernbegleitung und Lerninseln.

Allerdings erfolgt das arbeitsintegrierte Lernen nur zu einem kleinen Teil in solchen Organisationsformen, da deren Verbreitung – bei aller Expansion – noch sehr begrenzt ist. Arbeitsintegriertes Lernen in der digitalisierten Arbeit erfolgt also hauptsächlich als rein informelles Lernen, das Teil der tagtäglichen Arbeitshandlungen ist und der Logik des Arbeitsprozesses unterliegt. Dieses informelle Lernen in der Arbeit ist ein Lernen über Erfahrungen, die in und über Arbeitshandlungen gemacht werden (*Molzberger* 2007). Es bewirkt ein Lernergebnis, das aus Situationsbewältigungen, Problemlösungen und Reflexionen im Arbeitshandeln hervorgeht. Nach einschlägigen Untersuchungen beruhen 60 bis 80 Prozent der Handlungskompetenz einer betrieblichen Fachkraft auf informellen Lernprozessen (*Dohmen* 2001; *Overwien* 2005; *Bilger* 2016; *Kaufmann* 2016, S. 70 ff.). Dieser branchen- und auch betriebsspezifisch variierende Prozentsatz steigt generell mit dem Grad der Digitalisierung von Arbeitsprozessen.

Zusammengefasst kann arbeitsintegriertes Lernen folgendermaßen bestimmt werden:

Arbeitsintegriertes Lernen

Arbeitsintegriertes Lernen ist, wie der Begriff bereits sagt, ein Lernen, das per se in die Arbeit einbezogen wird. In der restrukturierten digitalen Arbeit ist es konstitutiver Bestandteil des Arbeitens und wirkt rekursiv auf Arbeits-Lern-Prozesse zurück. Als Teil von Arbeitshandlungen findet es üblicherweise en passant bzw. informell statt; es ist ein Lernen über Erfahrungen, die in und über Arbeitshandlungen gemacht werden. Es kann aber auch gezielt mit intentionalem Lernen in der Arbeit verbunden werden. Betriebliche Lernformen wie Coaching, Lernbegleitung und Online-Communities sind Beispiele, die das informelle mit organisiertem Lernen verbinden. Darüber hinaus erfassen und umfassen betriebliche Lernkonzepte wie situatives und selbstgesteuertes Lernen das arbeitsintegrierte Lernen und stellen es in lerntheoretisch intentionale Kontexte.

Sicherlich ist das digitale arbeitsintegrierte Lernen mit der Zusammenführung von Arbeiten und Lernen ein Meilenstein in der Geschichte neuzeitlicher Qualifizierung. Gleichwohl bedeutet dies nicht, dass damit per se eine ausgewiesene Kompetenzentwicklung erfolgt und Lernhemmnisse und Lernwiderstände beseitigt sind, denn diese sind wesentlich auf organisationskulturelle und personalwirtschaftliche Strukturen sowie individuelle Dispositionen zurückzuführen (*Faulstich/Bayer* 2006). Zudem ist davon auszugehen, dass die Digitalisierung der Arbeit veränderte und neue Lernhemmnisse erzeugt. So verweisen Böhle und Neumer auf die „Lernhemmnisse bei qualifizierter Arbeit", die von der Intensivierung der Arbeit über die Beschränkung von Erfahrungs- und Reflexionsmöglichkeiten bis zu psychischen Belastungen reichen und „eine neue Herausforderung für die Arbeitsforschung und Arbeitsgestaltung" darstellen (*Böhle/Neumer* 2015).

Darüber hinaus ist arbeitsintegriertes Lernen nicht per se qualifizierend und lern- und persönlichkeitsfördernd. Es ist ein betrieblich begrenztes, vor allem im rein informellen Lernkontext beliebiges, zufälliges und situationsverengtes Lernen. Es neigt dazu, die Lern- und Kompetenzanforderungen unter Effizienz- und Effektivitätskriterien auf ökonomische und technikzentrierte Zwecksetzungen zu reduzieren. Auch die allgemein vertretene Annahme, dass sich das für Seminare bestehende Transferproblem über das Lernen im Prozess der Arbeit auflöst, greift zu kurz, da der arbeitsgebundene Transfer zumeist nur arbeitsfunktional und nicht kompetenzerweiternd stattfindet.

Damit zeigt sich zugleich eine der digitalen Arbeit innewohnende Ambivalenz: Bestehen einerseits erweiterte Lern- und Selbststeuerungsanforderungen, die zugleich eine verstärkte Kompetenzentwicklung nach sich ziehen, so vollzieht sich andererseits die technologische Anpassung und ökonomische Verwertung über eben diese Selbststeuerung und Kompetenzentwicklung und begrenzt sie dabei arbeits- und anpassungsfunktional, wenn auch auf verbreiterter Basis und subjektiv selbstgesteuert. Erst mit einer lern- und kompetenzförderlichen Arbeitsgestaltung und der Verschränkung von informellem und formalem Lernen, wie sie im dualen System der Berufsausbildung und dualen Bildungsgängen zum Ausdruck kommt, öffnet sich der Weg zum Erwerb oder zum Ausbau einer umfassenden beruflichen Handlungskompetenz im Rahmen einer erweiterten, die individuelle Bildungsentwicklung einbeziehenden Beruflichkeit (*Dehnbostel* 2020b, S. 12 ff.).

Festzustellen bleibt, dass das arbeitsintegrierte Lernen ein notwendiger und konstitutiver Bestandteil digitaler Arbeit ist. Hier liegt auch der gravierende Unterschied zur arbeitsteiligen und repetitiven Arbeit in der herkömmlichen Industriegesellschaft. Diese war – technologisch und betriebswirtschaftlich begründet – aller Lern- und Innovationsansprüche enthoben, sie wurden unter Ausschluss von Ungewissheits-, Selbststeuerungs- und Lernsituationen geplant und angeordnet. Waren Arbeiten und Lernen im herkömmlichen Industriezeitalter prinzipiell getrennt, sind sie in der digitalen Arbeit prinzipiell integriert.

Aufgaben

1. Wie sind die industriellen Revolutionen im Hinblick auf die Technik, die Arbeitsorganisation und die Qualifizierung grob zu charakterisieren? Wie ist das Verhältnis von der Qualifizierung zu den beiden anderen Dimensionen zu beschreiben?

2. Was zeichnet restrukturierte Organisationen und digitale Arbeit aus? Worin liegen die wesentlichen Unterschiede zur Arbeit in der herkömmlichen Industriegesellschaft?

3. Aus welchen Gründen spricht man heute von einer Renaissance des Lernens in der Arbeit? Welche arbeitsbezogenen und qualifikatorischen Argumente sprechen für den heutigen Bedeutungszuwachs des Lernens in der Arbeit?

4. Was ist unter dem Begriff „Lernen im Prozess der Arbeit" zu verstehen und was unter „arbeitsintegriertem Lernen?

5. Welche Vorteile und welche Nachteile verbinden sich mit dem Lernen in der Arbeit?

6. Wie beurteilen Sie die Zukunft des Lernens in der Arbeit?

3 Betriebliche Bildungsarbeit und berufliche Handlungskompetenz

Wie bereits im einleitenden Kapitel 1 ausgeführt, ist das Gesamt der betrieblichen Qualifizierung und Bildung in der betrieblichen Bildungsarbeit aufgehoben. Hier zeigt sich die zunehmende Komplexität und Vielfalt, zugleich aber auch zunehmende Relevanz der betrieblichen Bildungs- und Qualifizierungsprozesse und die Notwendigkeit, diese im Kontext zu erfassen und zu gestalten. Dabei ist ein enges, auf der Berufs- und Weiterbildung sowie die Personal- und Organisationsentwicklung fußendes Verständnis der betrieblichen Bildungsarbeit von einem weiter gefassten zu unterscheiden, dem auch das betriebliche Bildungsmanagement zugrunde liegt.

Betriebliche Bildungsarbeit und betriebliches Bildungsmanagement begründen sich aus den arbeitsorganisatorischen und qualifikatorischen Anforderungen restrukturierter Arbeits- und Organisationskonzepte und der digitalen Transformation. Wie im vorherigen Kapitel 2 beschrieben, haben betriebliches Lernen und betrieblicher Bildung eine nie zuvor erreichte Bedeutung und Schlüsselstellung erreicht. Ihre Planung und Steuerung verlangen ein professionell aufgestelltes Management, das auch die mit der digitalisierten Arbeitswelt wachsenden Verbindungen der betrieblichen mit der außerbetrieblichen Bildung und damit auch Fragen der Durchlässigkeit von Beschäftigungs- und Bildungssystem einbezieht.

Die betriebliche Bildungsarbeit steht von vornherein im Spannungsfeld von Bildung und Ökonomie. Die wirtschaftlichen Interessen und qualifikatorischen Anforderungen der Unternehmen und die individuellen Qualifikations- und Bildungsinteressen der Beschäftigten treffen hier aufeinander. Die betriebliche Bildungsarbeit als innerbetriebliches Teilsystem des komplexen Unternehmenssystems vereint diese unterschiedlichen Interessen und nimmt dabei Qualifikations- und Bildungsstandards des öffentlichen Bildungs- und Berufsbildungssystems auf. Damit findet die Diskussion, inwieweit von einer Konvergenz oder Koinzidenz ökonomischer und pädagogischer Vernunft zu reden ist, insbesondere in der betrieblichen Bildungsarbeit ihren Niederschlag. Darüber hinaus stellt sich die Frage, ob Bildungs- und Managementtheorien verträglich sind und Bildung überhaupt zu managen ist.

Wie bereits der Untertitel dieses Buches aussagt, ist die Kompetenzentwicklung und damit die umfassende berufliche Handlungskompetenz, die als Leitziel der Berufs- und Weiterbildung gilt, für die betriebliche Bildungsarbeit grundlegend. Gegenüber einer fachlich verengten und auf Fertigkeiten und Kenntnisse bezogenen beruflichen Qualifizierung markiert die kompetenzorientierte Wende eine fachlich, sozial und personal gleichermaßen ausgerichtete ganzheitliche Berufsbildung, die eine berufliche Handlungsfähigkeit einlöst. Diese ist außerhalb des Bereichs geordneter Bildungsgänge aber häufig betrieblich und situativ verengt. Sie ist von daher auf Reflexions- und Bildungsprozesse auszurichten und bedarf einer reflexiven Handlungsfähigkeit.

Im Folgenden wird die betriebliche Bildungsarbeit zunächst genauer begründet und definiert, das betriebliche Bildungsmanagement, die Personal- und Organisationsentwicklung sowie die Berufs- und Weiterbildung werden als ihre Referenzbereiche ausgewiesen (3.1). Das Spannungsfeld von Bildung und Ökonomie wird erörtert (3.2), um danach auf die für die betriebliche Bildungsarbeit grundlegende berufliche Handlungskompetenz und die reflexive Handlungsfähigkeit einzugehen (3.3).

3.1 Betriebliche Bildungsarbeit und betriebliches Bildungsmanagement

Der im Kapitel 2 beschriebene epochale Wandel der Arbeitswelt hat der betrieblichen Bildungsarbeit eine veränderte konzeptionelle Grundlage gegeben. Sie setzt nicht mehr vorrangig auf die Durchführung von Einzelmaßnahmen und auf Teilbereiche wie das duale System, sondern ist als zusammenhängender Funktions- und Gegenstandsbereich zu verstehen, der die gesamte betriebliche Qualifizierung und Bildung begründet, steuert und gestaltet.

Die betriebliche Bildungsarbeit markiert zugleich die Ablösung herkömmlich industriell geprägter Qualifizierungskonzepte. In der Industriegesellschaft der 2. industriellen Revolution beschränkte sich die betriebliche Qualifizierung größtenteils auf die betriebliche Ausbildung und die Anpassungsqualifizierung, wobei die betriebliche Ausbildung als Teil des dualen Systems im Mittelpunkt stand. Sie führte in Groß- und Mittelbetrieben vielfach ein privilegiertes Nischendasein jenseits von Kostendruck und Controllingmaßnahmen. Für den Großteil der Beschäftigten bedeutete der Berufsabschluss zugleich die Beendigung der Lern- und Ausbildungszeiten. Die den erfolgreichen Ausbildungsabschluss anzeigende Metapher „Ich habe ausgelernt" bringt dies auf den Punkt. Insgesamt bedurften die überschaubaren betrieblichen Ausbildungs- und Qualifizierungsprozesse keines besonderen Organisations- und Funktionsrahmens.

Heute ist die betriebliche Bildungsarbeit ein ausgewiesenes Konzept mit den im Zwischenkapitel 3.3 erläuterten Leitzielen des Erwerbs einer umfassenden beruflichen Handlungskompetenz und einer reflexiven Handlungsfähigkeit. Wie die folgende Abbildung zeigt, wird betriebliche Bildungsarbeit als Einheit von Personalentwicklung, Berufs- und Weiterbildung sowie Organisationsentwicklung definiert und – wie international gebräuchlich – als Human Ressource Development (HRD) bezeichnet.

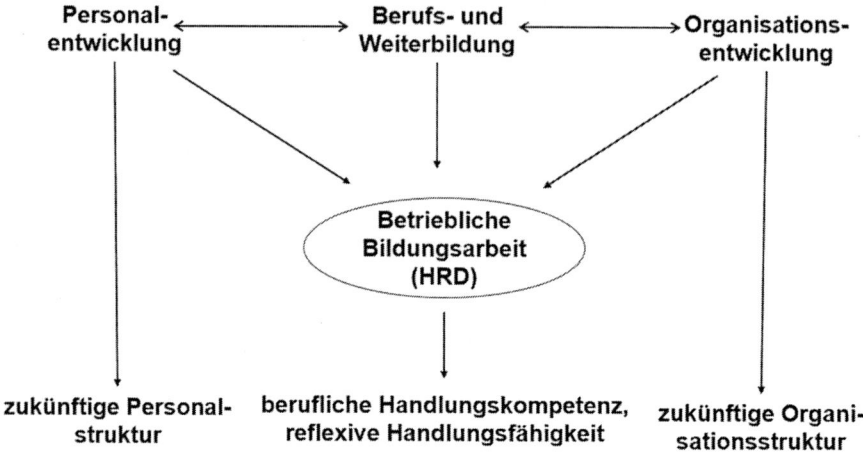

Abb 3: Betriebliche Bildungsarbeit als Einheit von Personalentwicklung, Berufs- und Weiterbildung und Organisationsentwicklung (*Dehnbostel* 2007, S. 21)

Die betriebliche Bildungsarbeit integriert einerseits nur Teilbereiche der Personal- und Organisationsentwicklung, weist aber andererseits in ihrer Anbindung an die Qualitäts- und Bildungsstandards der Berufsbildung und das öffentlich-rechtliche Bildungssystem über diese hinaus. Wie die Abbildung 3 zeigt, stehen Personalentwicklung, Berufs- und Weiterbildung und Organisationsentwicklung in einem Wechselverhältnis. Ohnehin bestehen Überschneidungen zwischen Personalentwicklung und Berufs- und Weiterbildung sowie zwischen Personalentwicklung und Organisationsentwicklung. Entgegen der Unterordnung der Organisationsentwicklung unter die Personalentwicklung wird hier von selbstständigen, sich gleichwohl überschneidenden Teildisziplinen ausgegangen (*Staehle* 1999, S. 871 ff.; *Müller-Vorbrüggen* 2010, S. 12 f.).

Die Personalentwicklung als Teildisziplin des Personalmanagements ist in starkem Wandel begriffen. Sie löst sich zunehmend von den immer noch vorherrschenden planungsgeleiteten, stark quantitativ ausgerichteten Personalaufgaben und bezieht zusehends ungeplante, informelle und unvorhergesehene Entwicklungs- und Sozialisationsprozesse ein (*Hanft* 2008, S. 437 ff.; *Müller-Vorbrüggen* 2010, S. 7 ff.). Prozessorientierte und darüber hinaus agile und disruptive Methoden und Abläufe kommen so in den Blick, informell erworbene Kompetenzen, Lernkonzepte und

Lernformen werden – in Überschneidung zur Berufs- und Weiterbildung – zum Thema der Personalentwicklung. Damit wird zugleich die herkömmliche Auffassung abgelöst, wonach die Personalentwicklung nur geplante, auf Regeln und formale Abläufe gerichtete Maßnahmen zum Gegenstand hat. Es wird anerkannt, dass die Qualifizierung der Ressource Personal am stärksten in und bei der Arbeit mit den dort stattfindenden informellen Sozialisations- und Lernprozessen erfolgt.

Die Organisationsentwicklung wirkt mit ihrem Anspruch auf systematische und zielorientierte Veränderungen der organisatorischen Strukturen und Prozesse sowie des Verhaltens der Mitarbeiter (*Staehle* 1999, S. 922 ff.; *Schiersmann / Thiel* 2013) auf die betriebliche Bildungsarbeit ein. Sie wird bereits seit den 1970er-Jahren praktiziert und hat ihren Ursprung in der Aktionsforschung und Gruppendynamik. Organisationsentwicklung als eigenständiges Arbeits- und Entwicklungsfeld hat die Steigerung der Leistungsfähigkeit eines Unternehmens zum Ziel und ist mit einer Vielzahl von Methoden, Strategien und Zielvorstellungen verbunden, die organisatorische und strukturelle Fragen u. a. zu Arbeits- und Lernformen, zu Lernorten und Lernräumen sowie zur Arbeitsstrukturierung beinhalten. Dabei wird die Partizipation der Mitarbeiter / innen an der Problemidentifizierung und Problemlösung als wichtige Voraussetzung für die erfolgreiche Umsetzung von Veränderungen angesehen. Zudem sind die Lern- und Entwicklungsprozesse der Mitarbeiter / innen entscheidend, sie werden als Basis für organisationsbezogene Veränderungen angesehen.

Die so bestimmte betriebliche Bildungsarbeit wird in ausgewiesenen Konzepten um das betriebliche Bildungsmanagement erweitert, das aufgrund der Komplexität und Vielfalt des Lernens im Prozess der Arbeit und des gewachsenen Stellenwerts der betrieblichen Qualifizierung notwendig geworden ist. Analog zur Führung des Unternehmens durch das Management lenkt und leitet das betriebliche Bildungsmanagement die betriebliche Bildung. Sie steht dabei zur Berufs- und Weiterbildung sowie zur Personal- und Organisationsentwicklung in einem komplementären Verhältnis.

Betriebliches Bildungsmanagement als unverzichtbarer Bestandteil der Unternehmensführung begründet sich aus den oben angesprochen arbeitsorganisatorischen und qualifikatorischen Anforderungen der Digitalisierung und aus der Ablösung industriell geprägter, mit dem Taylorismus verbundener Qualifizierungskonzepte. Es plant, realisiert, gestaltet und bewertet die vielfältigen Formen und Inhalte der betrieblichen Qualifizierung und Kompetenzentwicklung; es legt die übergreifenden Bildungs- und Qualifikationsziele fest, schafft Strukturen und Regeln zur Durchsetzung dieser Ziele und prüft die Effizienz und den Erfolg. Das betriebliche Bildungsmanagement bezieht sich über die Bildungsarbeit auf die konkreten Maßnahmen und Konzepte betrieblicher Qualifizierung und Kompetenzentwicklung, geht dabei von der aktuellen als auch zukünftigen Situation des Unternehmens aus und berücksichtigt prinzipiell die rechtlichen, ökonomischen, technologischen und ökologischen Rahmenbedingungen.

Mit unternehmerischen Managementkonzepten und mit Konzepten des allgemeinen Bildungsmanagements weist das betriebliche Bildungsmanagement in Anlage und Inhalt wichtige Übereinstimmungen auf (*Decker* 2000; *Falk* 2000; *Grüner* 2000; *Rüegg-Stürm* 2003; *Diesner* 2008; *Dubs* u. a. 2009; *Gessler* 2009; *Schweizer / Müller / Adam* 2010; *Seufert* 2013). Dies zeigt sich insbesondere in der grundlegenden Unterscheidung und Ausrichtung der drei Ebenen eines normativen, strategischen und operativen Managements (*Decker* 2000, S. 20 ff.; *Grüner* 2000, S. 16 f.; *Diesner* 2008, S. 60 ff., *Seufert* 2013; S. 39 ff.). Mir Bezug auf das betriebliche Bildungsmanagement sind sie folgendermaßen definiert:

Das **normative Bildungsmanagement** orientiert die Bildungs- und Qualifikationsziele an Normen und Werten, die mit der Unternehmenskultur und einem ethisch und moralisch begründeten unternehmerischen Handeln übereinstimmen. Unternehmerische Tätigkeit ist mit *Ulrich* immer mit ethischen Orientierungen verbunden: „Wir haben nicht die Wahl zwischen „ethikfreier" und ethisch orientierter Unternehmensführung, sondern nur die Wahl zwischen einem ideologisch voreingenommenen und einem vernunftgeleiteten, d. h. auf gute Gründe abstellenden Umgang mit den normativen Grundfragen der unternehmerischen Tätigkeit" (*Ulrich* 2009, S. 145). Dabei ist das im folgenden Zwischenkapitel 3.2 thematisierte Spannungsfeld von Bildung und Ökonomie bedeutsam, das sich in der betrieblichen Praxis häufig in unterschiedlichen Ansprüchen, Normen, Werten und Zielvorstellungen niederschlägt und einer Aushandlung von Werte- und Interessenskonflikten zwischen Unternehmen und Beschäftigten bedarf.

Wird das normative Bildungsmanagement vernachlässigt oder erst gar nicht als eigenständige Ebene ausgewiesen, setzen sich Normen und Wertvorstellungen sozusagen unter der Hand durch. Sie bleiben beliebig und zufällig und entsprechen kaum der für ihre Akzeptanz und Wirkung notwendigen Transparenz, Partizipation und Qualitätssicherung. Sie laufen Gefahr, ökonomisch und funktional reduziert oder fehlgeleitet zu werden. Gleichwohl dominieren in der betrieblichen Praxis die informellen Norm- und Wertsetzungen gegenüber den explizierten und theoretisch begründeten. Dies ist wesentlich darauf zurückzuführen, dass das betriebliche Bildungsmanagement erst im Aufbau ist und Klein- und z. T. auch Mittelbetriebe es aufgrund begrenzter Ressourcen kaum eigenständig zu entwickeln vermögen. Zudem finden sich im strategischen Management vielfach Inhalte, die eigentlich dem normativen Management zuzuzählen sind.

Die zentrale Aufgabe des **strategischen Bildungsmanagements** ist die Festlegung der langfristigen Bildungs- und Qualifikationsziele auf der Grundlage der unternehmerischen Managementstrategie, der Unternehmensgrundsätze und der Unternehmenskultur sowie – soweit expliziert und in Überschneidung damit – des normativen Bildungsmanagements. Das strategische Bildungsmanagement hat eine prospektive Aufgabe und zieht gegenwarts- und zukunftsbezogene Analysen zur Ausrichtung der betrieblichen Qualifizierung heran. Es spielt eine wesentliche Rolle bei der Abfassung von Unternehmenszielen und Zielvereinbarungen sowie der Investitionsplanung. Es zielt auf „den Aufbau, die Pflege und die Nutzung der Erfolgspotentiale des Unternehmens" (*Diesner* 2008, S. 220).

Das strategische Bildungsmanagement korrespondiert mit dem strategischen Management, dessen Gegenstand die „systematische Auseinandersetzung mit den Grundlagen *für den langfristigen Erfolg* einer Unternehmung" ist (*Rüegg-Sturm* 2003, S. 40). Das Bildungsmanagement stellt zusammen mit dem unternehmerischen Management die Frage nach den personellen Ressourcen und der systematischen Kompetenzentwicklung der Beschäftigten, also die Frage, welche Qualifikationen und Kompetenzen zur Erreichung der strategischen Ziele notwendig sind. Die Begründung und Festlegung von Kompetenzdimensionen im Rahmen eines betrieblichen Kompetenzmodells ist dabei eine zentrale Aufgabe. Über die Einbeziehung von oder Kompatibilität mit übergreifenden Kompetenzmodellen hinausgehend soll die „Entwicklung seltener, schwer imitier- und substituierbarer *Kernkompetenzen* ... dazu beitragen, bei sich selbst, aber auch bei seinen Kundinnen und Kunden langfristige Wettbewerbsvorteile aufzubauen", sie „entscheiden gemäss dieser Perspektive über Erfolg oder Misserfolg einer Unternehmung" (ebd., S. 45 f.).

Das **operative Bildungsmanagement** befasst sich mit der Umsetzung der normativ und strategisch aufgestellten Bildungs- und Qualifikationsziele, vor allem über eine darauf bezogene Planung und konkrete Konzepte und Maßnahmen. Zum Spektrum des operativen Bildungsmanagements gehören Organisation und Ablauf von Maßnahmen, angefangen bei Kompetenz- und Bildungsbedarfsanalysen über die Planung und Durchführung einzelner Maßnahmen bis hin zu ihrer Bewertung. Besondere Aufmerksamkeit kommt dabei der Mitarbeiterentwicklung, dem Qualitätsmanagement und dem Kostenmanagement zu.

Das Kostenmanagement hat in den letzten Jahren vor allem in Großbetrieben dazu beigetragen, dass Ausbildungsplätze kaum mehr über den Eigenbedarf hinaus bereitgestellt werden und die Weiterbildung zusehends in arbeitsintegrierten Formen erfolgt. Die Analyse der effektiven Kosten betrieblicher Bildung und Qualifizierung soll dazu beitragen, die Qualifizierungs- und Kompetenzentwicklungsmaßnahmen kalkulierbar zu machen. Die Analyseerkenntnisse fließen in die Budgetplanung der Personalentwicklung ein, wobei dies häufig in Groß-, kaum in Mittel- und weniger in Kleinbetrieben stattfindet. Wenn Unternehmen gleichwohl über den Eigenbedarf hinaus ausbilden, so ist das zumeist auf Zielsetzungen im normativen und strategischen Bildungsmanagement zurückzuführen.

Wie in der folgenden Abbildung veranschaulicht, bilden das normative, das strategische und das operative Bildungsmanagement einerseits und die Personalentwicklung, die Berufs- und Weiterbildung sowie die Organisationsentwicklung andererseits die Referenzbereiche für die zentralen Handlungs- und Gestaltungsfelder der betrieblichen Bildungsarbeit in einem weit gefassten Verständnis. Beide Referenzbereiche stehen zudem in einem Wechselverhältnis zueinander.

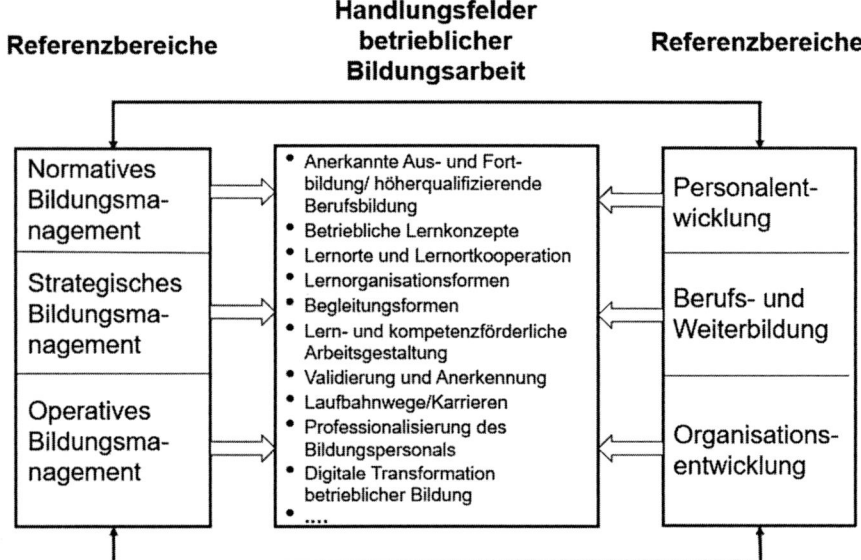

Abb. 4: Referenzbereiche und Handlungsfelder betrieblicher Bildungsarbeit

Dieses erweiterte Verständnis von betrieblicher Bildungsarbeit zeigt zugleich ihre Interdisziplinarität durch den Bezug auf unterschiedliche Disziplinen und Teildisziplinen. In der betrieblichen Praxis schlagen sich die Unterschiede in einzelnen Konzepten und Maßnahmen durchaus nieder. Dies im Überblick zu erfassen und die betrieblich richtige Wahl zu treffen, erfordert fachlich hohe Expertise. Die Abbildung signalisiert in der mittleren Spalte zudem, dass die sich entwickelnden Handlungsfelder zu ergänzen sind, so u. a. durch „Kosten und Nutzen betrieblicher Bildung" und „Führungskräftetraining".

Die meisten aufgelisteten Handlungsfelder werden im Verlauf dieses Studientextes thematisiert. Hier erfolgt abschließend, in Ergänzung zu den im ersten Kapitel gegebenen Begriffsbestimmungen, eine zusammenfassende Definition der betrieblichen Bildungsarbeit:

Betriebliche Bildungsarbeit

Die betriebliche Bildungsarbeit umfasst die Gesamtheit aller auf Individuen, Gruppen und Organisationen bezogenen Lernprozesse, die unmittelbar im Unternehmen stattfinden oder von diesem veranlasst, durchgeführt oder verantwortet werden. Ihre Referenzbereiche bilden das operative, das strategische und das normative Bildungsmanagement einerseits und die Personalentwicklung, Berufs- und Weiterbildung und Organisationsentwicklung andererseits. Im Mittelpunkt der betrieblichen Bildungsarbeit stehen ihre Handlungs- und Gestaltungsfelder, die sich über anlassbezogene und geplante Qualifizierungsmaßnahmen entwickeln und im Rahmen der Referenzbereiche bestimmt werden. Die betriebliche Bildungsarbeit wird – wie international gebräuchlich – als Human Ressource Development (HRD) bezeichnet.

Wie im einführenden Kapitel 1 angesprochen, ist die betriebliche Bildungsarbeit am Berufsprinzip und damit an der beruflichen Sozialisation orientiert (vgl. *Lempert* 2006; *Pätzold/Reinisch/Wahle* 2014). Entsprechend ihrem Ansehen und ihrer Stellung im Beschäftigungssystem ermöglichen Berufe anerkannte Laufbahn- und Aufstiegswege und sind mit gesellschaftlich geltenden Tarif- und Sozialsystemen unmittelbar verknüpft. Sie werden in der betrieblichen Bildungsarbeit von der Berufsausbildung über das berufsbegleitende Weiterlernen bis zur beruflichen Fortbildung gestärkt. Ohnehin steht der Beruf in Deutschland im Mittelpunkt der Qualifizierung für die Arbeitswelt. Der Berufs- und Weiterbildung kommt von daher und aufgrund ihres Bildungsbezugs eine vorrangige Rolle in der betrieblichen Bildungsarbeit zu.

Mit der umfassenden digitalen Transformation der Arbeit verändert sich auch die Berufsförmigkeit. Wesentliche, aus der herkömmlichen Industriegesellschaft stammende Grundlagen der Beruflichkeit, so das Verständnis des Berufs als Lebensberuf, verlieren ihre Geltung, neue sind hinzuzufügen. Eine zu erneuernde Beruflichkeit bestimmt sich nicht mehr allein über anerkannte Ausbildungsberufe, sondern ebenso über Arbeiten und Lernen verbindende Studienformate sowie über die das Arbeitsleben begleitende berufliche Weiterbildung, einschließlich der informellen Weiterbildung. Insbesondere die in der digitalisierten Arbeit informell und nichtfor-

mal erworbenen Kompetenzen tragen – nach Maßgabe ihrer Validierung und Anerkennung (vgl. Zwischenkapitel 7.2) – zu einer erweiterten Beruflichkeit bei (*Dehnbostel* 2020c, S. 12ff.).

Aufgaben

1. Erläutern Sie das Konzept der betrieblichen Bildungsarbeit und gehen Sie dabei
   auf die beiden unterschiedlichen Definitionen und die Referenzbereiche ein.
2. Erklären Sie Aufgaben und Ziele des betrieblichen Bildungsmanagements und
   erläutern Sie die Unterscheidung von operativem, strategischem und normati-
   vem Bildungsmanagement.
3. Welches sind die wichtigsten Handlungsfelder der betrieblichen Bildungsarbeit?

3.2 Spanungsfeld von Bildung und Ökonomie

Betriebliche Bildungsarbeit und betriebliches Bildungsmanagement stehen von
vornherein im Spannungsfeld von Bildung und Ökonomie, da sie sowohl den wirtschaftlichen Anforderungen der Unternehmen als auch den Qualifikations- und Bildungsinteressen der Beschäftigten nachkommen. *Ulrich* spricht so auch vom „Doppelcharakter der Unternehmung als *Subsystem des marktwirtschaftlichen Systems*
einerseits und als *gesellschaftliche Institution*, deren Handeln die 'Lebenswelt' vieler Menschen in vielfältigen Formen betrifft, andererseits" (*Ulrich* 2009; S. 147).

In den beiden Begriffen „Bildungsarbeit" und „Bildungsmanagement" ist der Teil-
begriff „Bildung" zwar als allgemeiner Systembegriff zu verstehen, er beinhaltet
aber zugleich den grundlegenden Anspruch auf individuelle Bildung im Sinne
selbstbestimmter und humaner Entwicklung. Im normativen und strategischen
betrieblichen Bildungsmanagement zeigt sich das Gegenüber von wirtschaftlichen
Interessen und von Interessen der Beschäftigten an einer individuellen Kompetenz-
und Bildungsentwicklung besonders deutlich. Es ist prinzipiell zwischen wirt-
schaftswissenschaftlichen bzw. managementtheoretischen und erziehungswissen-
schaftlichen bzw. berufsbildungstheoretischen Bezügen angesiedelt. Je nach Nähe
zu einer der beiden Bezugswissenschaften bezieht es sich stärker auf Kennzahlen,
quantitative Ergebnisse und die Wertschöpfungsfunktion von Bildungsarbeit oder
aber auf die Kompetenz- und Bildungsentwicklung des Subjekts.

Die adjektivische Kennzeichnung des „Bildungsmanagements" als „betrieblich"
impliziert, dass Bildung im Rahmen des auf eine Organisation bezogenen Managements organisiert wird. Mit Zielsetzung und Struktur einer gewerblichen Organisation, also eines privatwirtschaftlich betriebenen Unternehmens, sind der Selbst-

steuerung und der Bildungsdimension deutliche Grenzen gesetzt, eine Selbstorganisation ist in dem vorgegebenen Rahmen kaum möglich. Wohl aber finden in Abhängigkeit von den jeweiligen Arbeits- und Organisationskonzepten selbstgesteuerte und selbstbestimmte Lern- und Bildungsprozesse statt, die es im Rahmen des Bildungsmanagements und der Bildungsarbeit zu optimieren und zu gestalten gilt. In der digitalen Transformation werden Selbststeuerung und relativ autonome Lern- und Organisationsformen zudem verstärkt, Arbeiten und Lernen werden über Lernformen systematisch verbunden und lern- und kompetenzförderliche Arbeitsbedingungen geschaffen (vgl. Kapitel 6 und 7.2).

Aus der Sicht des unternehmerischen Managements erfolgt die Qualifizierung der Mitarbeiter vorrangig – anders als in öffentlichen zivilgesellschaftlichen Organisationen – mit dem Ziel der Verbesserung ihrer beruflichen Handlungsfähigkeit und besseren Verwertung der Arbeitskraft. Diesem Ziel sind letztlich auch alle Selbststeuerungs- und Autonomiespielräume untergeordnet. Das widerspricht dem in der Tradition der europäischen Aufklärung stehenden Bildungsbegriff, der die selbstbestimmte Entwicklung der Persönlichkeit zu Autonomie, Mündigkeit, Freiheit und kritischer Urteilsfähigkeit zum Ziel hat.

Die zentrale Frage des Spannungsverhältnisses von Bildung und Ökonomie – auch unter den Stichwörtern der Koinzidenz oder Konvergenz von Bildung und Ökonomie diskutiert – besteht nun darin, inwieweit Managementtheorien und Bildungstheorien sich einander annähern, inwieweit also wirtschaftliche Zweckorientierung und selbstbestimmte sowie selbstverantwortete personale Entwicklung zu vereinbaren sind. Dies ist letztlich Anspruch und Aufgabe eines betrieblichen Bildungsmanagements und der betrieblichen Bildungsarbeit.

Der unternehmerische Managementbegriff ist über die Betriebswirtschafts- und Managementlehre bestimmt und hat sich in den letzten Jahren stark differenziert. So unterscheidet sich das Management von privatwirtschaftlich betriebenen Unternehmen von öffentlichen und von zivilgesellschaftlichen. In Bezug auf einzelne fachliche und wissenschaftliche Bereiche gibt es weitere Managementorientierungen und –anwendungen wie Change-, Wissens-, Kompetenz-, Transfer-, Kosten-, Gesundheits-, Facilitymanagement und auch das für die betriebliche Bildungsarbeit besonders wichtige individuelle Wissensmanagement (*Reinmann/Eppler* 1998, *Reinmann-Rothmeier/Mandl* 2000).

Inwieweit bei bestimmten Organisationen, etwa öffentlichen Wissenschafts- und Gesundheitsorganisationen, der Managementbegriff neutralisiert und nur auf Lenkungs- und Organisationsaufgaben gerichtet werden kann, sei dahingestellt. In jedem Fall bestimmt der Kontext den Managementbegriff wesentlich, so ist beispielsweise ein Kostenmanagement in jeder Organisation notwendig, seine Zweckorientierung sieht allerdings unter dem Aspekt der Gewinnorientierung anders aus als unter dem der Gesundheitsorientierung.

In der auf Unternehmen bezogenen Managementlehre wird Management sowohl institutionell im Sinn einer Gruppe von Personen, die Managementaufgaben wahrnehmen, verwendet als auch im funktionalen Sinn über die Beschreibung der Prozesse der Planung, Organisation, Lenkung, Bewertung und Weiterentwicklung (*Staehle* 1999, S. 71 ff.; *Rüegg-Stürm* 2003, S. 21 f.; *Seufert* 2013, S. 11 ff.). Dabei erfährt der Managementbegriff in den letzten Jahren, einhergehend mit restrukturierten Organisationen und digitalisierter Arbeit, grundlegende Veränderungen: Managementaufgaben werden auf allen hierarchischen Ebenen und nicht nur von der Führung wahrgenommen, Management wird zunehmend prospektiv und nicht mehr vorrangig im Sinne einer rückwärts ausgerichteten Kontrolle wahrgenommen.

In einem übergreifenden Verständnis ist Management nach *Drucker* darüber definiert, „Menschen durch gemeinsame Werte, Ziele und Strukturen, durch Aus- und Weiterbildung in die Lage zu versetzen, gemeinsame Leistungen zu vollbringen und auf Veränderungen zu reagieren" (*Drucker* 2005, S. 19). Diese Definition bezieht Bildungsprozesse ein und gibt Werten und der Berufsbildung einen eigenständigen Stellenwert im Management, der sich mit dem Referenzbereich Berufs- und Weiterbildung in der betrieblichen Bildungsarbeit überschneidet.

Hier schließt sich die von *Müller* gestellte zentrale Frage an: „Kann man Bildung managen?" (*Müller* 2010, S. 13). Ausgehend von der Differenz der Begriffe Bildung und Management geht *Müller* von folgender Definition des Bildungsmanagements aus: „Bildungsmanagement bezeichnet die Gestaltung, Steuerung und Entwicklung von sozio-technischen Systemen, die dem Zweck der Bildung von Menschen mit dem Ziel der Urteils- und Handlungsfähigkeit dienen." Auf die gestellte Frage erfolgt als Antwort, dass „Bildung selbst … nicht direkt gemanagt werden (kann). Doch die Organisationen, innerhalb derer Bildung sich entfalten soll, und die Prozesse, die Bildung unterstützen sollen, benötigen … eine zielorientierte Leitung und die Bewirtschaftung knapper Ressourcen. Das ist die Aufgabe des Bildungsmanagements" (ebd., S. 18).

Dabei wird der Bildungsbegriff bewahrt, indem von einer „doppelten theoretischen Fundierung" des Bildungsmanagements in der Erziehungswissenschaft einerseits und in der Managementwissenschaft andererseits ausgegangen wird. Die beiden Teilbegriffe Bildung und Management werden „in gewisser Weise mit zwei Rationalitäten konfrontiert", die nicht antinomisch gesehen werden: „Gerade in dem Spannungsgefüge zwischen Subjektorientierung auf der einen Seite und Verwertungsinteressen, Streben nach Effektivität und Effizienz auf der anderen Seite, müssen sich Bildung und Bildungsmanagement bewähren" (*Müller* 2007, S. 104 f.).

Damit bleibt die Frage des Ausbalancierens und der Harmonisierung des Spannungsfeldes von Bildung und Ökonomie im betrieblichen Umfeld offen. Für herkömmliche industrielle Organisations- und Arbeitsverhältnisse bestand diese Frage nicht, da industrielle Arbeit und Bildung einen nicht überbrückbaren Gegensatz bildeten. Mit der in restrukturierten Organisationen geforderten Ganzheitlichkeit und Reflexivität in der Arbeit und mit der digitalen Transformation verändern sich die Konstellationen. Die Schnittmengen zwischen digitalen Qualifikationsanforderungen und individuellen Interessen und Entwicklungen sind größer geworden. Ein antagonistischer Widerspruch von Arbeit und Bildung kann kaum mehr behauptet werden. Dennoch ist in der Betriebs- und Arbeitsrealität wohl kaum das eingelöst, was *G. Molzberger* fordert: Die Einführung von Bildungsmanagement in Wirtschaftsunternehmen müsste „mit einer Steigerung von Handlungssouveränität des Subjekts, von beruflicher Autonomie der Beschäftigten einhergehen" (*Molzberger* 2012, S. 23).

Es stellt sich die Frage, ob Positionen haltbar sind, die Bildung in die Kompetenzentwicklung und in das betriebliche Management integriert oder dort gar aufgehoben sehen. So wurde im Transformationsprozess der neuen Bundesländer der „Paradigmenwechsel von der traditionellen beruflichen Weiterbildung zur Kompetenzentwicklung" als Programm postuliert (*QUEM* 1995), und die Kompetenzentwicklung wurde zur Leitidee eines lebenslangen und selbstorganisierten Lernens im Erwachsenenalter erhoben. Die Kompetenzentwicklung im Verständnis von Handlungs- und Selbstorganisationsfähigkeiten wurde als Alternative zu einer auf Gesetzes- und Ordnungsebene abgesicherten, den Bildungsanspruch einbeziehenden Weiterbildung gesehen. In mehreren Beiträgen zum Thema „Kompetenzentwicklung statt Bildungsziele" des Literatur- und Forschungsreports Weiterbildung werden weitere Positionen zum Verhältnis von Kompetenz- und Bildungstheorie unter unterschiedlichen Schwerpunkten und mit unterschiedlichen Schlussfolgerungen diskutiert (*REPORT* 2002).

Die weitgehende Übereinstimmung von Kompetenzentwicklung und betrieblicher Handlungslogik ist nicht auf Bildungsprozesse zu übertragen, zumal betriebliche Kompetenzmodelle und betrieblich erworbene Kompetenzen explizit die unternehmerischen Gegebenheiten schwerpunktmäßig aufnehmen. Gleichwohl geht die Kompetenzentwicklung in ihrer Subjektgebundenheit und notwendigen Verträglichkeit mit den bundesweit festgelegten Kompetenzmodellen der Kultusministerkonferenz (KMK) und des Deutschen Qualifikationsrahmens (DQR) (vgl. das folgende Zwischenkapitel 3.3) partiell mit bildungstheoretischen Zielen und Inhalten konform. Auch die Anbindung der in anerkannten Aus- und Fortbildungsberufen enthaltenen Bildungsstandards tragen dazu bei (*Schmidt* 2003). Bildung als Ent-

wicklung der Persönlichkeit und Erlangung von Autonomie, Kritik- und Urteilsfähigkeit geht aber keinesfalls in Kompetenzen auf.

Im Hinblick auf das Spannungsfeld von ökonomischer Zweckorientierung und individueller Bildungsentwicklung kommt der Debatte über die Konvergenz und
Koinzidenz ökonomischer und pädagogischer Vernunft ein hoher Stellenwert zu
(*Achtenhagen* 1990; *Gonon* 2004, S. 42 f.; *Harteis/Bauer/Coester* 2002; *Heid/
Harteis* 2004; *Dehnbostel* 2009 a, S. 215 ff.). Inwieweit betriebliche und pädagogische Interessen konvergieren oder von einer Koinzidenz ökonomischer und pädagogischer Vernunft gesprochen werden kann, entzieht sich bisher weitgehendst der
empirischen Überprüfung. Auch wenn allgemein anerkannt wird, dass das Lernen
im Prozess der Arbeit im Zuge betrieblicher Reorganisations- und Umstrukturie-
rungsprozesse an Bedeutung gewonnen hat und Autonomiegrade in der Arbeit
zunehmen, so sagt dies noch nichts über deren Reichweite, Qualität, Subjekt- und
Bildungsbezug aus. Bisherige Einschätzungen und Analysen verweisen stattdessen
eher auf die Ambivalenz und Unübersichtlichkeit der Entwicklungen in modernen,
zumal digitalen Arbeitsprozessen.

Es bleibt zu betonen, dass betriebliche Verwertungsinteressen und individuelle Bildungsprozesse der Beschäftigten in modernen Arbeitsprozessen in einem Spannungsverhältnis stehen, auch wenn betriebliche Kompetenzen in ihrer Subjektgebundenheit eher zur Einlösung von Bildungszielen beitragen können als die zuvor
bestehende Ausrichtung der Berufsbildung auf Kenntnisse und Fertigkeiten.
Zugleich wird dadurch aber auch eine umfassendere verwertungsbezogene Funktio-
nalisierung möglich. Bildung bleibt eine dem Kompetenzbegriff übergeordnete und
ihn übergreifend orientierende Kategorie. Der beruflichen Handlungskompetenz,
die als Leitziel der Berufs- und Weiterbildung gilt, kommt damit im Spannungsverhältnis von Bildung und Ökonomie eine zentrale Rolle zu.

Aufgaben

1. Worin besteht das Spannungsfeld von Bildung und Ökonomie im Kontext der
   betrieblichen Bildungsarbeit und des betrieblichen Bildungsmanagements?

2. Wie positioniert sich der allgemeine betriebliche Managementbegriff im Hinblick auf die Qualifizierung und die Kompetenzentwicklung der Mitarbeiter/
   innen, inwieweit sind bildungs- und managementtheoretische Ansätze verträglich, wie werden sie sich voraussichtlich weiterentwickeln?

3.3 Berufliche Handlungskompetenz und reflexive Handlungsfähigkeit

Kompetenz und Kompetenzentwicklung sind seit den 1980er-Jahren in allen Bildungsbereichen intensiv verwendete Begriffe, die sich durch vielfältige Verständnisse und Definitionen auszeichnen. International hat sich der Kompetenzbegriff ebenso wie national durchgesetzt. In der Berufs- und Weiterbildung und ebenso in der betrieblichen Bildungsarbeit gilt die berufliche Handlungskompetenz als dominierendes Kompetenzverständnis. Auf sie wird im Folgenden zusammen mit der reflexiven Handlungsfähigkeit eingegangen.

Die Durchsetzung des Kompetenzbegriffs und die Ablösung der zuvor dominierenden Orientierung der Berufsbildung an Qualifikationen, Kenntnissen und Fertigkeiten ist auf die im Kapitel 2 dargestellten epochalen Wandel der Arbeitswelt zurückzuführen und darauf, dass sich Kompetenzen auf das Subjekt beziehen und dabei gleichwohl betriebliche und gesellschaftliche Anforderungen erfüllen.

Bereits mit dem Aufkommen des Kompetenzbegriffs bezog der *Deutsche Bildungsrat* Kompetenz als – immer vorläufiges – Ergebnis der Kompetenzentwicklung auf den einzelnen Lernenden und „seine Befähigung zu selbstverantwortlichem Handeln im privaten, beruflichen und gesellschaftlich-politischen Bereich". (*Deutsche Bildungsrat* 1974, S. 65). Kompetenzentwicklung wurde bereits damals damit verbunden, eine weit verstandene, auch „zweckgerichtetes Handeln" umfassende „reflektierte Handlungsfähigkeit" zu erreichen (ebd., S. 49). Zur intensiv geführten Kompetenzdebatte und zur Vielzahl der Kompetenzverständnisse sei hier auf einige der zahlreichen Übersichtsdarstellungen und Definitionen verwiesen (*Gillen* 2006; *Vonken* 2007; *Seeber/Nickolaus* 2010; *Erpenbeck/Rosenstiel* 2011; *Euler* 2020).

Allgemein gilt für Kompetenzen, dass sie Kenntnisse, Fertigkeiten, Wissen, Einstellungen und Werte umfassen, deren Erwerb, Entwicklung und Verwendung sich auf die gesamte Lebenszeit eines Menschen bezieht. Es sind Dispositionen, die an das Subjekt und seine Fähigkeit und Bereitschaft zu eigenverantwortlichem und reflektiertem Handeln und darauf bezogene Entwicklungen gebunden sind. Kompetenzen weisen mit bildungstheoretischen Zielen und Inhalten eine Schnittmenge auf, ohne dass Bildung – wie im vorherigen Zwischenkapitel 3.2 bereits angeführt – im Kompetenzbegriff aufgeht.

Kompetenzmodelle und Kompetenzen sind im Hinblick auf die unterschiedlichen Bildungsbereiche des Bildungssystems, im Hinblick auf Branchen und Unternehmen stark differenziert. Theoretisch ist u.a. zwischen handlungstheoretischen, kognitionspsychologischen, behavioristischen und organisationstheoretischen Kompetenzverständnissen zu unterscheiden.

Die Vielfalt ermöglicht es einerseits, den jeweiligen bereichs- bzw. domänen-spezifischen Umgebungen, Zielsetzungen und Anforderungen nachzukommen. Andererseits muss die hohe und sich weiter entwickelnde Pluralität und Ausdiffe-renzierung von Kompetenzmodellen zugleich auf übergeordneter Ebene durch Ver-einbarungen und Regelungen reorganisiert werden. Über bundesweit geltende Kompetenzmodelle und Bezugssysteme sind Identifikationen, Vergleichbarkeit, Qualität und Anerkennungen herzustellen. Für den Hochschulbereich und berufs-bildende Schulen leisten dies Kompetenzmodelle der Kultusministerkonferenz (*Kultusministerkonferenz* 2017, S. 3 ff.; *Sekretariat der Kultusministerkonferenz* 2018). Für diese und andere Bildungsbereiche stellt der im Kapitel 8 thematisierte Deutschen Qualifikationsrahmen (DQR) eine übergreifende Bezugs- und Refe-renzebene her, dem wiederum mit Bezug auf den europäischen Bildungsraum der Europäische Qualifikationsrahmen (EQR) übergeordnet ist.

Für die betriebliche Bildungsarbeit und generell für die Berufs- und Weiterbildung schaffen die Kompetenzbegriffe und Kompetenzmodelle der Kultusministerkonfe-renz und des Deutschen Qualifikationsrahmens bundesweite Referenzen und Rege-lungen. Bereichs- und branchen- oder unternehmensspezifische Kompetenz-modelle sind, bei aller Differenzierung, hiermit kompatibel zu gestalten.

Das in der Berufs- und Weiterbildung bestehende dominierende Kompetenzver-ständnis ist die umfassende berufliche Handlungskompetenz, in der sich verschie-dene Kompetenzdimensionen vereinen. Bereits der Deutsche Bildungsrat verweist auf unterschiedliche Kompetenzdimensionen, indem er fordert, dass „mit der Fach-kompetenz zugleich humane und gesellschaftlich-politische Kompetenzen" vermit-telt werden (*Deutscher Bildungsrat* 1974, S. 49). Diese drei Kompetenzen stehen aber nicht gleichwertig nebeneinander. Vielmehr misst der Bildungsrat der Human-kompetenz eine größere Bedeutung zu und verbindet sie mit den emanzipatorischen und kritisch-reflexiven Zielorientierungen der damaligen Bildungsreform. Als humane Kompetenz wird definiert, „daß der Lernende sich seiner selbst als eines verantwortlich Handelnden bewußt wird, dass er seinen Lebensplan im mitmensch-lichen Zusammenleben selbständig faßt und seinen Ort in Familie, Gesellschaft und Staat richtig zu finden und zu bestimmen vermag" (ebd.).

Im Zusammenhang mit der Neuordnung anerkannter Ausbildungsberufe und Bestrebungen der Kultusministerkonferenz (KMK), das Konzept der Handlungsori-entierung (*Nickolaus* 2008, S. 77 ff.; *Herkner/Pahl* 2020) in der berufsschulischen Ausbildung zu fördern, wurde der Kompetenzbegriff zunehmend in Überlegungen zur Curriculumentwicklung und zur didaktisch-methodischen Gestaltung von Lern-prozessen aufgenommen und weiterentwickelt. Entsprechend sind auch die mit dem Lernfeldkonzept in der Berufsschule verfolgten Ziele auf die Entwicklung von Handlungskompetenz gerichtet.

Im Mittelpunkt der von der KMK veröffentlichten „Handreichung für die Erarbeitung von Rahmenlehrplänen der Kultusministerkonferenz für den berufsbezogenen Unterricht in der Berufsschule und ihre Abstimmung mit Ausbildungsordnungen des Bundes für anerkannte Ausbildungsberufe" steht die Förderung der Handlungskompetenz (*Sekretariat der Kultusministerkonferenz* 2018). Diese zielt darauf, berufliche, gesellschaftliche und individuelle Entwicklungen im Sinne von Qualifizierung und Bildung zu verstehen. Im Kompetenzmodell wird Handlungskompetenz „als die Bereitschaft und Befähigung des Einzelnen" verstanden, „sich in beruflichen, gesellschaftlichen und privaten Situationen sachgerecht durchdacht sowie individuell und sozial verantwortlich zu verhalten" (ebd., S. 15). Danach entfaltet sich Handlungskompetenz in den Dimensionen von Fachkompetenz, Selbstkompetenz und Sozialkompetenz, die folgendermaßen definiert werden (ebd.):

- **Fachkompetenz** bezeichnet die „Bereitschaft und Fähigkeit, auf der Grundlage fachlichen Wissens und Könnens Aufgaben und Probleme zielorientiert, sachgerecht, methodengeleitet und selbstständig zu lösen und das Ergebnis zu beurteilen".

- **Selbstkompetenz** bezeichnet die „Bereitschaft und Fähigkeit, als individuelle Persönlichkeit die Entwicklungschancen, Anforderungen und Einschränkungen in Familie, Beruf und öffentlichem Leben zu klären, zu durchdenken und zu beurteilen, eigene Begabungen zu entfalten sowie Lebenspläne zu fassen und fortzuentwickeln. Sie umfasst Eigenschaften wie Selbstständigkeit, Kritikfähigkeit, Selbstvertrauen, Zuverlässigkeit, Verantwortungs- und Pflichtbewusstsein. Zu ihr gehören insbesondere auch die Entwicklung durchdachter Wertvorstellungen und die selbstbestimmte Bindung an Werte".

- **Sozialkompetenz** bezeichnet die „Bereitschaft und Fähigkeit, soziale Beziehungen zu leben und zu gestalten, Zuwendungen und Spannungen zu erfassen und zu verstehen sowie sich mit anderen rational und verantwortungsbewusst auseinander zu setzen und zu verständigen. Hierzu gehört insbesondere auch die Entwicklung sozialer Verantwortung und Solidarität".

In früheren Fassungen der Handreichung wurde die „Selbstkompetenz" auch anders bezeichnet, so im Jahr 2000 als „Personalkompetenz" und im Jahr 2007 in Anknüpfung an die Bestimmungen des Deutschen Bildungsrats als „Humankompetenz". Die unterschiedlichen Begrifflichkeiten werden in den Dokumenten der KMK kaum erläutert. Es bleibt zu vermuten, dass die Variationen auf Positionierungen im Spannungsfeld von Bildung und Ökonomie zurückzuführen sind. Es bleibt offen, inwieweit von der KMK ein bildungstheoretisch und berufsbildungswissenschaftlich fundiertes Bildungsverständnis vertreten wird.

Weiter führt die KMK in der aktuell geltenden Handreichung aus, dass „Methoden-kompetenz, kommunikative Kompetenz und Lernkompetenz ... immanenter Bestandteil von Fachkompetenz, Selbstkompetenz und Sozialkompetenz" sind (ebd. S. 16). Diese sozusagen querliegenden Kompetenzen werden folgendermaßen definiert (ebd.):

● **Methodenkompetenz** bezeichnet die „Bereitschaft und Fähigkeit zu zielgerich-tetem, planmäßigem Vorgehen bei der Bearbeitung von Aufgaben und Problemen (zum Beispiel bei der Planung der Arbeitsschritte)".

● **Kommunikative Kompetenz** bezeichnet die „Bereitschaft und Befähigung, kommunikative Situationen zu verstehen und zu gestalten. Hierzu gehört es, eigene Absichten und Bedürfnisse sowie die der Partner wahrzunehmen, zu ver-stehen und darzustellen".

● **Lernkompetenz** ist die „Bereitschaft und Fähigkeit, Informationen über Sach-verhalte und Zusammenhänge selbstständig und gemeinsam mit anderen zu ver-stehen, auszuwerten und in gedankliche Strukturen einzuordnen. Zur Lernkom-petenz gehört insbesondere auch die Fähigkeit und Bereitschaft, im Beruf und über den Berufsbereich hinaus Lerntechniken und Lernstrategien zu entwickeln und diese für lebenslanges Lernen zu nutzen".

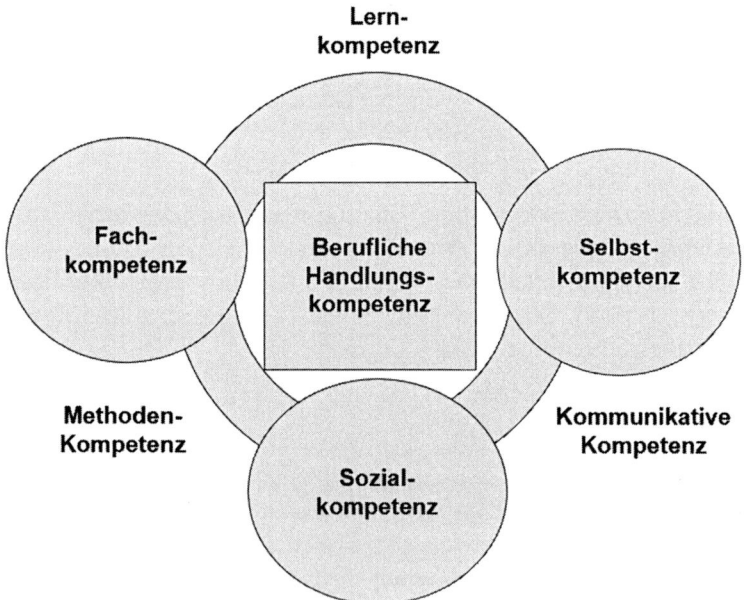

Abb. 5: Kompetenzmodell der Kultusministerkonferenz

Das Kompetenzmodell des Deutschen Qualifikationsrahmens (DQR), das mit dem der KMK kompatibel ist, bezieht im Prinzip alle in Deutschland im Bildungssystem einschließlich der Weiterbildung erworbenen Qualifikationen ein. Von daher ist es für die betriebliche Bildungsarbeit der maßgebliche Referenz- und Bezugsrahmen. Das grundlegende Kompetenzverständnis des DQR wird mit einer umfassenden Handlungskompetenz gleichgesetzt, indem Kompetenz als „die Fähigkeit und Bereitschaft des Einzelnen" bezeichnet wird, „Kenntnisse und Fertigkeiten sowie persönliche, soziale und methodische Fähigkeiten zu nutzen und sich durchdacht sowie individuell und sozial verantwortlich zu verhalten. Kompetenz wird in diesem Sinne als umfassende Handlungskompetenz verstanden" (*AK DQR* 2011, S. 4).

Das Kompetenzmodell unterscheidet die beiden Dimensionen „Fachkompetenz" und „Personale Kompetenz", wobei die Fachkompetenz in „Wissen" und „Fertigkeiten", die personale Kompetenz in „Sozialkompetenz" und „Selbständigkeit" unterteilt wird. Diese bilden die sogenannte „Vier-Säulen-Struktur" des DQR. Im Einzelnen sind die Begriffe folgendermaßen definiert (ebd. S. 8 ff.):

- **Fachkompetenz** „ist die Fähigkeit und Bereitschaft, Aufgaben- und Problemstellungen eigenständig, fachlich angemessen, methodengeleitet zu bearbeiten und das Ergebnis zu beurteilen".
  Die der Fachkompetenz untergeordnete Kategorie **Wissen** „bezeichnet die Gesamtheit der Fakten, Grundsätze, Theorien und Praxis in einem ... Lern- oder Arbeitsbereich als Ergebnis von Lernen und Verstehen. Der Begriff Wissen wird synonym zu 'Kenntnisse' verwendet."
  Und **Fertigkeiten** als zweite Kategorie „bezeichnen die Fähigkeit, ... Wissen anzuwenden und Know-how einzusetzen, um Aufgaben auszuführen und Probleme zu lösen". Zudem wird erläutert, dass Fertigkeiten wie im Europäischen Qualifikationsrahmen „als kognitive Fertigkeiten (logisches, intuitives und kreatives Denken) und als praktische Fertigkeiten (Geschicklichkeit und Verwendung von Methoden, Materialien, Werkzeugen und Instrumenten) beschrieben" werden.

- **Personale Kompetenz** „bezeichnet die Fähigkeit und Bereitschaft, sich weiterzuentwickeln und das eigene Leben eigenständig und verantwortlich im jeweiligen sozialen, kulturellen bzw. beruflichen Kontext zu gestalten".
  Die untergeordnete Kategorie **Sozialkompetenz** „bezeichnet die Fähigkeit und Bereitschaft, zielorientiert mit anderen zusammenzuarbeiten, ihre Interessen und sozialen Situationen zu erfassen, sich mit ihnen rational und verantwortungsbewusst auseinanderzusetzen und zu verständigen sowie die Arbeits- und Lebenswelt mitzugestalten".

Die zweite Kategorie **Selbständigkeit** „bezeichnet die Fähigkeit und Bereitschaft, eigenständig und verantwortlich zu handeln, eigenes und das Handeln anderer zu reflektieren und die eigene Handlungsfähigkeit weiterzuentwickeln".

Wie zitiert, werden im DQR die Begriffe „Kompetenz" und „umfassende Handlungskompetenz" gleichgesetzt. Beide Kompetenzmodelle sind in starkem Maße normativ geprägt und vor allem das DQR-Modell ist das Ergebnis von Aushandlungen mit den maßgeblich an der Berufsbildung beteiligten Gruppen. Auf Inkonsistenzen und nicht hinreichende Fundierungen wird weiter unten im Zwischenkapitel 8.2 eingegangen. Hier wird entsprechend den referierten Kompetenzmodellen die berufliche Handlungskompetenz zusammenfassend folgendermaßen beschrieben:

Berufliche Handlungskompetenz
Berufliche Handlungskompetenz ist die Fähigkeit und Bereitschaft, Kenntnisse und Fertigkeiten sowie persönliche, soziale und methodische Fähigkeiten zu nutzen und sich durchdacht sowie individuell und sozial verantwortlich zu verhalten. Dabei besteht eine umfassende berufliche Handlungskompetenz aus der Einheit von Fachkompetenz, Sozialkompetenz und Humankompetenz bzw. Selbstkompetenz. Humankompetenz und Sozialkompetenz können auch zur personalen Kompetenz zusammengefasst werden. Die Methodenkompetenz, kommunikative Kompetenz und Lernkompetenz sind Bestandteil dieser Kompetenzen bzw. liegen quer dazu.

Für die Berufs- und Weiterbildung und die betriebliche Bildungsarbeit ist nun maßgeblich, dass die berufliche Handlungskompetenz der beruflichen Handlungsfähigkeit im Sinne des Berufsbildungsgesetzes (BBiG) und der Handwerksordnung (HWO) entspricht. Die Kompetenzentwicklung zielt auf die Befähigung zum Handeln, insofern sind Kompetenzen auch als Handlungsfähigkeiten anzusehen. Dementsprechend hat der Hauptausschuss des Bundesinstituts für Berufsbildung empfohlen die vier Kompetenzdimensionen des DQR in Ausbildungsordnungen zu integrieren (*BIBB* 2014, S. 2), um darüber zur beruflichen Handlungsfähigkeit zu gelangen, diese zur erhalten oder auszubauen.

Die berufliche Handlungsfähigkeit ist aber auch außerhalb anerkannter Aus- und Fortbildungsberufe als Ziel von Kompetenzentwicklung anzusehen. Dabei findet betriebliche Kompetenzentwicklung vorrangig außerhalb geordneter Berufsbildung statt (vgl. Zwischenkapitel 2.3). Häufig führt das, auch im Rahmen von betrieblichen und branchenspezifischen Kompetenzmodellen, zur Gleichsetzung von Kometenzentwicklung und Qualifizierung im Sinne von Anpassungsqualifizierung oder informeller Weiterbildung. In einer anderen, richtungsweisenden Sichtweise sind Lernen im Prozess der Arbeit und arbeitsintegriertes Lernen hingegen als Ansatz für „subjektorientierte Gestaltungsformen von Kompetenzentwicklung" zu verstehen (Molzberger 2018, S. 188 ff.). In jedem Fall steht die in Arbeitsprozessen integrierte Kompetenzentwicklung in Wechselbeziehungen zu betrieblichen Strukturen und Arbeitsbedingen und erfordert eine reflexive Handlungsfähigkeit.

Die Wechselbeziehungen zwischen der Kompetenzentwicklung mit den Dimensionen der Fach-, Sozial- und Personalkompetenz und betrieblichen Strukturen erfordern Reflexionsprozesse, die ein Abrücken vom unmittelbaren Arbeitsgeschehen bedeuten, um Ablauforganisation, Handlungsabläufe und Handlungsalternativen zu hinterfragen und in Beziehung zu eigenen Erfahrungen und Erfahrungswissen zu setzen. Als die für die Kompetenzentwicklung zentrale Strukturen sind u. a. zu nennen: Arbeitsformen, Lernpotenziale und Lerngelegenheiten in der Arbeit, Entwicklungs- und Aufstiegswege sowie die Arbeits- und Lernkultur.

Tab 2: Wechselbeziehungen von Kompetenzentwicklung und betrieblichen Strukturen

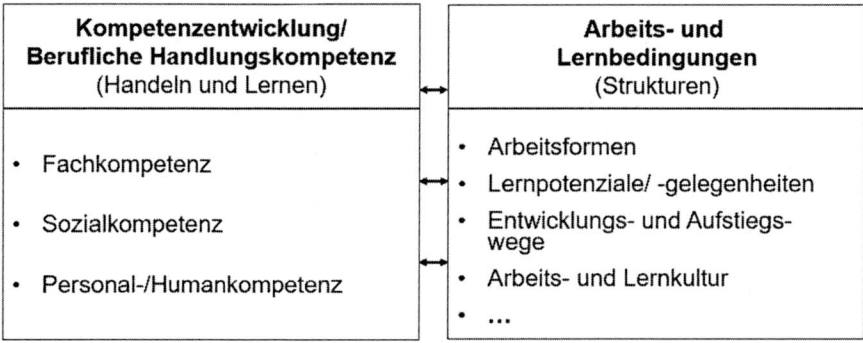

Die Analyse und Gestaltung der Wechselbeziehungen von Handlung und Struktur ist das Anliegen strukturationstheoretischer Ansätze (*Giddens* 1988; *Goltz* 1999; *Walgenbach* 2001), die auf der Strukturationstheorie des englischen Soziologen *Anthony Giddens* basieren. Dass der Dualismus von Handlung und Struktur sich häufig als nicht kompatibel oder integrationsfähig erweist, belegt die Praxis. Allein betriebswirtschaftlich und von kurzfristigen Kostengesichtspunkten bestimmte Arbeitsabläufe und -strukturen lassen zumeist kaum Raum für ein lern- und kompetenzförderliches Arbeitshandeln, andererseits haben Kompetenzentwicklungsmaßnahmen bei nicht hinreichender Berücksichtigung ökonomischer Aspekte keine Realisierungschancen im Unternehmen. Hier setzt nun eine strukturationstheoretisch ausgerichtete betriebliche Bildungsarbeit ein, die nicht nur eine Vermittlung beider Ansätze intendiert, sondern Struktur und Lern-Handeln über eine reflexive Handlungsfähigkeit integriert.

Somit ist die reflexive Handlungsfähigkeit ein übergeordneter Zielpunkt für die berufliche Handlungskompetenz und die Kompetenzentwicklung. Dies trifft auf den Bildungs- und Berufsbildungsbereich im weitesten Sinne zu. So wird für den Hochschulbereich im „Qualifikationsrahmen für deutsche Hochschulabschlüsse" festgestellt, dass die „generische Kompetenzentwicklung die Fähigkeit zu reflexivem / innovativem Handeln" beschreibt (*Kultusministerkonferenz* 2017, S. 3). Und in der umfangreichen Abhandlung von *Kröll* zu Innovationsprojekten und organisationalem Wandel wird eine „Theorie der Reflexion und Reflexionskompetenz" – so der Untertitel des Buchs – entfaltet, die als „reflexive Kompetenzentwicklung" der reflexiven Handlungsfähigkeit entspricht (*Kröll* 2020).

Die Relevanz der Reflexivität für die betriebliche Bildungsarbeit drückt sich auch unmittelbar in den Handlungsfeldern der betrieblichen Bildungsarbeit aus und wird in den folgenden Kapiteln vielfach angesprochen. So stellt die „Reflexivität" eines von sieben Kriterien dar, die dem Handlungsfeld „Lern- und kompetenzförderliche Arbeitsgestaltung" zugrunde liegen und gleichermaßen der Analyse wie auch der Konstruktion der Arbeitsgestaltung dienen (vgl. Unterkapitel 7.1.2). Das „reflexive Lernen" ist eines von sechs der am stärksten verbreiteten betrieblichen Lernkonzepten, die dem Handlungsfeld „Lernkonzepte" zuzuzählen sind (vgl. Unterkapitel 4.3.6). Es ist ein Lernen sowohl über die direkte Reflexion in der Arbeit als auch ein Lernen der organisierten Reflexion über Arbeit, womit an die als klassisch zu bezeichnenden Konzepte von *Dewey* und *Schöns* „The reflective practitioner" (1983) angeknüpft wird.

Die Reflexivität zeigt sich nach *Lash* (1996) in zweifacher Weise: als strukturelle Reflexivität und als Selbstreflexivität. Die strukturelle Reflexivität hat die Bewusstmachung der Regeln und Ressourcen und der eigenen Strukturen und sozialen Existenzbedingungen der Handelnden zum Ziel. Bei der Selbstreflexivität tritt die Eigenbestimmung an die Stelle der früheren heteronomen Bestimmung der Handelnden. Die Selbstreflexivität beschreibt also das Reflektieren der Handelnden über sich selbst. Diese Fähigkeit zur Reflexion und damit zur Distanzierung von sich selbst und den umgebenden Strukturen wird durch die Biographie und die darin enthaltenen Bildungs- und Entwicklungsschritte bestimmt, beeinflusst diese aber umgekehrt auch. Eigenbestimmung und Persönlichkeitsbildung sind so mit der Fähigkeit zur Selbstreflexion und dem Erkennen gesellschaftlich-betrieblicher Vorgänge aus eigenem Urteil untrennbar verbunden.

Im realen Arbeitsvollzug bedeutet Reflexivität demnach, in Verbindung mit der Vorbereitung, Durchführung und Bewertung von Arbeitsaufgaben sowohl über Arbeitsstrukturen als auch über sich selbst zu reflektieren. Die Tabelle verdeutlicht dies noch einmal.

Tab. 3: Reflexivität als strukturelle und Selbstreflexivität (nach *Lash* 1996, S. 203 f.)

Reflexivität	Reflexivität in der Arbeit
Strukturelle Reflexivität	Hinterfragen und Mitgestalten von Arbeit, Arbeitsumgebungen, Arbeitsstrukturen
Selbstreflexivität	Reflexion über eigene Kompetenzen, individuelles Wissensmanagement, Gestaltung der eigenen Kompetenzentwicklung

Die Reflexivität ist also eine in mehrfacher Hinsicht für Kompetenzentwicklung zentrale Kategorie. Die reflexive Handlungsfähigkeit ermöglicht es, die individuelle, selbstgesteuerte Anwendung erworbener Kompetenzen reflexiv auf Handlungen und Verhaltensweisen sowie auf die damit verbundenen Arbeits- und Sozialstrukturen zu beziehen. Mit der reflexiven Handlungsfähigkeit sind Qualität und Souveränität des realen Handlungsvermögens angesprochen. Reflexivität meint hierbei die bewusste, kritische und verantwortliche Einschätzung und Bewertung von Handlungen auf der Basis von Erfahrung und Wissen.

Dabei bezieht sich die Handlungsfähigkeit sowohl auf die drei Kompetenzdimensionen der beruflichen Handlungskompetenz als auch auf die betrieblichen Strukturen bzw. Arbeits- und Lernbedingungen sowie die thematisierten Wechselbeziehungen zwischen beiden. Die Möglichkeiten und Grenzen der Reflexivität werden nicht nur durch individuelle Dispositionen, sondern vor allem durch die realen Bedingungen und die Lernchancen und Lerngelegenheiten in der Arbeit bestimmt, die wiederum durch die Arbeits- und Lernbedingungen geprägt sind. Insgesamt bilden diese Bestimmungen und Einflussfaktoren einen komplexen Bedingungsrahmen zur Herstellung reflexiver Handlungsfähigkeit wie die folgende Abbildung zeigt.

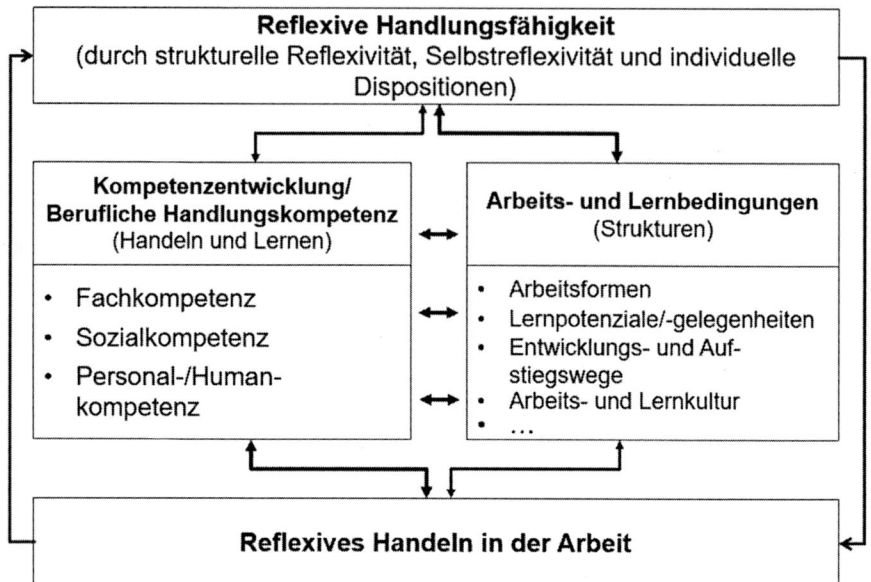

Abb. 6: Bedingungsrahmen reflexiver Handlungsfähigkeit

Reflexive Handlungsfähigkeit ist die Voraussetzung dafür, Lern- und Reflexions-prozesse, vorgegebene Situationen und überkommene Sichtweisen im beruflichen Handeln zu hinterfragen, zu deuten und in handlungsorientierter Absicht zu bewer-ten. Die berufliche Handlungskompetenz wird von vornherein mit der Reflexion des Handelns verknüpft. Reflexive Handlungsfähigkeit heißt unter den Optionen digitaler Arbeit und arbeitsintegrierten Lernens immer zugleich die Ermöglichung und Gestaltung von Lernräumen, Lernkonzepten sowie Lernformen und stärkt die Bildungsmöglichkeiten. Zusammenfassend ist die reflexive Handlungsfähigkeit folgendermaßen zu definieren:

Reflexive Handlungsfähigkeit

Reflexive Handlungsfähigkeit in der Arbeit heißt, sowohl über die Strukturen und Umgebungen als auch über sich selbst im Prozess der Vorbereitung, Durch-führung und Steuerung von Arbeitsaufgaben zu reflektieren. Reflexivität meint die bewusste, kritische und verantwortliche Einschätzung und Bewertung von Handlungen auf der Basis eigener Erfahrungen und verfügbaren Wissens. Dabei geht es gleichermaßen um eine auf die Umgebung gerichtete strukturelle

Reflexivität als auch um eine auf das Subjekt gerichtete Selbstreflexivität. Die reflexive Handlungsfähigkeit stellt ein Handlungsvermögen dar, das sich prinzipiell aus den sich wechselseitig bedingenden Faktoren einer umfassenden beruflichen Handlungskompetenz, aus Arbeits- und Lernbedingungen und aus individuellen Dispositionen zusammensetzt.

Aufgaben

1. Was ist unter dem Begriff „berufliche Handlungskompetenz" zu verstehen und wie ist er zu definieren?
2. Warum konnte sich das Konzept der beruflichen Handlungskompetenz durchsetzen und warum kommt der Reflexivität in diesem Kontext eine außerordentlich hohe Aufmerksamkeit zu?
3. Erläutern Sie den Begriff „reflexive Handlungsfähigkeit" erklären Sie, worin der Wert einer strukturationstheoretischen Betrachtung der Wechselwirkung von Struktur und Handlung liegt.

4 Theorien und Konzepte betrieblichen Lernens

Wie in den ersten Kapiteln angesprochen, haben sich Bedeutung und Funktionen des betrieblichen Lernens und des Lernens in der Arbeit gegenüber der herkömmlichen Industriegesellschaft grundlegend geändert. Das Lernen entwickelt sich zu einem konstitutiven Bestandteil digitaler Arbeit; es kann zu individuellen Entwicklungsprozessen, zur Persönlichkeitsentwicklung und zur Entwicklung einer menschengerechten Arbeitswelt beitragen. Entwicklung und Perspektiven des betrieblichen Lernens werden von an der Berufs- und Weiterbildungsforschung beteiligten Disziplinen analysiert und zunehmend in einer anwendungsorientierten Forschung mitgestaltet.

Für den auf die Arbeit bezogenen Diskurs und die theoretische Grundlegung ist eine systematische Einordnung im Sinne einer Modellierung oder Typologie des Lernens in der und mit Bezug auf Arbeit erforderlich. Im Kontinuum von Arbeiten und Lernen ist das Lernen in der Arbeit zu analysieren, Grundformen arbeitsbezogenen Lernens sind zu bestimmen und lerntheoretische Orientierungen zu erfassen, womit zugleich theoretische Grundlagen entstehen, um die betriebliche Bildungsarbeit auszubauen und zu gestalten.

Auch die Frage, ob in formalen, informellen oder nichtformalen Kontexten gelernt wird, ist für Lernarrangements und Lernformen, aber ebenso für die Personalentwicklung und die Anerkennung von in der Arbeit erworbenen Kompetenzen wichtig. Wie bereits im Kapitel 2 für das arbeitsintegrierte Lernen ausgeführt, kommt insbesondere dem informellen Lernen für das Arbeiten in digitalen Umgebungen und für die Kompetenzentwicklung der Beschäftigten eine zentrale Rolle zu, zugleich sind aber auch das formale und nichtformale Lernen im Betrieb wichtiger geworden. Das betriebliche Lernen erfolgt über Arrangements des informellen, nichtformalen und formalen Lernens, es trägt zum Erfahrungswissen und Theoriewissen bei und führt zur beruflichen Handlungskompetenz und reflexiven Handlungsfähigkeit.

Im Unterschied zu dem vorrangig auf didaktische Theorien und Kriterien bezogenen schulischen Lernen ist das Lernen in Unternehmen auf die oben dargestellten Handlungsfelder und Referenzbereiche der betrieblichen Bildungsarbeit zu beziehen. Dieser Bezugsrahmen ist nicht nur weit gesteckt, sondern durch die unterschiedlichen Wissenschaftsbezüge von vornherein interdisziplinär angelegt. Die einschlägig bekannten Ansätze des behavioristischen, kognitivistischen, handlungstheoretischen, konstruktivistischen und subjektwissenschaftlichen Lernens schlagen sich in diesem Zusammenhang zwar nieder, aber nicht als eigenständige

Konzepte, sondern als lerntheoretische Orientierungen eines mit der Arbeit verschränkten betrieblichen Lernens. Dies wird in betrieblichen Lernkonzepten deutlich, die zwar lerntheoretische Ansätze aufnehmen, aber bestimmten lernkonzeptionellen Leitideen folgen und stark durch betriebliche Kontextbedingungen geprägt sind.

Im Folgenden werden zunächst Modelle des arbeitsbezogenen Lernens bestimmt und dessen Grundformen beschrieben (4.1). Die Lernarten des formalen, informellen und nichtformalen Lernens werden dann definiert und in den Kontext betrieblicher Wissensarten und der beruflichen Handlungskompetenz gestellt (4.2), um anschließend die zurzeit wichtigsten betrieblichen Lernkonzepte darzulegen (4.3). Abschließend wird auf das Konzept einer arbeitsintegrierten Berufsqualifizierung am Beispiel von zwei in den 2010er-Jahren durchgeführten Projekten im Pflegebereich eingegangen (4.4).

4.1 Modelle und Grundformen arbeitsbezogenen Lernens

Weder in der Berufs- und Weiterbildungsforschung noch in verwandten Disziplinen existiert bisher eine Analyse und Bestandsaufnahme von Modellen oder Typen des Lernens in der Arbeit und – weiter gefasst – des Lernens mit Bezug auf Arbeit. Zwar gab es immer wieder Versuche und Ansätze einer systematischen Einordnung, zu einer hinreichenden und tragfähigen Modellierung oder Typologie haben diese jedoch nicht geführt (*Münch* 1990, S. 150ff.; *Dehnbostel* 1993, S. 165ff.; *Drexel/Welskopf* 1994, S. 303ff.; *Georg* 1996, S. 650ff.; *Lipsmeier* 1996, S. 310ff.; *Grünewald* u.a. 1998, S. 31ff.; *Dybowski* u.a. 1999, S. 201ff.; *Sauter* 2003, S. 153ff.; *Dehnbostel/Pätzold* 2004, S. 27f.; *Sonntag/Stegmaier* 2007, S. 20ff.; *Wilbers* 2020, S. 189f.; *Becker/Windelband* 2021, S. 29ff.).

Eine einheitliche Typologie ist auch nur schwer herstellbar, da sich diese aus dem Blickwinkel verschiedener wissenschaftlicher Disziplinen unterschiedlich darstellt. Übergreifend findet die Unterscheidung von „Lernen on the Job" und „Lernen off the Job" (vgl. Abbildung 13 im Zwischenkapitel 6.1) eine hohe Akzeptanz und Verbreitung; sie hat aber mit dem groben Differenzierungskriterium des Lernens in oder außerhalb der Arbeit nur einen geringen Analyse- und Erkenntniswert. Genauere Einordnungen oder Klassifizierungen von Modellen des Lernens in der Arbeit sind aber möglich; sie sind für die praktisch-konzeptionelle Entwicklung, Begründung sowie vergleichende Bewertung arbeitsbezogenen Lernens unerlässlich.

Das auf Arbeit bezogene Lernen erstreckt sich in der betrieblichen Bildung vom informellen Lernen in der Arbeit über ein organisiertes Lernen in der Arbeit bis zum Lernen über Simulation von Arbeit. Dieses Lernen ist unter dem Sammelbegriff „arbeitsbezogenes Lernen" zu fassen; es bezeichnet Lernprozesse, die sich im weitesten Sinne auf Arbeit und Arbeitsprozesse beziehen. Der Begriff ist semantisch weit gefasst und wird häufig synonym zu Begriffen wie Lernen am Arbeitsplatz, Lernen in und bei der Arbeit, arbeitsplatznahes Lernen und dezentrales Lernen verwendet.

Am tragfähigsten hat sich eine in den 1990er-Jahren im Rahmen der Modellversuchsforschung des Bundesinstituts für Berufsbildung (BIBB) vorgenommene Differenzierung des arbeitsbezogenen Lernens in die drei Modelle des „arbeitsgebundenen Lernens", des „arbeitsverbundenen Lernens" und des „arbeitsorientierten Lernens" erwiesen, wobei das tragende Unterscheidungsmerkmal in dem lernort- und lernorganisationsbezogenen Kriterium des Verhältnisses von Arbeitsort und Lernort besteht (*Dehnbostel* 1993, S. 165; Derselbe 2007, S. 45):

- Beim arbeitsgebundenen Lernen sind Lernort und Arbeitsort identisch, das Lernen findet am Arbeitsplatz oder im Arbeitsprozess statt. Beispiele sind: Online-Communities im Betrieb; die traditionelle Beistellehre; die Anpassungsqualifizierung in der betrieblichen Weiterbildung; das zunehmend aus dem Angelsächsischen übernommene Workplace Learning.

- Beim arbeitsverbundenen Lernen sind Lernort und realer Arbeitsplatz getrennt, gleichwohl besteht zwischen ihnen eine direkte räumliche und arbeitsorganisatorische Verbindung, so z. B. in Qualitätszirkeln, in der Lernstatt und neuerdings im Kontext digitaler Arbeitsumgebungen eingerichteter Lernfabriken und Lernlabore.

- Beim arbeitsorientierten Lernen besteht keine direkte Verbindung vom Lernort zum Arbeitsort. In institutionalisierten Lernorten werden aber fachinhaltlich orientierte Bezüge zur Arbeit curricular aufgenommen. Als besondere Einrichtungen im Bildungssystem orientieren sich zudem Übungsfirmen, Lernbüros und Produktionsschulen in ganzheitlicher Weise an Arbeitsinhalten und -umgebungen. Darüber hinaus findet die Simulation von Arbeit außerhalb derselben in an der Realität orientierten Modellen an unterschiedlichen Orten statt.

Zusammenfassend ist arbeitsbezogenes Lernen folgendermaßen zu definieren:

Arbeitsbezogenes Lernen

Der Begriff arbeitsbezogenes Lernen bezeichnet ein betriebliches, außerbetriebliches, schulisches und hochschulisches Lernen, das sich auf Arbeit und Arbeitsprozesse bezieht. Es findet ein Lernen in der Arbeit, bei der Arbeit und über Arbeit statt, das ein breites Spektrum an Orientierungen und Verständnissen umfasst. Unter dem lernort- und lernorganisatorischen Kriterium des Verhältnisses von Lernort und Arbeitsort wird arbeitsgebundenes, arbeitsverbundenes und arbeitsorientiertes Lernen unterschieden. Beim arbeitsgebundenen Lernen sind Lernort und Arbeitsort identisch, das Lernen findet am Arbeitsplatz oder im Arbeitsprozess statt. Beim arbeitsverbundenen Lernen sind Lernort und Arbeitsplatz getrennt, gleichwohl räumlich und arbeitsorganisatorisch direkt verbunden. Arbeitsorientiertes Lernen findet an institutionalisierten Lernorten über curricular ausgewiesene Fachinhalte und über Übungs- und Auftragsarbeiten statt, zudem über Simulationen an unterschiedlichen Orten.

Die Differenzierung in drei Modelle arbeitsbezogenen Lernens hat sich bewährt. Das zeigen viele Beispiele, so in jüngster Zeit ihre Verwendung für die Strukturierung von Rahmenplänen für die Pflegeausbildungen nach dem Pflegeberufereformgesetz (Bundesinstitut für Berufsbildung 2020, S. 16 ff.). Gleichwohl wird aber die Vielfalt der auf Arbeit bezogenen Qualifizierungskonzepte und Lernorganisationsformen durch sie nicht hinreichend differenziert erfasst. Auf einer höher entwickelten Differenzierungsebene sind unter Berücksichtigung zusätzlicher lernkonzeptioneller und organisationaler Kriterien fünf Grundformen arbeitsbezogenen Lernens zu unterscheiden, denen unterschiedliche Qualifizierungskonzepte und Lernorganisationsformen zuzuordnen sind. Wie die folgende Tabelle zeigt, können einzelne Konzepte und Formen mehreren Grundformen zugeordnet werden.

Tab. 4: Grundformen arbeitsbezogenen Lernens

Grundformen arbeitsbezogenen Lernens	Qualifizierungskonzepte und Lernorganisationsformen
(1) Lernen durch Arbeitshandeln im realen Arbeitsprozess (arbeitsgebundenes Lernen)	Communities of Practice (CoP); traditionelle Beistelllehre; Anpassungsqualifizierung; Learning on the Job; Workplace Learning
(2) Lernen durch Unterweisung, Instruktion und Begleitung am Arbeitsplatz (arbeitsgebundenes Lernen)	Unterweisungsformen; Lernprozessbegleitung; Coaching; Mentoring; kollegiale Beratung; Adaptive Assistenz- und Lernsysteme
(3) Lernen durch Integration von informellem und formalem/nichtformalem Lernen (arbeitsgebundenes oder arbeitsverbundenes Lernen)	Online-Communities; Qualitätszirkel; Lernstatt; Lerninsel; Arbeits- und Lernaufgabe; Coachingformen; E-Learningformen; Lernfabrik; Lernlabor
(4) Lernen durch Praktika und betriebliche Erkundungen (arbeitsgebundenes oder arbeitsverbundenes Lernen)	Betriebliche Praktika von Schulen, Bildungseinrichtungen und Hochschulen; Erkundungen und Rotationen in Rahmen von Aus- und Weiterbildungsmaßnahmen
(5) Lernen über Lehrplanbezüge, Arbeitsaufgaben und Simulationen (arbeitsorientiertes Lernen)	Berufliches Lernen in Schulen, Bildungseinrichtungen, Übungsfirmen, Lernbüros, Hochschulen, Simulationsorten

Das Spektrum unterschiedlicher Grundformen arbeitsbezogenen Lernens wird sicherlich in Zukunft bestehen bleiben, insbesondere die Digitalisierung spricht für ihre weitere Pluralisierung, ebenso wie für die der zugeordneten Qualifizierungskonzepte und Lernorganisationsformen. Im Einzelnen sind die Grundformen so zu umreißen:

(1) Lernen durch Arbeitshandeln im realen Arbeitsprozess

Lernen durch Arbeitshandeln ist als Lernen im Prozess der Arbeit im Zwischenkapitel 2.3 bereits angesprochen. Es ist ein Lernen, das idealiter kognitive, affektive und psychomotorische Dimensionen gleichermaßen einbezieht. Dabei ist der Arbeitsort zugleich Lernort, und über den Ernstcharakter von Arbeit werden Erfahrungen, Motivation und soziale Bezüge erzeugt und gestärkt. Realiter hängen die Bedingungen, Möglichkeiten und Orientierungen dieses arbeitsgebundenen Lernens in hohem Maße von betrieblichen und branchenspezifischen Gegebenheiten ab, die wiederum auch historisch und kulturell geprägt sind. Das Lernen findet in technologisch und arbeitsorganisatorisch bestimmten Arbeitsumgebungen statt, es ist stark von lernförderlichen Arbeitsbedingungen abhängig, von der Lernhaltigkeit der Arbeitsaufgaben, von den Lerngelegenheiten sowie der Disposition und Motivation der Lernenden. Möglichkeiten und Chancen stehen ökonomischen und technologischen Zwängen, Lernhemmnissen und Lernwiderständen gegenüber.

Dieses Lernen durch Arbeitshandeln findet zumeist informell statt, wie das am arbeitsintegrierten Lernen im Zwischenkapitel 2.3 bereits verdeutlicht wurde. Dies trifft auch auf das im folgenden Unterkapitel 4.3 dargestellte situative Lernen in „Communities of Practice" zu, in denen nicht nur Fertigkeiten, Kenntnisse und Fähigkeiten in der Arbeit weitergegeben werden, sondern ebenso Gewohnheiten, Einstellungen und Werte. Zu nennen sind zudem die traditionelle Beistelllehre, die berufliche Anpassungsqualifizierung und die aus dem angelsächsischen Qualifizierungsbereich kommenden Konzepte des „Learning on the Job" und „Workplace Learning", um nur die geläufigsten Qualifizierungskonzepte zu nennen. Diese Konzepte verbinden das informelle Lernen in unterschiedlicher Stärke mit nichtformalem oder auch mit formalem Lernen.

(2) Lernen durch Unterweisung, Instruktion und Begleitung am Arbeitsplatz

Im Betrieb finden systematische Unterweisungen vor allem in der Einstiegsqualifizierung und bei Anlernformen statt. Die nach wie vor einfachste Form besteht im Vormachen und Nachmachen. In der dualen Ausbildung entsprechen Unterweisungen zwar nicht den Grundsätzen moderner Methoden des selbstgesteuerten und selbstbestimmten Lernens, haben aber auch hier im Rahmen einer angezeigten Methodenpluralität weiterhin ihren Platz. Meistern, Aus- und Weiterbildnern sowie aus- und weiterbildenden Fachkräften kommt eine Schlüsselrolle bei der Instruktion und Unterweisung zu. Sie wählen die Arbeitsaufgaben aus, steuern die Arbeits- und Lernabläufe und bewerten die Arbeitsergebnisse. Die Unterweisung erfolgt häufig nach der Vier-Stufen-Methode, d. h. durch Vorbereiten, Vormachen, Nachmachen und Üben. Diese und ähnliche arbeitsgebundenen Lernmethoden, so die analytische Arbeitsunterweisung und die handlungsregulatorische Unterweisung, tragen nur eingeschränkt zu einer umfassenden beruflichen Handlungskompetenz und reflexiven Handlungsfähigkeit bei, da Letztere vorrangig ganzheitliche und selbstgesteuerte Methoden erfordern.

Mit den im Zwischenkapitel 6.2 dargestellten arbeitsintegrierten Begleitungsformen, mit der Lernprozessbegleitung, dem Coaching, dem Mentoring und der kollegialen Begleitung, sind neue Formen des begleiteten Lernens in der Arbeit aufgekommen, die in kurzer Zeit hohe betriebliche Verbreitung gefunden haben. Ergänzt werden sie durch digitale Assistenz- und Lernsysteme, die zumeist unter Einbeziehung von schwachen Formen der Künstlichen Intelligenz das individuelle Lernen analysieren und durch die Bereitstellung von Lerninhalten und Lernformaten begleitend unterstützen.

(3) Lernen durch Integration von informellem und formalem Lernen

Erfolgreiches Lernen durch Integration von informellem und formalem Lernen ist in den im Zwischenkapitel 6.1 dargestellten arbeitsintegrierten Lernorganisationsformen, den Online-Communities als virtueller Variante der Communities of Practice, den Lerninseln und den Arbeits- und Lernaufgaben zu beobachten. Sie haben in der betrieblichen Bildungsarbeit große Aktualität gewonnen, wobei Lerninseln und Arbeits- und Lernaufgaben vorrangig organisationstheoretisch begründet sind, während die später aufgekommenen internetbasierten Online-Communities im Rahmen der digitalen Transformation der Arbeit fundiert werden.

im Rahmen der digitalen Transformation entwickelt wurden.

Die Integration von informellem mit formalem oder nichtformalem Lernen findet in einer Reihe weiterer Lernorganisationsformen wie Qualitätszirkel, Lernstatt, Coachingformen, E-Learningformen und neuerdings in arbeitsverbundenen Lernfabriken und Lernlaboren statt. Gestärkt wird diese Integration durch die Verwendung der in diesem Kapitel erläuterten betrieblichen Lernkonzepte und durch die im Zwischenkapitel 7.1 thematisierte lern- und kompetenzförderliche Arbeitsgestaltung.

(4) Lernen durch Praktika und betriebliche Erkundungen

Betriebliche Praktika und Erkundungen sind Teil einer Qualifizierung, bei der Arbeits- und Betriebserfahrungen in schulische, berufliche und akademische Bildungsgänge oder Bildungsmaßnahmen eingebunden werden. Absolventen/innen dieser Bildungsgänge sollen in arbeitsgebundener oder arbeitsverbundener Form an der Arbeit teilnehmen, um Arbeitsanforderungen und Arbeitsabläufe zu erfahren, Theoriewissen zu fundieren und mit Praxiswissen zu erweitern. Für Aus- und Weiterzubildende in organisierten Bildungsmaßnahmen wird mit inner- und zwischenbetrieblichen Erkundungen und Rotationen ein Kompetenzzuwachs angestrebt, wozu auch das Benchmarking mit dem besonderen Blick auf den Vergleich von Methoden und Organisationsabläufen zählt.

Im Rahmen von Lernortkooperationen, Qualifizierungsverbünden und -netzwerken (vgl. Zwischenkapitel 5.2) werden auch unterschiedliche Formen der Delegation und Rotation praktiziert, die zum Erwerb von Kompetenzen in Arbeitsgebieten dienen, die im eigenen Unternehmen nicht bestehen. In diesen Maßnahmen wird das informelle Lernen in der Arbeit häufig gezielt mit formalem oder nichtformalem Lernen verbunden, womit sie auch der vorherigen Grundform der Integration von informellem und formalem Lernen zuzuordnen sind.

(5) Lernen über Lehrplanbezüge, Arbeitsaufgaben und Simulationen

Arbeitsorientiertes Lernen findet an institutionalisierten Lernorten wie Schulen, Bildungseinrichtungen und Hochschulen durch fachinhaltlich ausgewiesene Bezüge zur Arbeit in Lehrplänen und Handreichungen statt. Darüber hinaus werden auf die Realarbeit bezogene Arbeitsaufgaben in mehr oder weniger der Arbeit nachgebildeten Umgebungen durchgeführt, wofür Übungsfirmen, Lernbüros und Produktionsschulen bewährte Beispiele sind.

Simulationen von Arbeitshandlungen und -abläufen ermöglichen ein der Realität nahekommendes arbeitsorientiertes Lernen. Sie stellen zwar kein authentisches Erfahrungslernen dar, können jedoch in arbeitsorganisatorischer, sozialer und auch betriebswirtschaftlicher Hinsicht die Realität stark nachbilden. Dass Simulationen in der Aus- und Weiterbildung trotz der Zunahme des Lernens in der Arbeit eher an Bedeutung gewinnen als verlieren, ist nicht als Paradoxon zu sehen, sondern vor allem auf die steigende Komplexität und das hohe Anspruchsniveau vieler Arbeits- und Dienstleistungsprozesse zurückzuführen und auch auf gefahrenträchtige Arbeiten. Hinzukommt, dass die Potenziale von Simulationen und darauf bezogenem Lernen mithilfe digitaler Simulationsumgebungen und digitaler Assistenz wesentlich zunehmen.

Aufgaben

1. Erläutern Sie den Begriff arbeitsbezogenes Lernen und gehen Sie dabei auf die drei Modelle ein, die über das Kriterium des Verhältnisses von Lernort und Arbeitsort bestimmt sind.

2. Warum ist die Differenzierung des betrieblichen Lernens in die drei Modelle arbeitsbezogenen Lernens nicht hinreichend?

3. Erläutern Sie die unterschiedlichen Grundformen arbeitsbezogenen Lernens und ordnen Sie ihnen beispielhaft Qualifizierungskonzepte und Lernorganisationsformen zu.

4.2 Formales, informelles, nichtformales Lernen in Wissens- und Handlungskontexten

Es besteht eine Vielzahl von unterschiedlichen Verständnissen und Definitionen der Lernarten des formalen, des informellen und des nichtformalen Lernens. In vorherigen Kapiteln sind sie verschiedentlich aufgegriffen, insbesondere im Zwischenkapitel 2.3 ist das informelle Lernen im Kontext des arbeitsintegrierten Lernens beschrieben und seine empirisch belegte hohe Wirkung auf die berufliche Handlungskompetenz herausgestellt worden. Die im Folgenden formulierten Definitionen beziehen sich auf die Arbeits- und Berufswelt und geben ein breit akzeptiertes Begriffsverständnis wieder. Sie decken sich im Wesentlichen mit denen, die in deutschsprachigen und europäischen Regelungen und Empfehlungen zur beruflichen Bildung verwendet werden.

Das **formale Lernen** – auch formelles Lernen genannt – ist das herkömmliche Lernen in Schulen, Hochschulen und anderen Bildungsinstitutionen des öffentlichen Bildungswesens. Es erfolgt in formalen Kontexten durch strukturierte Lernziele, Lerninhalte, Lernzeiten und Lernförderungen. Es zielt auf ein angestrebtes bzw. vorgegebenes Lernergebnis und bezieht die Lernprozesse didaktisch-methodisch und organisatorisch darauf. Der Lernerfolg wird in der Regel in Prüfungen durch nachzuweisende Qualifikationen beurteilt und durch zuständige und autorisierte Stellen in Form eines Zertifikats bestätigt. Auch in Lernorganisationsformen inmitten der Arbeit, so in Lerninseln für die Berufsausbildung, findet ein gesteuertes formales Lernen statt, und zwar in Verzahnung mit informellem Lernen. Es ist folgendermaßen definiert:

Formales Lernen

- findet in einem organisierten, institutionell abgesicherten, öffentlich-rechtlich geordneten Rahmen statt,
- weist Lernziele und Lerninhalte aus, die Lernergebnisse sind überprüfbar,
- ist an didaktisch-methodischen Kriterien orientiert, die in Lehrplänen und Curriculummaterialen fixiert sind,
- wird in der Regel von professionell vorgebildeten Personen begleitet, die in einer pädagogischen Interaktion zu den Lernenden stehen.

Das formale Lernen ist ein organisiertes und angeleitetes Lernen, das in der Geschichte des betrieblichen Lernens vorrangig als Instruktion erfolgte, die den Lernenden in eine rezeptive Position bringt. In der Berufsausbildung erfolgte das formale Lernen seit dem späten 19. Jahrhundert gezielt in Lehrwerkstätten über Unterweisungen und tayloristisch geprägte Lehrgangskonzepte. In den Zeiten der Reformpädagogik in den 1920er-Jahren erfolgten Ansätze zu ganzheitlich orientierten Lernkonzepten, die die Lernprozesse vom Subjekt her in den Blick nahmen.

Der tradierte Lernort für das formale Lernen in der Berufsbildung sind berufsbildende Schulen, aber auch über- und außerbetriebliche Bildungseinrichtungen zählen dazu sowie der Betrieb in Verbindung mit dualen und berufsbegleitenden Bildungsgängen, soweit dort organisierte, didaktisch-methodisch ausgerichtete und begleitete Lernprozesse stattfinden. War das formale Lernen in früheren Zeiten deutlich vom informellen Lernen getrennt, so zeichnen sich die im folgenden Zwischenkapitel 4.3 referierten betrieblichen Lernkonzepte dadurch aus, dass sie formales oder organisiertes Lernen mit informellem Lernen verbinden. Dies gilt ebenso für die im Kapitel 6 dargestellten arbeitsintegrierten Lernformen.

Beim **informellen Lernen** stellt sich im Gegensatz zum formalen Lernen ein Lernergebnis ein, ohne dass es von vornherein bewusst angestrebt wird. Dies bedeutet nicht, dass im Prozess des informellen Lernens die Intentionalität fehlt, also das gezielte Vorgehen. Sie ist jedoch auf andere Ziele und Zwecke als auf das Lernen als solches gerichtet. So stimmt das im Zwischenkapitel 2.3 erörterte arbeitsintegrierte informelle Lernen mit den Zielsetzungen der Arbeit und den angestrebten Arbeitsergebnissen überein. Für die Beschäftigten geht es um Problemlösungs-, Umsetzungs- und Reflexionsprozesse, nicht aber um das Lernen als solches.

Das informelle Lernen wird seit den 1990er-Jahren in der Berufsbildung systematisch erfasst (Bilger 2016, S. 29 ff.). National und vor allem international wird es schon wesentlich länger in die Diskussion einbezogen und unterliegt vielfältigen Verständnissen und Anwendungen (*Molzberger* 2007, S. 29 ff.; *Overwien* 2016; *Rohs* 2016; Decius 2020, S. 24 ff.). Der Begriff ist im Hinblick auf die Arbeits- und Berufswelt folgendermaßen definiert:

Informelles Lernen

- ist ein Lernen über Erfahrungen, die in und über Arbeitshandlungen gemacht werden,

- ergibt sich aus Arbeits- und Handlungserfordernissen und ist nicht institutionell organisiert,

- bewirkt ein Lernergebnis, das aus Situationsbewältigungen und Problemlösungen in der Arbeit hervorgeht,

- wird nicht professionell pädagogisch begleitet, wird aber über die Zielsetzungen von Arbeit ausgerichtet und ist über die Arbeitsgestaltung zu fördern.

Das informelle Lernen wird auch als „beiläufiges" oder „inzidentelles Lernen" bezeichnet, wobei die zumeist disziplinspezifisch variierenden Begriffsbestimmungen mit unterschiedlichen grundlagenwissenschaftlichen Orientierungen und unterschiedlichen praktisch-konzeptionellen Gestaltungsmaßnahmen verbunden sind.

Informelles Lernen ist ein subjektiver, sozial und situativ bestimmter Aneignungsprozess, dessen Abhängigkeit von den jeweiligen Arbeits- und Handlungsprozessen auch, wie beim arbeitsintegrierten Lernen bereits angesprochen, deutliche Nachteile haben kann. Welche Erfahrungen in der Arbeit gemacht werden, welche sinnlichen, kognitiven, emotionalen und sozialen Prozesse stattfinden, hängt wesentlich von den Arbeitsaufträgen und -gegenständen, der Ablauf- und Aufbauorganisation, den Sozialbeziehungen, der Personalentwicklung und von der betrieblichen Lernkultur ab. Die Logik unternehmerischer Geschäfts- und Organisationsprozesse oder anders gesehen, die ökonomischen und arbeitsorganisatorischen Rahmenbedingungen setzen hier klare Grenzen.

Die folgende tabellarische Übersicht zeigt eine Gegenüberstellung der Merkmale des informellen und des formalen Lernens:

Tab. 5: Merkmale des formalen und informellen Lernens

Formales Lernen	Informelles Lernen
• Systematisiert und strukturiert	• Situativ und anlassbezogen
• Organisierte Lernorte in (Hoch-) Schulen, Bildungseinrichtungen, Betrieben	• Lernen in Arbeits- und Lebenswelten
• Curricular vorgegebene, auf Lernergebnisse angelegte Lerninhalte	• Beiläufiges Lernen, Lernergebnis ergibt sich über Handlungen
• Theoriewissen als zumeist reduziertes wissenschaftliches Wissen	• Erfahrungswissen durch reflexives oder implizites Lernen, Handlungswissen
• Pädagogisch-professionelle Begleitung von Lernprozessen	• Steuern und Gestalten von Arbeits- und ggf. Reflexionsprozessen
• Eingeschränkte Vermittlung von Sozial- und Personalkompetenz	• Situativer Erwerb von Fach-, Sozial- und Personalkompetenz

In der Fachöffentlichkeit wird vom **nichtformalen Lernen** als einer weiteren Lernart gesprochen. Dieses ist wie das formale Lernen ein organisiertes Lernen, es ist aber nicht Teil des öffentlich-rechtlichen Bildungssystems und von daher sind seine Lernergebnisse in diesem bisher auch nicht anerkannt, auch wenn dies, so über den Deutschen Qualifikationsrahmen (DQR), in Aussicht gestellt wird. Sind die Lernarten des formalen und informellen Lernens lerntheoretisch bestimmt und unterschieden, so gilt dies nicht für das nichtformale Lernen. Dieses ist eine eher ordnungspolitisch bestimmte Kategorie, die sich lerntheoretisch nicht vom formalen Lernen unterscheidet.

Das nichtformale Lernen vollzieht sich in organisierten Qualifizierungsmaßnahmen, die häufig von Anbietern und Bildungseinrichtungen durchgeführt werden.

Beispiele sind neben dem Gros betrieblich organisierter Qualifizierungsmaßnahmen der Europäische Computerführerschein, Herstellerschulungen marktführender Unternehmen wie Microsoft und SAP sowie Bildungsangebote an Bildungszentren und Volkshochschulen, wenn diese nicht Teil eines anerkannten Bildungsgangs sind. Auch die gesetzlich vorgeschriebenen, regelmäßig zu erneuernden Weiterbildungen wie beispielsweise für Schweißer, Gabelstapler- oder Gefahrgutfahrer sind dem nichtformalen Lernen zuzuzählen.

In der sich rasch verändernden Arbeitswelt nehmen diese über nichtformales Lernen erworbenen Qualifikationen zu; ihr Anteil an Zertifikaten und an der Kompetenzentwicklung und Bildung im Erwachsenenalter wächst seit Jahren. Auch werden die über das nichtformale Lernen erworbenen Lernergebnisse in Teilen des Beschäftigungssystems anerkannt, aber dies lediglich im Rahmen einzelbetrieblich verantworteter Personalentwicklungsmaßnahmen. Es ist folgendermaßen definiert:

Nichtformales Lernen

- ist wie das formale Lernen ein organisiertes und geplantes Lernen, das gezielt begleitet wird,

- ist aber nicht Teil des öffentlich-rechtlichen Bildungssystems und wird in diesem bisher nur in Ausnahmen anerkannt und auf Bildungsgänge angerechnet,

- findet zumeist außerhalb der Einrichtungen des öffentlichen Bildungssystems in Unternehmen und bei Bildungsträgern statt.

Die hier angegebenen Definitionen des formalen, informellen und nichtformalen Lernens stimmen im Wesentlichen mit den europäischen überein. So sind in der Schrift der Kommission der Europäischen Gemeinschaften „Einen europäischen Raum des lebenslangen Lernens schaffen" im Glossar die folgenden Bestimmungen festgelegt (*Kommission der Europäischen Gemeinschaften* 2001, S. 32 ff.):

Formales Lernen: „Lernen, das üblicherweise in einer Bildungs- oder Ausbildungseinrichtung stattfindet, (in Bezug auf Lernziele, Lernzeit oder Lernförderung) strukturiert ist und zur Zertifizierung führt. Formales Lernen ist aus der Sicht des Lernenden zielgerichtet."

Nichtformales Lernen: „Lernen, das nicht in Bildungs- oder Berufsbildungseinrichtung stattfindet und üblicherweise nicht zur Zertifizierung führt. Gleichwohl ist es systematisch (in Bezug auf Lernziel, Lerndauer und Lernmittel). Aus der Sicht der Lernenden zielgerichtet."

Informelles Lernen: Lernen, das im Alltag, am Arbeitsplatz, im Familienkreis oder in der Freizeit stattfindet. Es ist (in Bezug auf Lernziele, Lernzeit oder Lernförderung) nicht strukturiert und führt üblicherweise nicht zur Zertifizierung. Informelles Lernen kann zielgerichtet sein, ist jedoch in den meisten Fällen nichtintentional (oder 'inzidentell' / beiläufig)."

Betriebliches Lernen erfolgt über Arrangements des informellen, nichtformalen und formalen Lernens. Es erfolgt in Wissens- und Handlungskontexten und trägt zur Wissensbildung und zum Erwerb oder Ausbau einer umfassenden beruflichen Handlungskompetenz bei. Aus kompetenztheoretischer Perspektive sind berufliche Handlungskompetenz und das Handlungswissen nur in der Zusammenführung formalen und informellen und ggf. nichtformalen Lernens zu entwickeln.

In Übereinstimmung mit lerntheoretischen Differenzierungen hat es sich in der betrieblichen Bildungsarbeit als notwendig und tragfähig erwiesen, beim informellen Lernen zwei Lernarten zu unterscheiden: das reflexive Lernen und das implizite Lernen. Das folgende Modell betrieblichen Lernens nimmt diese Unterscheidung auf und stellt betriebliche Lern- und Wissensarten im Überblick dar:

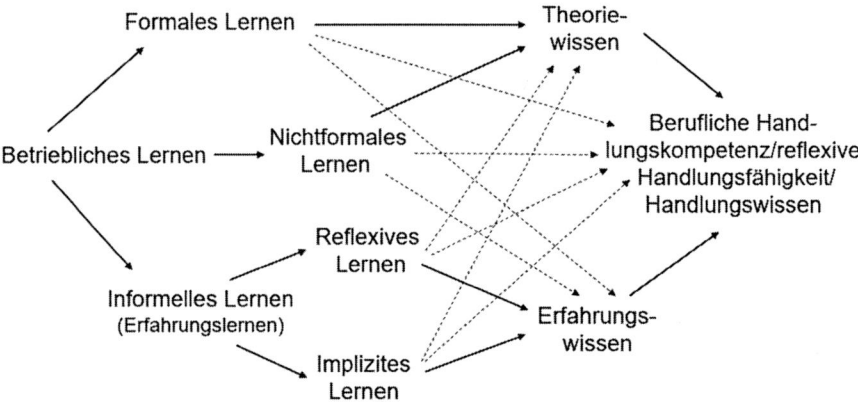

Abb. 7: Betriebliche Lern- und Wissensarten (in Anlehnung an *Dehnbostel* 2007, S. 51)

Wie die Abbildung zeigt, teilt sich das betriebliche Lernen in ein formales, nichtformales und informelles Lernen. Das informelle Lernen führt über das reflexive und das implizite Lernen zum Erfahrungswissen, das unter Berücksichtigung vorheriger Erfahrungs- und Erkenntnisprozesse beim Lernen im Prozess der Arbeit kontinuierlich erweitert wird. Das Theoriewissen ergibt sich demgegenüber aus formalem und nichtformalem Lernen und führt zusammen mit dem Erfahrungswissen zur beruflichen Handlungskompetenz und reflexiven Handlungsfähigkeit. Dabei wird das

Theoriewissen in beruflichen Bildungsgängen wesentlich durch das außerbetriebliche formale Lernen geprägt. So zielt das formale Lernen in berufsbildenden Schulen mit dem Ende der 1990er-Jahre eingeführten Lernfeldkonzept und zugehörigen Handlungsfeldern direkt auf das Theoriewissen und die berufliche Handlungskompetenz (*Nickolaus* 2008, S. 87 ff.).

Wie die gestrichelten Linien zeigen, ist es auch beim formalen Lernen wie auch beim nichtformalen Lernen möglich, Erfahrungen zu machen und Erfahrungswissen zu bilden. Ebenso kann beim reflexiven und beim impliziten Lernen eine Theoriebildung erfolgen und Theoriewissen entstehen. Für alle Lernarten gilt, dass sie auch direkt in die berufliche Handlungskompetenz einfließen, was insbesondere auf das Lernen von Fertigkeiten und Kenntnissen sowie regelgeleitete Routinen zutrifft, wobei die Grenzen zur Theoriebildung fließend sind.

Das informelle Lernen wird in der Abbildung mit dem Begriff Erfahrungslernen gleichgesetzt, das als Lernkonzept – wie im nächsten Unterkapitel 4.3 dargestellt – zwar das implizite Lernen umfasst, häufig aber die Reflexion von Erfahrungen in den Mittelpunkt stellt. So ist das Erfahrungslernen in der Erwachsenenbildung (*Gieseke-Schmelzle* 1985) und in der gewerkschaftlichen Bildungsarbeit (*Negt* 1975) schon früh aufgenommen worden und hat vorrangig ein Lernen über Reflexion zum Inhalt.

Im Unterschied dazu ist das implizite Lernen ein eher unbewusster, vom Lernenden nicht reflektierter Prozess (*Polanyi* 1985). Es wird in der Situation unmittelbar erfahren, ohne dass Regeln und Gesetzmäßigkeiten erkannt oder gar zur Basis von strukturierten Lernprozessen gemacht würden (*Fischer* 1996; *Neuweg* 1999; *Lehmkuhl* 2002). Einschlägige Beispiele hierfür sind die Lernprozesse, die zum Schwimmen oder zum Fahrradfahren befähigen. Aber auch die Expertise des Schachspielers und des erfahrenen Arztes oder Automechanikers erfolgt wesentlich über implizite Lernprozesse. In der Arbeit ist das implizite Lernen unorganisiert und in das Arbeitshandeln integriert. Es ist von daher auch nur indirekt über die Arbeitsperformanz oder über Analysekonzepte zugänglich.

Hier ordnet sich auch der Ansatz des subjektivierenden Arbeitshandelns ein, der das Erfahrungswissen vorrangig aus dem impliziten Lernen herleitet und es durch komplexe sinnlich-körperliche Wahrnehmungen und Empfindungen, wie die Orientierung an Geräuschen, das Gespür für Material und das Gefühl für technische Abläufe charakterisiert. „Erfahrungswissen als verborgene Seite professionellen Handelns" (*Böhle* 2005, S. 10) lässt sich nicht aus dem Fachwissen ableiten, sondern wird eigenständig erworben. Ihm liegt ein „erfahrungsgeleitet-subjektivierendes Arbeitshandeln" und „erfahrungsgeleitetes Arbeiten und Lernen" zugrunde.

Erfahrungslernen und der Erwerb von Erfahrungswissen findet ebenso im Rahmen zunehmend wissensintensiver, digitaler Arbeit statt, die lernförderlich zu gestalten ist (*Bauer* u. a. 2002; *Bauer* u. a. 2004; *Bolte / Neumer* 2021). Die hohe, teils sogar in digitalen Arbeitsprozessen gestiegene Bedeutung des Erfahrungswissens belegt auch eine aktuelle empirische Studie in der Chemieindustrie zum „Lernort Betrieb 4.0" (*Baumhauer* u. a. 2021).

Aufgaben

1. Was versteht man unter formalem, informellem und nichtformalem Lernen? Stellen sie die Merkmale der drei Lernarten in einer Übersicht einander gegenüber.

2. Beschreiben Sie das betriebliche Lernen mit seinen Lern- und Wissensarten im Überblick mit der Zielsetzung der beruflichen Handlungskompetenz und der reflexiven Handlungsfähigkeit.

3. Charakterisieren Sie das reflexive und das implizite Lernen. Wie sind in diesem Zusammenhang die Begriffe Erfahrungslernen und Erfahrungswissen einzuordnen?

4.3 Betriebliche Lernkonzepte

Betriebliche Lernkonzepte sind beruflichen Lernkonzepten zuzuzählen, die von Greinert in den 1990er-Jahren in einer bei der mittelalterlichen Handwerkslehre beginnenden „Gesamtdarstellung" beschrieben und analysiert wurden (*Greinert* 1997). Eingegrenzt wird die typologische Darstellung bei Greinert durch den Bezug auf berufliche Ausbildungssysteme und bestimmte Regelungsmuster, wohingegen es hier um Lernkonzepte in der betrieblichen Bildungsarbeit bzw. der betrieblichen Berufs- und Weiterbildung geht, die das Lernen in und bei der Arbeit lerntheoretisch fundieren und dem informellen Lernen konzeptionell eine Schlüsselstellung zuweisen. Betriebliche Lernkonzepte sind mit der Renaissance des Lernens in der Arbeit und dem Leitziel der umfassenden beruflichen Handlungskompetenz in Unternehmen verbreitet worden und gewinnen durch die digitale Transformation der betrieblichen Bildung weiter an Bedeutung.

Lernkonzepte im Betrieb haben ihren Ausgangspunkt zumeist in lerntheoretischen Ansätzen des klassischen Lehrens und Lernens, erhalten im betrieblichen Kontext aber von vornherein eine arbeitsbezogene und neuerdings auch digitale Ausrichtung, etwa indem sie mit betrieblichen Methoden, mit Grundformen des arbeitsbezogenen Lernens oder Personalentwicklungsmaßnahmen verschränkt werden. Sie stehen in einem arbeitsorganisatorisch, technologisch, qualifikatorisch und sozial bestimmten Arbeitskontext und sind in ihrer gezielten Lernintentionalität unterschiedlich ausgeprägt. Folgte das herkömmliche Lernen in Lehrwerkstätten, Lehrgängen und in der Anpassungsfortbildung vorwiegend der dominierenden Lehrperspektive instruktionistischer Ansätze, so stehen heute nutzer- und subjektbezogene lerntheoretische Ansätze unter grundlegender Einbeziehung des informellen Lernens im Vordergrund.

Die im Folgenden dargestellten betrieblichen Lernkonzepte sind am stärksten verbreitet, sie sind lerntheoretisch vorwiegend am gemäßigten Konstruktivismus, der Subjektwissenschaft, der Handlungsorientierung und der Ganzheitlichkeit von Handlungs- und Lernprozessen orientiert (*Gerstenmaier / Mandl* 1995; *Sonntag* 1996, S. 56 ff.; *Greinert* 1997, S. 110 ff.; *Reinmann-Rothmeier / Mandl* 2001, S. 197 f.; *Rebmann / Tenfelde* 2008, S. 27 ff.; *Bonz* 2009, S. 85 ff.; *Zimmer* 2015). Danach findet das Lernen unter aktiver Beteiligung der Lernenden statt, die ihre Erfahrungen sowie ihr Wissen einbringen und das Lernen möglichst weitgehend selbst steuern. Lernen ist danach ein konstruktiver und zugleich sozialer Prozess, der gleichwohl von individuellen Unterschieden ausgeht und an diese anknüpft. Die Lernkonzepte weisen untereinander einen hohen Überschneidungsgrad und eine Komplementarität auf, unterscheiden sich aber lerntheoretisch im Hinblick auf die jeweils prägende lernkonzeptionelle Leitidee.

4.3.1 E-Learning

Das E-Learning wurde mit seinem Aufkommen in den 1980er-Jahren als Lernform des kommenden Jahrtausends proklamiert, stand es doch für ein kostengünstiges, effektives und auf die Zukunft gerichtetes Lernen (*Schenkel* 1993). Im Kontext eines arbeitsbezogenen und vor allem arbeitsgebundenen Lernens schien die Verbindung von Arbeiten und E-Learning besonders leicht herstellbar, die Verbindung mit der schnell wachsenden rechnergestützten Facharbeit erschien sozusagen selbstverständlich. Denn Arbeiten und Lernen können an einem computergestützten Arbeitsplatz über E-Learning, zumal bei Arbeitsaufgaben mit hohen Problemlösungs- und Reflexionsanteilen, leicht integriert werden. Die Arbeitssituation kommt den fachlichen und personalen Anforderungen moderner Arbeit entgegen und erfordert ein arbeitsgebundenes Lernen. Für die Arbeitenden findet dieses Lernen situiert und in hohem Maße selbstständig statt.

Gleichwohl verbreitete sich das E-Learning in Unternehmen in arbeitsgebundenen Kontexten nur langsam; es wurde vor allem als multimediales Lernen in Trainings- und Schulungsmaßnahmen in betrieblichen und überbetrieblichen Bildungseinrichtungen angeboten. Multimediales Lernen ist eine Variante des E-Learnings, da Multimedia als digitale Vermittlung von Inhalten über elektronische Medien zu verstehen ist. Aus informations- und kommunikationstechnischer Sicht handelt es sich um Computer- oder Softwareprogramme, die Text, Bild und Ton sowie Video und Simulation als Multimedialität zusammenfügen. Der Personalcomputer stand mit seiner steuernden Funktion zunächst im Mittelpunkt, wurde aber bald um vielfältige digitale Geräte und Technologien ergänzt. Multimediales Lernen konnte in den Anfängen im Hinblick auf den Lernweg, das Lerntempo und die Lernkontrolle größtenteils selbst bestimmt werden, Interaktionen waren hingegen kaum möglich. Die Software der Lehr- und Lernprogramme erfolgte zunächst „analog zur Planung und Vorbereitung von Unterricht und Unterweisung in linear-zielgerichteter Gesamtkonzeption" (*Bonz* 2009, S. 161).

Aus heutiger Sicht ist ein seit Jahren stetig wachsender Einsatz von E-Learning zu verzeichnen (*Siepmann* 2020). In grundsätzlicher Erweiterung erster multimedialer Formen findet das Lernkonzept des E-Learning auf der Basis entwickelter digitaler Technologien mithilfe digitaler Medien wie Internetblogs, Chats, Video- und Webkonferenzen eine immer stärkere Berücksichtigung in der betrieblichen Bildungsarbeit, wobei die Corona-Pandemie diese Formate zusätzlich stärkt. In der digitalen Transformation der betrieblichen Bildung kommt ihm eine Schlüsselstellung zu.

Begrifflich ist E-Learning folgendermaßen zu bestimmen:

E-Learning

E-Learning bezieht sich auf alle Lernvorgänge sowie Lern- und Lehrformen, bei denen digitale Medien Verwendung finden oder die der zwischenmenschlichen Interaktion und Kommunikation dienen. E-Learning ist das elektronisch gestützte Lernen, Lehren oder Begleiten in formalen oder nichtformalen Kontexten, es findet aber auch als informelles E-Learning über das Arbeitshandeln auf der Basis digitaler Technologien statt. Das organisierte E-Learning wird in unterschiedlichen Formen vom Web Based Training (WBT) über Webinare und Blended Learning bis zum Game Based Learning durchgeführt.

Das E-Learning wird in Unternehmen auch als „Corporate E-Learning" bezeichnet, wobei im Vergleich zum schulischen E-Learning eine bedeutsame Unterscheidung besteht: Für das informelle E-Learning in der Arbeit nehmen die digitalen Technologien die Rolle ein, die ansonsten digitalen Medien zukommt. Gleichwohl sind die unterschiedlichen Formen des E-Learning systemübergreifend festgelegt. Sie werden regelmäßig empirisch erfasst, allerdings unter unterschiedlichen Systematiken (*mmb Trendmonitor* 2019/2020; *Siepmann* 2020, S. 33). In lehr- und lernmethodischer Hinsicht sind mit dem E-Learning u. a. das E-Teaching, E-Tutoring und E-

Coaching eingeführt worden, die eine stetige Erweiterung und Verbreitung erfahren. Die wichtigsten betrieblichen E-Learningformen aus betrieblicher Sicht sind hier glossarartig benannt:

Computer-Based-Training (CBT): Beim Computer-Based-Training geht es um das Lernen mit Datenträgern wie Disketten, CD-ROMs und DVDs. Der Lernende setzt sich mit den programmierten, zumeist nicht interaktiv angelegten Lerninhalten auseinander und ist dabei zeitunabhängig.

Web-Based-Training (WBT): Ebenso wie der Vorläufer CBT ist das WBT in formale oder nichtformale Lernkontexte eingebunden. Anders als beim CBT sind die Inhalte aber nicht auf einem Datenträger gespeichert, sondern auf einem Server, häufig auch in Lernmanagementsystemen. Interaktionen und Kommunikation sind mit Dozenten und unter den Lernenden möglich.

Blended Learning: Im Blended Learning werden Präsenzlernen und E-Learning miteinander verbunden. Dabei besteht eine Kombination und Abfolge von physischen und virtuellen Lernorten, die durch ein übergreifendes Lernkonzept bzw. zusammenhängende Lehr-Lernarrangements verbunden werden. Dem Blended Learning Design kommt dabei eine wichtige, die jeweilige Lernumgebung gestaltende Rolle zu.

Webinare/Virtual Classroom: Webinare und virtuelle Klassenzimmer sind zeitgebundene Seminare oder Lerneinheiten in Online-Form, die zumeist von einem Trainer oder Dozenten geleitet werden. Über integrierte virtuelle Tools wie Chats, Videos und direkte verbale oder schriftliche Äußerungen werden die Lernprozesse interaktiv gestaltet.

Mobile Learning: Beim Mobile Learning geht es um kleine Zeitfenster, in denen mithilfe von mobilen und personalisierten Endgeräten wie Laptops, Smartphones oder Tablets zeit- und ortsungebunden gelernt wird. Das Lernen, häufig über Apps, ist zumeist sequentiell und dann im Unternehmen zu verwenden, wenn es in einem direkten Arbeitszusammenhang steht.

Adaptive Lernsysteme: Adaptive Lernsysteme unterstützen die Arbeitenden oder Lernenden bei der Steuerung und Entwicklung von Lernprozessen durch personalisierte Lernumgebungen. Nicht zuletzt über die Einbeziehung einfacher KI-Anwendungen werden individuelle Lernbedarfe identifiziert und mit adaptiven Lernsystemen unterstützt.

Das E-Learning ist als Oberbegriff unterschiedlicher E-Learningformen zu verstehen, die seit Jahren auf verbreiteter technologischer Basis expandieren. Diese Entwicklung wird sich fortsetzen, wobei u. a. prognostiziert wird, dass „Videos/Erklärfilme" und „Micro Learning/Learning Nuggets" zu den bedeutendsten Formen von E-Learning aufrücken werden (mmb Trendmonitor 2019/2020, S. 7). Terminologisch wird der Begriff „digitales Lernen" häufig synonym zum Begriff E-Learning verwandt. Genauer handelt es sich beim digitalen Lernen aber um einen wiederum das E-Learning unterordnenden Sammelbegriff, der sich auf das Lernen in digitalen Arbeitsumgebungen bezieht und hier im Zwischenkapitel 2.3 im Kontext des Lernens im Prozess der Arbeit eingeführt worden ist.

4.3.2 Situiertes Lernen

Das bereits im Zwischenkapitel 4.1 unter (1) angesprochene Lernkonzept des situierten Lernens ist international weit verbreitet und in seiner Entstehung auch als Reaktion auf ein einseitig kognitiv ausgerichtetes Lernen zu verstehen. Es bezieht sich auf das Handeln und alltägliche Tun einer Gemeinschaft praktisch tätiger Menschen, einer „Community of Practice" oder „Praxisgemeinschaft", in der jedes Lernen kontextgebunden ist (*Lave/Wenger* 1991; *Lave* 1993; *Wenger/Snyder* 2000). Die Situation und der soziale Kontext prägen das individuelle und kollaborative Lernen, womit zugleich gesagt ist, dass das situative Lernen nicht funktional zweckgebunden, sondern eine Form der Enkulturation, der Integration in die jeweilige Lern- und Arbeitskultur einer Gemeinschaft darstellt. Diese Enkulturationsentwicklungen finden verstärkt unter den Bedingungen moderner Arbeit statt; die kollegiale Beratung, Online-Communities und Coworking sind prominente Beispiele hierfür.

In einem weit gefassten Verständnis ist das Konzept des situierten Lernens als Realisierung einer Theorie des sozialen Lernens anzusehen. Entsprechend versteht *Niemeyer* (2005, S. 79 ff.) die Entwicklung vom Novizen zum Experten in einer Community of Practice als einen sukzessiven Entwicklungsprozess. Lernen findet danach als Prozess des kontinuierlichen Hineinwachsens in eine soziale Gruppe mit ihren spezifischen Handlungszielen, Kompetenzen, Binnenstrukturen und Regeln statt. Die Entwicklung zum vollwertigen Mitglied und die weitere Zugehörigkeit umfasst nicht nur den Erwerb der einschlägigen von der Gruppe beherrschten Kompetenzen, sondern auch den Erwerb der typischen kulturellen Praktiken und somit die Herausbildung einer Gruppenidentität. Der Lernprozess ist in die jeweiligen Handlungsabläufe und Umgebungssituationen eingebettet, er wird nicht von diesen getrennt und findet in starkem Maße informell statt. Vier Merkmale sind für diesen Prozess grundlegend, die in der folgenden Abbildung um das situierte Lernen gruppiert und danach kurz charakterisiert sind.

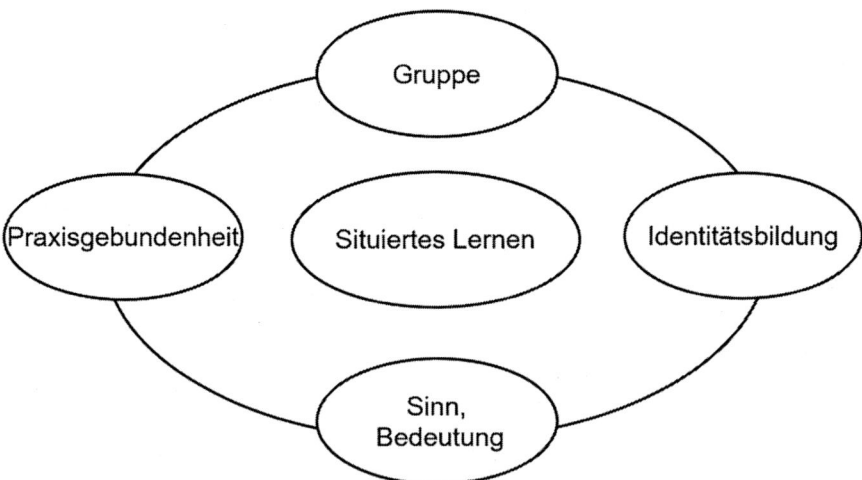

Abb. 8: Merkmale situierten Lernens (in Anlehnung an *Niemeyer* 2005, S. 80)

- **Praxisgebundenheit:** Das Lernen ist praxisgebunden. Der Lernprozess vollzieht sich durch aktives Handeln und praktische Erfahrungen in und mit der Gemeinschaft.

- **Gruppe bzw. Community of Practice:** Die Gruppe als soziale Gemeinschaft, deren individuelle und kollektive Handlungen auf ein gemeinsames Ziel gerichtet sind, gibt den Rahmen für das Gruppenlernen und wirkt auf das Lernen des Einzelnen.

- **Identitätsbildung:** Die oft langwierige Entwicklung zum Experten umfasst die Herausbildung einer Identität als Mitglied der jeweiligen betrieblichen Arbeitsgruppe oder sozialen Gemeinschaft.

- **Sinn und Bedeutung:** Neuerworbenes Wissen, Erkenntnisse und Kompetenzen werden im Lernprozess mit eigenen Erfahrungen und denen der anderen Gruppenmitglieder in Einklang gebracht. Lernen und Handeln wirken sinnstiftend, im authentischen Praxiszusammenhang werden die Bedeutung des Lernens und des Gegenstandes des Lern-Handelns einsichtig.

Auf das Lernen in der Arbeit, insbesondere auf die verschiedenen Formen der Gruppenarbeit und des kollaborativen Arbeitens, treffen die Charakteristika des situierten Lernens in hohem Maße zu. Ein gemeinsamer Arbeitsauftrag wird im Team oder in anderen Formen durchgeführt und dabei wird informell und ggf. auch in organisierter Form gelernt. Kompetenzen, Einstellungen und Werte werden in der Gruppe erworben, sie werden verstärkt, wenn eine ausgewiesene Lern- und Arbeitskultur

besteht. Situiertes Lernen in der betrieblichen Bildungsarbeit betont die eigenständigen und entwicklungsorientierten Handlungs- und Lernprozesse und steht damit
aber auch im Spannungsfeld zu stärker betriebswirtschaftlich bestimmten Community-Ansätzen und einem damit verbundenen funktionalen Lernen.
Situiertes Lernen ist zusammenfassend folgendermaßen zu beschreiben:

Situiertes Lernen

Das Konzept des situierten Lernens gründet sich auf individuelle und kollaborative Lernprozesse, für die Interaktionen im sozialen Kontext einer sozialen
Gruppe, eine sinnhafte und nachhaltige Praxis sowie die Relevanz des eigenen
Handelns konstitutiv sind. Die Zugehörigkeit zu einer Gruppe ist sozial und
individuell fördernd, integrierend und identitätsbildend. Lernen und Kompetenzentwicklung finden in einem gemeinsamen sozialen Raum statt.

Das situierte Lernen unterscheidet sich grundlegend vom instruierten Lernen, das in
der herkömmlichen Berufsausbildung tonangebend war. Beim instruierten Lernen
wird das Lernen professionell vorstrukturiert, um dann über die Instruktion vermittelt zu werden. Als eine Form des organisierten Lernens ist es im Rahmen bestimmter Lernarrangements in der Qualifizierung durchaus angemessen, auch wenn es
kaum an subjektbezogene Lerndispositionen anknüpft. Das situierte individuelle
Lernen im sozialen Kontext ist ein dazu konträres Lernkonzept, für das allerdings
die Kontextgebundenheit des Kompetenz- und Wissenserwerbs Probleme des
Transfers und der Verallgemeinerung aufwirft.

4.3.3 Erfahrungslernen

Erfahrungslernen bezeichnet ein Lernen, das über Wahrnehmen, Empfinden und
Einbeziehen von Erfahrungen erfolgt und den subjektiven Erfahrungsprozess in den
Mittelpunkt stellt (*Dehnbostel* 2020a, S. 20 f.). Es findet dann ein intensives Erfahrungslernen in der Arbeit statt, wenn Arbeitshandlungen mit Problemen, Herausforderungen und Ungewissheiten verbunden sind, was bei Routinehandlungen und
gleichförmiger Arbeit im Allgemeinen nicht der Fall ist. Das erfahrungsbasierte
Handeln und Lernen führt zum Erfahrungswissen als eigenständiger Wissensform.
Dabei ist der Erfahrungsbegriff interdisziplinär besetzt. Seine wissenschaftliche
Begründung ist vielfältig, wobei *J. Deweys* Ausführungen zu Erfahrungen im Kontext von Handlung und Reflexion am bekanntesten und anerkanntesten sind.
Wie *Dewey* in seinem 1915 erschienenen reformpädagogischen Werk „Demokratie
und Erziehung" ausführte, erschließt sich die Wirklichkeit über erfahrungsbezoge-

nes Lernen in realen Handlungsvollzügen (*Dewey* (1993, S. 186 ff.). Die Abfolge von „Handlung – Erfahrung – Reflexion" und deren kontinuierliche Fortführung unter Berücksichtigung vorheriger Erfahrungs- und Erkenntnisprozesse ist danach als „evolutiver Fortschritt" unter der Voraussetzung gedacht, dass die Lernenden selbsttätig und möglichst selbstbestimmt lernen, und zwar in Handlungen, die sich nicht ständig wiederholen, sondern über die Probleme und offene Fragen entstehen. Die Wirklichkeit soll über Erfahrungs- und Lernprozesse individuell erschlossen werden, wobei Dewey zwei Formen der Erfahrung unterscheidet: die einfache Form über „trial and error" und die reflektierende als „reflective experience". Während die einfache Erfahrung unanalytisch und informell abläuft, bewegt sich die reflektierende Erfahrung im Horizont eines suchenden und theoriegeleiteten Denkens, das die Probleme, Schwierigkeiten, Widrigkeiten und Ungewissheiten der Handlungen zum Gegenstand hat. Auf elaborierter Ebene geht es um die reflexive Verarbeitung handlungsgebundener Erfahrungen als Erschließung sozial und menschengerecht gestalteter Lebens- und Arbeitsverhältnisse.

Wie modellhaft darzustellen ist, differenzieren sich die Handlungen in ihren Rückmeldungen für die Handelnden in äußere und innere Erfahrungen. Im Bereich des unmittelbaren Arbeitsvollzugs beziehen sich die äußeren Erfahrungen auf das Arbeitshandeln mit unterschiedlichen Arbeitsgegenständen und in unterschiedlichen Arbeitssituationen. Die sinnlichen Rückmeldungen an den Handelnden führen zur inneren Erfahrung. Der genauere Erfahrungsablauf ist aus dem folgenden Kreislaufmodell zu ersehen.

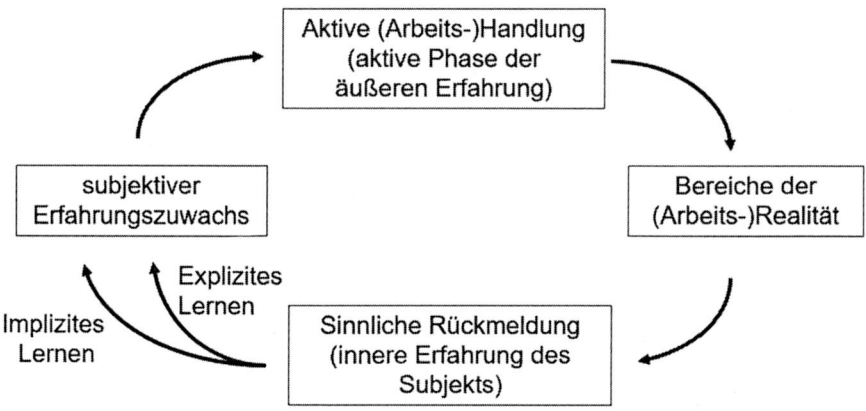

Abb. 9: Der Kreislauf der Erfahrung (in Anlehnung an *Krüger/Lersch* 1993, S. 147)

Wie die Abbildung zeigt, ist die innere Erfahrung des Subjekts als Lernvorgang in ein implizites Lernen und ein explizites Lernen differenziert, die in ihrer individuellen Gebundenheit dem informellen Lernen zuzuordnen sind. Das explizite Lernen entspricht auch dem reflexiven Lernen, da es bewusst und im Sinne Deweys aus der reflektierten Erfahrung hervorgeht und sich so in die im Zwischenkapitel 4.2 dargestellten Lern- und Wissensarten einordnet.

Insgesamt führt der Kreislauf der Erfahrung zu einer verbesserten Handlungsfähigkeit und zur Verbreiterung der individuellen Wissensbasis und damit zu einer höheren Eigenständigkeit. Das Erfahrungslernen führt – individuell und gruppenbezogen generiert – zum Erfahrungswissen als eigenständige, vom Fachwissen und wissenschaftlichen Wissen unabhängige Wissensform. Erfahrungsgeleitet besitzt der Handelnde ein Gespür und ein Empfinden für sein Tun und verfügt über Regeln und Routinen, die aus Lernen über Erfahrungen gewonnen werden.

Zusammenfassend ist das Erfahrungslernen folgendermaßen zu bestimmen:

Erfahrungslernen

Erfahrungslernen erfolgt über sinnliche, emotionale, soziale und kognitive Wahrnehmungen im Arbeitshandeln. Es findet dann ein intensives Erfahrungslernen statt, wenn die Arbeitshandlungen mit Problemen, Herausforderungen und Ungewissheiten für die Arbeitenden verbunden sind und individuell als bedeutsam empfunden werden. Für die Handelnden führt die Rückmeldung der sinnlichen Erfahrung zu innerer Erfahrung, die das Lernen in ein implizites Lernen und ein die Erfahrung reflektierendes explizites Lernen unterscheidet. Das Erfahrungslernen führt zum Erfahrungswissen als eigenständige Wissensart.

Für die aufkommende digitale Arbeitswelt wurde in den 1990er-Jahren der Rückgang des Erfahrungslernens und des Erfahrungswissens prognostiziert, demgegenüber wurde von einer Zunahme des wissenschaftlichen Wissens ausgegangen. Angesichts der Ausweitung wissensintensiver Tätigkeiten erweise sich danach das Erfahrungswissen als unzureichend oder sei sogar obsolet. Diese Annahme hat sich aber als nicht haltbar erwiesen, wie u.a. das in Kapitel 2 thematisierte arbeitsintegrierte Lernen in der digitalen Arbeit und die abschließenden Ausführungen zum vorherigen Zwischenkapitel 4.2 deutlich zeigen.

4.3.4 Organisationales Lernen

Organisationales Lernen wendet den Begriff des Lernkonzepts auf die überindividuelle Ebene der Organisation an. Es wird aus dem Blickwinkel verschiedener Disziplinen, zunächst insbesondere der Betriebswirtschaftslehre, seit den 1970er-Jahren unter vorrangig organisationswissenschaftlicher Perspektive thematisiert. Aber auch aus lerntheoretischer und pädagogischer Sicht erfolgt seit dieser Zeit eine Diskussion mit unterschiedlichen Ansätzen über das Lernen von Organisationen; für die junge Teildisziplin der Organisationspädagogik geht es um eine pädagogische Theorie des organisationalen Lernens. (*Pätzold* 2017; *Göhlich* 2018).

Mit dem Konzept der lernenden Organisation bzw. des lernenden Unternehmens hat das organisationale Lernen – auch Organisationslernen genannt – starke Verbreitung gefunden. Es ist ein Lernen in, von und zwischen Organisationen, das auf individuelle und kollaborative Lernprozesse zurückzuführen ist. Senge stellt dazu in seinem weit verbreiteten, praxeologisch angelegten Konzept der lernenden Organisation fest: „Organisationen lernen nur, wenn die einzelnen Menschen etwas lernen. Das individuelle Lernen ist keine Garantie dafür, daß die Organisation etwas lernt, aber ohne individuelles Lernen gibt es keine lernende Organisation" (*Senge* 1996, S. 171).

Während individuelles Lernen auf die Aneignung von individuellem Wissen, Können und auf die Entwicklung von Kompetenzen und Bildung zielt, liegt der Zweck organisationalen Lernens in der Entwicklung von kollektivem Wissen, von kollektiven Werten und einer gemeinsamen Kompetenz- und Kulturentwicklung. Die Basis hierfür sind die gemeinsamen Wissens-, Kompetenz- und Kulturbestände über die Organisationen verfügen; sie werden in der Wechselwirkung von Individuum und Organisation aufgebaut und weiterentwickelt. Dies erfolgt zunächst in informellen Lernprozessen, ist aber um formales und nichtformales Lernen zu erweitern, um organisationale Prozesse, die Personal- und Organisationsentwicklung sowie Kompetenzentwicklung gezielt zu fördern und zu gestalten.

Die individuellen und damit auch die gruppenbezogenen Lernprozesse sind als Voraussetzung des organisationalen Lernens anzusehen. Das Lernen im Arbeitshandeln einzelner Personen fließt in die Organisation ein, wenn es tief genug geht und strukturelle sowie organisatorische Erkenntnisse einbezieht. Es ist Ausgangspunkt und zugleich Bestandteil für die Entwicklung der organisationalen Wissens- und Handlungsbasis. Bereits in den Anfängen des Konzepts des organisationalen Lernens begründen *Argyris/Schön* (1978) in ihrer grundlegenden Abhandlung „Organizational Learning" die Entwicklung der Wissens- und Handlungsbasis einer Organisation über das Lernen der Organisationsmitglieder. Wie in der folgenden Abbildung dargestellt, erfolgt dies in Form von drei Rückkopplungen bzw. Lernschleifen: dem „single-loop learning", dem „double loop learning" und dem „deutero-learning".

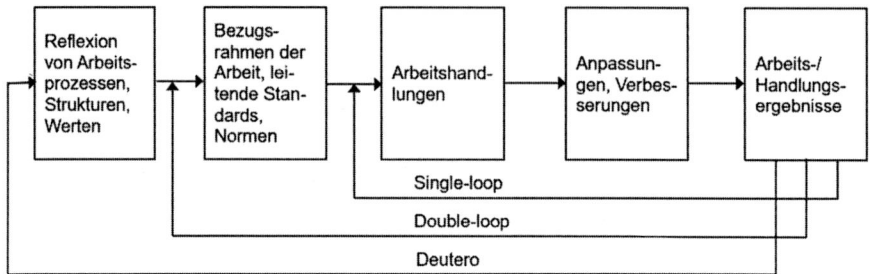

Abb. 10: Lernschleifen zum organisationalen Lernen

Das Single-loop Learning entspricht einem Anpassungslernen, das Fehler aufhebt und die Qualität im Prozess der Arbeit verbessert, hingegen Rahmenbedingungen, Standards und Normen nicht hinterfragt. Diese Anpassungsqualifizierung ist die am weitesten verbreitete organisierte Weiterbildungsform in der Arbeit. Beim Double-loop Learning findet eine Überprüfung und Veränderung des vorgegebenen Bezugsrahmens und eine Anpassung an die sich verändernde Umwelt statt. Das Deutero-learning umfasst die beiden vorherigen Lernschleifen und reflektiert organisationale Erkenntnis- und Handlungsprozesse, um dann Veränderungen vorzunehmen, aber auch einzuschätzen, wann Single-loop Learning und wann Double-loop Learning angebracht ist. Das reine Anpassungslernen wird durch das Double-loop- und Deutero-learning überwunden, was mit organisationalem Lernen gleichzusetzen ist. In der betrieblichen Praxis sind diese Lernschleifen auch unter veränderten Lernformen und lerntheoretischen Perspektiven weiterhin aktuell. Ein darüber zu analysierendes und zu gestaltendes organisationales Lernen findet in kollaborativen Arbeitsformen über Coaching und Qualitätszirkel bis hin zu Online-Communities statt.

Über das organisationale Lernen schlagen sich Wissenszuwächse, Kompetenzverschiebungen, Strukturveränderungen, Werte und Regeln in einer entpersonalisierten Form in der Organisation nieder und generieren allgemein geteilte handlungsanleitende Zielorientierungen und überindividuell gültige Routinen. Auch wenn individuelle und gruppenbezogene Lernprozesse die Voraussetzung für organisationales Lernen bilden, so ist das organisationale Lernen etwas Eigenständiges, das sich mit Bezug auf Organisationsveränderungen und –entwicklungen von der Summe der individuellen Lernprozesse der jeweiligen Organisationsmitglieder unterscheidet.

Begrifflich ist organisationales Lernen folgendermaßen zu bestimmen:

Organisationales Lernen

Organisationales Lernen ist das Lernen in, von und zwischen Organisationen. Es stellt die Fähigkeit von Organisationen zur systematischen Entwicklung und Veränderung in den Mittelpunkt und steht in Wechselbeziehung zu individuellen und gruppenbezogenen Lernprozessen, die dessen Ausgangspunkt bilden. Organisationales Lernen generiert organisationales Wissen, organisationale Kompetenzen und gemeinschaftliche Werte und Regeln, die von Organisationsmitgliedern aufgenommen und rekursiv reproduziert werden.

Es ist im Interesse von Unternehmen und Beschäftigten, organisationales Wissen und organisationale Kompetenzen zu identifizieren und zu entwickeln. Für Unternehmen werden damit Wissensmanagement, Organisationsentwicklung und Qualifizierungsstrategien fundiert und gefördert, in weit gefassten Verständnissen ersetzt das organisationale Lernen selbst die Organisationsentwicklung.

Für die Beschäftigten sind organisationale Kompetenzen und organisationales Wissen eine wichtige Grundlage für die Kompetenzentwicklung und für berufliche Entwicklungswege. Die Einbindung in das organisationale Lernen erhöht die Partizipation an Entscheidungen und am Management sowie die Bindung an das Unternehmen. Das besonders im Konzept des „Lernenden Unternehmens" entwickelte organisationale Lernen wird durch digitale Organisationsprozesse weiterentwickelt und verbreitet, wobei die Lernprozesse zwischen menschlicher und künstlicher Intelligenz viele Fragen aufwerfen.

4.3.5 Selbstgesteuertes Lernen

Das selbstgesteuerte Lernen wird vielfach als das für die Berufsbildung bedeutendste Lernkonzept angesehen. Es ist seit den 1990er-Jahren von großer Aktualität, zugleich aber im Rahmen der Diskussion und Festlegung von Lehr-Lern-Prozessen bis zu den Anfängen unseres neuzeitlichen Bildungswesens zurückzuverfolgen. Beim selbstgesteuerten Lernen treffen die Lernenden wesentliche Entscheidungen über Ziele, Inhalte und Bewertung des Lernens selbst oder beeinflussen diese weitgehend, ebenso wie Methoden und Hilfsmittel zur Durchführung des Lernens (*Euler/Lang/Pätzold*) u. a. 2006; *Lang/Pätzold* 2006; Bonz 2009, S. 85 ff.). Nach *Friedrich/Mandl* (1997) bestehen für die Realisierung selbstgesteuerten Lernens individuelle motivationale und kognitive Voraussetzungen, die strukturell und prozessual zu erfüllen sind. Dies ist u. a. in der schulischen und betrieblichen Berufsvorbereitung und Berufsausbildung zu leisten.

In modernen Unternehmen findet selbstgesteuertes Lernen sowohl in organisierten Lernsituationen außerhalb der Arbeit als auch – und dies mit zunehmender Tendenz – im Prozess der Arbeit selbst statt. Selbststeuerungsprozesse und selbstgesteuertes Lernen sind in reorganisierten Arbeitsstrukturen konstitutiv für die Funktionsweise partizipativer und vernetzter Arbeitsformen wie halbautonomer Gruppenarbeit, Qualitätszirkel und Online-Communities. Die Gestaltung neu gewonnener Handlungs- und Dispositionsspielräume, die Durchführung kontinuierlicher Verbesserungsprozesse, die Anwendung integrierter Qualitätssicherungsverfahren sowie die Einlösung von Zielvereinbarungen erfolgen in zunehmendem Maße selbstgesteuert. Dieserart Selbststeuerungsprozesse sind die Konsequenz von Dezentralisierung, Enthierarchisierung und Digitalisierung, sie sind symptomatisch für digitalisierte Arbeitsprozesse und zugleich untrennbar mit informell ablaufenden Lernprozessen verbunden.

Dabei ordnen sich die Selbststeuerung in der Arbeit und das daraus resultierende Lernen zweifellos Zwecken und Kriterien unter, die auf betriebswirtschaftliche Kalküle, auf Wettbewerbsfähigkeit und entsprechende Organisations- und Qualifizierungsformen zielen. In der Arbeit werden Prozesse und Entwicklungen möglich, die reale Erfahrungen und subjektive Interessen – wie in Kapitel 2 beschrieben – verstärkt aufnehmen und die der Differenzierung von Bildungswegen und Lebensmustern entgegenkommen. Inwieweit dabei die Selbststeuerung auch individuelle Entwicklungsmöglichkeiten und Interessen umfasst und sich nicht vorrangig in einer erhöhten Verantwortung und Belastung erschöpft, hängt wesentlich von den jeweiligen Arbeitsbedingungen, den Organisations- und Führungskonzepten sowie den Partizipations- und Mitsprachemöglichkeiten ab.

Begrifflich ist das selbstgesteuerte Lernen so zusammen zu fassen:

Selbstgesteuertes Lernen

Unter selbstgesteuertem Lernen wird die selbstständige und selbstbestimmte Steuerung von Lernprozessen verstanden. Die Lernenden bestimmen Ziele und Inhalte des Lernprozesses in einem bestimmten Rahmen weitgehend selbstständig, ebenso wie die Methoden, Instrumente und Hilfsmittel zur Durchführung des Lernens. Der Handlungsrahmen und die Einordnung in Arbeitsabläufe oder Bildungsgänge sind allerdings größtenteils vorgegeben.

Hiermit ist auch der entscheidende Unterschied zwischen selbstgesteuertem und einem systemisch selbstorganisierten Lernen angesprochen: Beim selbstorganisierten Lernen wird davon ausgegangen, dass die strukturellen und organisatorischen

Rahmenbedingungen des Lernens durch die Lernenden im Rahmen ihrer Selbstorganisationsdispositionen wesentlich selbst bestimmt werden. Beim Lernen im Prozess der Arbeit, zumal beim informellen Lernen, erfolgt aber ein Lernen in Handlungs- und Arbeitssituationen, die der Logik betrieblicher Personal- und Organisationsentwicklung folgen und in ihren wesentlichen Organisationsstrukturen von außen festgelegt sind, gleichwohl aber ein selbstständiges und selbstgesteuertes Lernen ermöglichen und zunehmend fordern. Dabei kann sich die Selbststeuerung sowohl auf Einzelne als auch auf Gruppen beziehen.

4.3.6 Reflexives Lernen

Das reflexive Lernen stellt die Reflexivität als bewusste, kritische und verantwortliche Steuerung und Bewertung von Handlungen in den Mittelpunkt des Lernens. Es ist ein Lernkonzept, das die Reflexion von Handlungen zum Inhalt hat, das zur Erlangung der beruflichen Handlungskompetenz und vor allem zu der im Zwischenkapitel 3.3 thematisierten reflexiven Handlungsfähigkeit beiträgt. In den bereits dargestellten Lernkonzepten spielt die Reflexivität z. T. eine weitreichende Rolle, sie bleibt aber immer der jeweiligen lernkonzeptionellen Leitidee untergeordnet. Generell kommt der Reflexivität als grundlegender Denkform in vielen Lernkontexten und Lernkonzepten eine große Bedeutung zu. Das reflexive Lernen ist als Metakonzept, als ein übergreifendes Lernkonzept anzusehen. Dem entspricht die Aussage *W. Maders*, dass die Reflexivität als „Seele des Lernprozesses" (*Mader* 1984, S. 56) eine Kernkategorie pädagogischen Denkens bildet.

Dem reflexiven Lernen gehen verschiedene historische Vorläufer voraus. So ist bereits für *John Dewey* die Reflexivität eine zentrale Denkform, die er so charakterisiert: „Reflektierendes Denken besteht in einem regen, andauernden sorgfältigen Prüfen von etwas, das für wahr gehalten wird, und zwar im Lichte der Gründe, auf die sich die Ansicht stützt und der weiterer Schlüsse, denen sie zustrebt" (*Dewey* 1951 [1910], S. 6). Die Reflexion ist zudem für Dewey, wie bereits zum Erfahrungslernen im Unterkapitel 4.3.3 ausgeführt, der Abschluss in der Abfolge von „Handlung – Erfahrung – Reflexion".

Ein anderes, auch als klassisch zu bezeichnendes Konzept der Reflexivität bietet *Donald Schöns* „The reflective practitioner" (1983). *Schön* vertieft in seinem Konzept den Ansatz Deweys und nimmt den von ihm und Argyris entwickelten Ansatz des organisationalen Lernens auf. Reflexivität ist nach Schön ein Dialog zwischen Denken und Handeln, der dem Praktiker ermöglicht, seine Aufgaben zu bewältigen. Er unterscheidet bei der Problemlösung durch professionelles Handeln zwei Reflexionsarten: die Reflexion in der Handlung und die Reflexion über die Handlung. Durch Reflexion in der Handlung löst der Praktiker Probleme, bei denen ihm sein stillschweigendes Wissen, Tacit Knowledge, nicht mehr hilft. Reflexion dieser Art setzt ein Bewusstsein über eigenes Wissen voraus, muss aber von dem handelnden Menschen nicht unbedingt in Worten ausgedrückt werden können. Das Ergebnis ist ein situativ abgestimmtes Handeln (*Schön* 1983, S. 9).

Die zweite Reflexionsart, die Reflexion über Handlung, bezeichnet ein Zurücktreten oder Aussteigen aus dem Handlungsfluss, um über eine bereits vollzogene Handlung oder noch anstehende Handlungen und Arbeitsschritte zu reflektieren. Reflektiert wird, indem die Handlung begrifflich oder bildhaft gefasst, gespeichert und analysiert wird. Dazu wird das Handlungswissen explizit formuliert. Auf diese Weise wird es analysierbar und reorganisierbar; es ist als mitteilbares Wissen der Diskussion und Kritik zugänglich. Gravierende Handlungsprobleme, die auf Unzulänglichkeiten oder Fehler im Handlungswissen zurückgehen, können behoben werden, indem dieses Wissen verändert wird.

Das Konzept des „Reflective Practitioners" ist für das Lernkonzept des reflexiven Lernens in restrukturierten und digitalisierten Arbeitsprozessen hochaktuell, wobei es – über die individuelle Ebene hinausgehend – gruppen- und organisationsbezogen verallgemeinert wird. In der Arbeit findet ein bewusstes reflexives Lernen durch gezieltes Abrücken vom Arbeitsgeschehen statt, sei es durch individuelle Reflexion, durch eine Online-Kommunikation oder durch Teamsitzungen. Es wird mehr oder weniger Bilanz gezogen. Die Handlungen, die Ablauforganisation und die Handlungsalternativen werden hinterfragt; sie werden in Beziehung zu Erfahrungen und zu Handlungswissen gesetzt und Verbesserungen werden erwogen.

Das reflexive Lernen kommt den veränderten Lern- und Arbeitsbedingungen in modernen Arbeitsprozessen und der digitalen Transformation der betrieblichen Bildung in besonderem Maße entgegen, da die mit der Digitalisierung einhergehenden Fähigkeiten des Systemdenkens und des Problemlösens der Reflexion bedürfen. Im Zuge der digitalen Transformation können Reflexionsprozesse und -formen zudem über adaptive Lernsysteme erheblich verbessert und erweitert werden.

Unterschiedliche Formen der organisierten Reflexion sind mit der Restrukturierung von Organisationen über Verfahren zu Verbesserungsprozessen und zu Qualitätsbewertungen auf breiter Basis eingeführt worden. Kontinuierliche Verbesserungsprozesse (KVP) und vielfältige Qualitätsmanagementsysteme (QM-Systeme) sind herausragende, organisationsübergreifende Beispiele dafür. Der Reflexion in der Arbeit kam in der herkömmlichen Industriearbeit kaum Bedeutung zu, erst mit neuen Arbeits- und Organisationskonzepten wird sie über Verbesserungs-, Innovations- und Qualitätssicherungsprozesse systemisch einbezogen und verlangt ein bewusstes reflexives Lernen. Dabei ist die im Zwischenkapitel 3.3 ausgeführte Differenzierung der Reflexivität in eine strukturelle und eine Selbst-Reflexivität aufzunehmen, um sowohl Arbeitsstrukturen und Arbeitsumgebungen als auch individuelle und kollaborative Arbeitsabläufe und -ergebnisse einzuschätzen und zu reflektieren.

Das reflexive Lernen in der Arbeit ist zusammenfassend folgendermaßen zu bestimmen:

Reflexives Lernen

Reflexives Lernen in der Arbeit ist ein Lernen sowohl über die direkte Reflexion in der Arbeit als auch ein Lernen der organisierten Reflexion über Arbeit. Über Letzteres findet ein gezieltes und bewusstes Lernen individuell oder gruppenbezogen in bestimmten Organisationsformen statt, in denen über bereits vollzogene wie auch über anstehende Arbeitshandlungen, -abläufe und -ergebnisse reflektiert wird. Dabei ist eine strukturelle Reflexivität von einer individuell oder gruppenbezogen vorgenommenen Selbstreflexivität zu unterscheiden.

Das reflexive Lernen zeichnet sich in der digitalisierten Arbeitswelt dadurch aus, dass die reflexive Verarbeitung sinnlicher Erfahrungen im herkömmlichen Sinne abnimmt, andererseits eine Erweiterung der äußeren Erfahrungen insbesondere durch die Arbeit mit digitalen Technologien in entgrenzten Lernformen, Lernarten und Lernräumen stattfindet. Damit verändern sich auch die innere Erfahrung und die reflexive Be- und Verarbeitung von Arbeitshandlungen. In der digitalen Transformation der Arbeit spricht vieles dafür, dass sich die impliziten Lernprozesse zugunsten der reflexiven Lernprozesse verschieben und das Erfahrungswissen, wie bereits beim Erfahrungslernen im Unterkapitel 4.3.3 ausgeführt, einen Bedeutungszuwachs erhält.

Aufgaben

1. Warum sind in modernen Unternehmen betriebliche Lernkonzepte unerlässlich und was zeichnet sie lerntheoretisch aus?

2. Was sind die wichtigsten betrieblichen Lernkonzepte, wodurch sind sie charakterisiert?

3. In welchen betrieblichen Arbeitssituationen sind welche Lernkonzepte bevorzugt einzusetzen und warum kommt dem E-Learning eine besondere Stellung zu?

4.4 Arbeitsintegrierte Berufsqualifizierung – das Beispiel Pflege

Über betriebliche Lernkonzepte hinaus, führt betriebliches Lernen im Rahmen der betrieblichen Bildungsarbeit auch zur arbeitsintegrierten, abschlussbezogenen Berufsqualifizierung. Hier werden zwei Modellprojekte aus dem Altenpflegebereich vorgestellt, in denen Mitarbeiter/innen unter Beibehaltung des bestehenden Beschäftigungsverhältnisses einen Berufsabschluss erwarben: das Projekt „Arbeitsintegrierte Qualifizierung in der Altenpflege" (AiQuA) und das Projekt „aufwärts(!) in der Pflege".

Erstmalig ist hier das Konzept einer arbeitsintegrierten Berufsqualifizierung mit den Abschlüssen als Altenpflegehelfer/in und als Fachkraft Altenpflege in den 2010er-Jahren erfolgreich entwickelt und erprobt worden. Die Modellprojekte sind im Bundesland Hessen zusammen mit anderen arbeitsbezogenen Projekten auf den Weg gebracht worden (*Hessisches Ministerium für Soziales und Integration,* 2015). Beide Projekte adressierten vorrangig Mitarbeiter/innen ohne zertifizierten Berufsabschluss, aber auch Mitarbeiter/innen mit dem einjährigen Abschluss „Altenpflegehelferin/Altenpflegehelfer". In dem Konzept werden Arbeiten und Lernen, informelles und formales Lernen im Rahmen der arbeitsintegrierten Berufsqualifizierung systematisch verbunden.

Das erste Projekt, „Arbeitsintegrierte Qualifizierung in der Altenpflege" (AiQuA), wurde von der Qualifizierungsgesellschaft Werkstatt Frankfurt e. V. gemeinsam mit dem Frankfurter Verband für Alten- und Behindertenhilfe e. V. von 2011 bis 2016 in acht Einrichtungen und dem ambulanten Dienst des Verbandes entwickelt und erprobt (*Dehnbostel* 2014; *AiQuA* 2015). Die an der Qualifizierung teilnehmenden und in den Einrichtungen beschäftigten Mitarbeiter/innen waren bis zu Beginn des Projekts bereits langjährig als Pflegehilfskräfte ohne Berufsabschluss tätig und konnten Pflegaufgaben somit nur beschränkt wahrnehmen. Sie erwarben in drei Jahren den Berufsabschluss, wobei ihre Bezüge in vollem Umfang fortgezahlt und sie mit 20 % ihrer Arbeitszeit für die z. T. begleitete Qualifizierung freigestellt wurden. Zwei Teilnehmergruppen mit über 50 Personen hatten bereits 2015 die staatliche Prüfung als Altenpfleger/in absolviert.

Der unmittelbare Anlass für AiQuA war der vielfach festgestellte Fachkräftemangel im Pflegebereich. Für den Arbeitgeber ist es von großem Vorteil, Fachkräfte aus dem eigenen Personal zu qualifizieren. Es besteht bereits eine Bindung zur Einrichtung, die Teilnehmenden kennen Strukturen und Abläufe und bringen ihre informell erworbenen Kompetenzen in die Qualifizierung ein. Die teilnehmenden Pflegehilfskräfte erhalten durch die Qualifizierung neue berufliche und soziale Perspektiven, eine bessere Bezahlung und Aufstiegsmöglichkeiten. Durch die Qualifizierung unter Beteiligung von Praxisanleiter/innen und Führungskräften wirkte das Projekt in mehrfacher Hinsicht als Mittel der Personal- und Organisationsentwicklung positiv auf die Einrichtungen zurück.

Die nachgeholte Berufsausbildung ist zielgruppengerecht konzipiert, das für die Qualifizierung entwickelte Lernsystem ist im Arbeitsalltag der Teilnehmenden gleichermaßen Lerngegenstand und Lernaufgabe. Das Lernsystem besteht aus Lerngruppen, Lernbausteinen, Arbeits- und Lernaufgaben, Lernerfolgsüberprüfungen und dem Lernpass. Die Lernbausteine beziehen sich auf Kompetenzbereiche wie beispielsweise „Pflege bei der Hörbehinderung" (Lernbaustein 1), „Ernährung bei Osteoporose" (Lernbaustein 2) und „Dekubitusbehandlung" (Lernbaustein 3).

Das arbeitsgebundene Lernen stellt den didaktisch-methodischen Mittelpunkt dar. Dabei ist die Gefahr nicht von der Hand zu weisen, dass das Lernen in der Arbeit auf die unmittelbaren Arbeitsanforderungen verengt und von zweckgerichtetem Handeln bestimmt wird, was eine Absenkung der Qualität der Pflege und der Berufsqualifikation mit sich bringen würde. Dem steht entgegen, dass die im geltenden Rahmenlehrplan für die Fachkraft Altenpflege vorgegebenen Kompetenzen in den Lernbausteinen des Lernsystems voll abgedeckt, die vorgegebenen Lernzeiten voll eingelöst und im Lernpass dokumentiert werden. Darüber hinaus werden die größtenteils langjährigen beruflichen Erfahrungen der Teilnehmenden mit ihren vielfältig informell und auch nichtformal erworbenen Kompetenzen in die Qualifizierung einbezogen. Zudem spielen die das Qualifizierungskonzept begleitenden Praxisanleiter/innen, Lehrkräfte der Altenpflegeschule und das Leitungspersonal der Altenpflegeeinrichtungen eine entscheidende Rolle bei der Qualitätssicherung für das Modell der arbeitsintegrierten Berufsqualifizierung.

Als Schlüsselfaktor für den Erfolg des Konzepts ist das Lernen im Prozess der Arbeit anzusehen, ein Lernen in und bei der Arbeit anhand realer beruflicher Tätigkeiten, die als Arbeits- und Lernaufgaben schriftlich fixiert und als Lernmaterialien bereitgestellt werden. Der Arbeitsort ist zugleich Lernort, und der Ernstcharakter der Arbeit betont die Bedeutung von Erfahrung, Motivation und sozialen Bezügen. Praxisanleiter/innen und z.T. auch Führungskräfte begleiten das Arbeiten und Lernen.

Insbesondere finden dabei die betrieblichen Lernkonzepte des selbstgesteuerten und des reflexiven Lernens in die Qualifizierung Anwendung. Das selbstgesteuerte Lernen erfolgt auf der Basis der kompetenzbasierten Lernbausteine, die einzeln und in Lerngruppen bearbeitet werden. Die Lernbausteine orientieren sich didaktisch am Konzept der fördernden Prozesspflege, das in den Altenpflegeeinrichtungen des Frankfurter Verbandes Grundlage der Pflege und Betreuung ist. Die in den Lernbausteinen aufgeführten Kompetenzen werden unter Berücksichtigung der Anforderungen des Lernorts Arbeitsplatz als Arbeits- und Lernaufgaben formuliert, ihr

Schwierigkeitsgrad steigert sich im Laufe der Qualifizierung. Die Lernerfolgsüberprüfungen beziehen sich unmittelbar auf die jeweils bearbeiteten Arbeits- und Lernaufgaben der Lernbausteine. Der Lernpass als Nachweisdokument dient der Übersicht über die Lernbausteine mit den entsprechenden Arbeits- und Lernaufgaben, den wahrgenommenen Lernzeiten und den entsprechenden Prüfungen. Er wird von den Praxisanleitungen und den Lehrkräften der Altenpflegeschule überprüft und abgezeichnet.

Die Lernenden werden in von der Praxisanleitung und Lehrkräften moderierten Lerngruppen in ihrer Qualifizierung unterstützt. Hier tauschen sich die Lernenden über die Lernbausteine, das Lernen in der Arbeit und die zu bearbeitenden Arbeits- und Lernaufgaben aus. Die Gruppen tagen wöchentlich zu festgelegten Zeiten in den Einrichtungen und darüber hinaus zu flexiblen, selbstorganisierten Zeiten. In den Einrichtungen stehen gut ausgestattete Gruppenarbeitsräume zur Verfügung.

Die einrichtungsinterne Organisation der Lerngruppen obliegt den Pflegedienst- und Wohnbereichsleitungen. Sie sorgen für eine gute Integration des Lernens in den Arbeitsablauf, gestalten die Arbeitspläne der Teilnehmenden, stellen Zeit für die Lerngruppen zur Verfügung. Dabei ist mit den Einrichtungen verabredet, dass sie Kompensationsmittel für die Lernzeiten erhalten, was angesichts der Arbeitsdichte und der häufig angestrengten Personalsituation in den Pflegeeinrichtungen unerlässlich ist.

Die Rolle des Lehrpersonals der beteiligten Altenpflegeschule verändert sich grundlegend. Die Lehrkräfte der Altenpflegeschule nehmen als Moderatoren und Lernprozessbegleiter regelmäßig an den Lerngruppen in den Einrichtungen teil. Sie unterstützen das selbstgesteuerte Lernen der Teilnehmenden in einer mitsteuernden, lernprozessbegleitenden Rolle. An die Stelle bisherigen Lehrens und Anweisens treten Begleitungs-, Moderations- und Unterstützungsprozesse. Diese Aufgaben verlangen vom Lehrpersonal eine grundlegende Umorientierung und eine Neudefinition ihrer Rolle.

In diesem bundesweit erstmals erprobten Modell einer arbeitsintegrierten Berufsqualifizierung im Pflegebereich werden Lernen und Arbeiten systematisch verbunden, die Arbeit wird lern- und kompetenzförderlich gestaltet, neue Lernorganisationsformen inmitten der Arbeit werden eingeführt, über das betriebliche Lernen wird ein Berufsabschluss erlangt. Durch die begleitenden Praxisanleiter/innen und Führungskräfte sowie die Beteiligung vieler Kollegen/innen an den Aus- und Weiterbildungsprozessen findet in den beteiligten Einrichtungen zudem eine nachhaltige Erweiterung der Personal- und Organisationsentwicklung statt.

Das zweite Projekt, „aufwärts(!) in der Pflege", knüpft an das AiQuA-Modell an und erweitert es (*Schnabel/Schneider* 2017). Als Projekt setzte es 2012 ein und wurde mit zwei Anschlussprojekten und den Evaluationsarbeiten der wissenschaftlichen Begleitung bis 2019 durchgeführt. Besondere konzeptionelle Erweiterungen gegenüber dem AiQuA-Modell bestehen in dem „Drei-Lernorte-Modell" sowie dem „Praxisanleiter-Plus-Konzept"; zudem bezieht das Projekt ländliche Regionen in die Entwicklung und Erprobung ein.

Projektträger war der Caritasverband für die Diözese Limburg e. V., gefördert wurde das Projekt aus Mitteln des Europäischen Sozialfonds (ESF) und vom Hessischen Ministerium für Soziales und Integration (HMSI). An dem Projekt beteiligten sich 16 Einrichtungen der stationären und ambulanten Altenhilfe verschiedener Träger in den Regionen Frankfurt, Wiesbaden/Rheingau-Taunus und Limburg-Weilburg. Das Qualifizierungskonzept setzt auf Pflegeerfahrung, Betriebsbindung und informell erworbene Kompetenzen der Teilnehmer/innen, die bereits beschäftigt, aber noch keine zertifizierten Pflegefachkräfte sind.

Als Grundstruktur besteht in dem Projekt-Modell in Übereinstimmung mit den gesetzlichen Regelungen zur Altenpflegeausbildung eine zweistufige Ausbildung:

- Die Stufe 1 dauert ein Jahr und schließt mit der Qualifikation „Altenpflegehelferin/Altenpflegehelfer" ab.

- Die Stufe 2 dauert zwei Jahre in einer verkürzten Fachkraftausbildung und schließt mit der Qualifikation „Altenpflegerin/Altenpfleger" ab.

Der Zugang zur nachgeholten Ausbildung setzt voraus, dass ein Arbeitsverhältnis besteht und dass eine mindestens zweijährige Berufserfahrung in der Pflege existiert. Dies gilt sowohl für den Beginn in Stufe 1 wie auch für den Beginn in Stufe 2, die eine Anerkennung zuvor erworbener Kompetenzen voraussetzt. Mit diesem Konzept wurden Personen erreicht, die zwar bereits erfolgreich eine Pflegetätigkeit ausübten, die aber aus bildungsbiografischen, persönlichen oder finanziellen Gründen keinen zertifizierten Berufsabschluss im Pflegebereich vorzuweisen hatten.

Mit dem Lernen in der Arbeit gibt es im „aufwärts!-Modell" eine neue Aufteilung von Theorie und Praxis. Die praktische Ausbildung erfolgt im Rahmen der fortgeführten Berufstätigkeit in der jeweiligen Pflegeeinrichtung. Der herkömmliche theoretische und praktische Unterricht findet an allen drei Lernorten des Projekts statt: der Altenpflegeschule, der Regionalgruppe und dem Arbeitsplatz. Mit den drei Lernorten wird der Erwerb ganzheitlicher Kompetenzen auch strukturell und lernorganisatorisch gefördert, indem theoretische und praktische Inhalte, Arbeiten und Lernen verzahnt werden.

Die drei Lernorte bilden eine spezifische Lernortkooperation mit einer engen Zusammenarbeit des Bildungspersonals in pädagogischer, didaktisch-methodischer und organisatorischer Hinsicht. Das Leitziel des Erwerbs der beruflichen Handlungskompetenz für die Berufe Altenpflegehelfer/in und Altenpfleger/in wird im Zusammenspiel aller drei Lernorte umgesetzt. Grundlage dafür ist der lernortübergreifende Lehrplan. In dem Lernort Regionalgruppe findet eine Vertiefung der Theorie statt, die Umsetzung in die Praxis wird geplant, die Aufgaben in der Praxis reflektiert. Dieser Lernort ist besonders dazu geeignet, fachpraktische und theoretische Lerninhalte in kleinen Lerngruppen von fünf bis sechs Teilnehmenden zu erwerben. Die Lerngruppen werden von den Lehrkräften der Altenpflegeschule begleitet.

Die in den Lehrplänen fixierten Inhalte und Kompetenzen stellen eine Klammer zwischen den drei Lernorten her. Die Lehrpläne bilden auf Grundlage der Hessischen Rahmenlehrpläne einen gemeinsamen, verbindlichen und für alle Beteiligten transparenten Orientierungs- und Bezugsrahmen. In den Lehrplänen wird von Kompetenzdefinitionen ausgegangen, die mit dem im Deutschen Qualifikationsrahmen für lebenslanges Lernen (DQR) zugrunde gelegten Kompetenzverständnis übereinstimmen. In den Lehrplänen und Lernaufgaben sind die übergreifenden Kompetenzen konkretisiert und im Drei-Lernorte-Modell an den unterschiedlichen Lernorten umgesetzt und eingelöst. Dem informellen und dem Erfahrungslernen kommt dabei besondere Beachtung zu, da die Lernenden mit ihrer mehrjährigen Tätigkeit in der Altenpflege gerade darauf aufbauen.

Das Lernen in und bei der Arbeit steht didaktisch im Mittelpunkt der Berufsqualifizierung. Es knüpft an die Arbeitserfahrungen, Fertigkeiten und Kenntnisse der beschäftigten Teilnehmenden an. Die Inhalte und Kompetenzen der Lehrpläne sind mit realen Arbeitssituationen verbunden. Die Gestaltung der Lernprozesse erfolgt im Sinn der Erwachsenenbildung, die Berücksichtigung der Lern- und Lebensbiographien der Teilnehmenden werden ebenso einbezogen wie deren Persönlichkeitsentwicklung und die Auseinandersetzung mit werteorientierten Grundätzen der Pflegepädagogik. Dem Lernen im Erwachsenenalter und dem Berufsbezug in der Altenpflege wird entsprochen, indem die didaktische Orientierung erwachsenen-, berufs- und pflegepädagogischen Grundsätzen folgt.

Diese Grundsätze und Zielorientierungen werden, wie im Projekt AiQuA, insbesondere über Selbststeuerung und Reflexivität eingelöst. Damit wird den im vorherigen Zwischenkapitel 4.3 umrissenen Lernkonzepten des selbstgesteuerten und reflexiven Lernens entsprochen. Die lehrplankonformen Lernaufgaben bearbeiten die Lernenden in Gruppen und in Einzelarbeit weitgehend selbstständig. Mit der Bearbeitung erstellen die Teilnehmenden Portfolios, aus denen ihre Lernfortschritte ersichtlich werden und mit denen auch die Selbststeuerung reflektiert wird. Am Lernort Arbeitsplatz findet das Lernen ebenso wie das schon vor der Qualifizierung wahrgenommene Arbeiten in starkem Maße selbstständig statt. Die Reflexivität ermöglicht es, die individuelle, selbstgesteuerte Anwendung erworbener Kompetenzen reflexiv auf Handlungen und Verhaltensweisen sowie auf die damit verbundenen Arbeits- und Sozialstrukturen zu beziehen. Mit der reflexiven Handlungsfähigkeit sind Qualität und Orientierung des realen Handlungsvermögens angesprochen. Reflexivität meint hierbei die bewusste, kritische und verantwortliche Einschätzung und Bewertung von Handlungen auf der Basis von Erfahrungen und Wissen.

Mit dem arbeitsintegrierten Lernen im Mittelpunkt der Qualifizierung findet bei den Praxisanleiter/innen und Lehrkräften eine erhebliche Veränderung ihrer Funktionen und Rollen statt. Dabei geht es vor allem um neue Formen der personenbezogenen Lernprozessbegleitung zur Unterstützung der Lernenden. Die Lehrkräfte der Altenpflegeschule erweitern ihre herkömmliche Lehrerrolle und nehmen vermehrt an der Gestaltung des Lernens am Lernort Praxis teil. Sie begleiten die Lerngruppen am Lernort Regionalgruppe und gestalten den fachpraktischen und theoretischen Unterricht.

Den Praxisanleiter/innen kommt eine Schlüsselfunktion in der erfolgreichen Durchführung der Qualifizierung zu. Sie haben die Aufgabe, die Teilnehmenden in der Praxis zu begleiten und die erfolgreiche Bearbeitung der Lernaufgaben zusammen mit den Lehrkräften zu unterstützen. Im „Praxisanleiter-Plus-Konzept" werden Praxisanleitungen zur fachgerechten Übernahme der erweiterten Aufgaben qualifiziert. Zudem erhalten die Praxisanleitungen ein kontinuierliches Coaching und regelmäßige Fortbildungen in zentralen berufs- und pflegepädagogischen Einzelthemen. Für ihre Lernbegleitungsfunktion ist eine berufs- und erwachsenenpädagogische Kompetenz neben der fachlichen wichtig. Nur so können sie Lernprozesse anregen, die Entwicklung individueller Lernstrategien fördern und Kompetenzentwicklung ermöglichen. Zudem bietet das erweiterte Aufgabenspektrum für die Praxisanleiter/innen berufliche Professionalisierungs- und Entwicklungsmöglichkeiten im Rahmen einer das Lernen in der Arbeit stärkenden Personal- und Organisationsentwicklung.

Die Projekterfahrungen haben gezeigt, dass diese Qualifizierung ein geeignetes Konzept für eine nachgeholte Berufsausbildung in der Altenpflege darstellt. Das Lernen im Prozess der Arbeit unter Einbeziehung der Erfahrungen und der vielfach erworbenen informellen Kompetenzen der Lernenden bildet die Basis des Konzepts, das ebenso unter dem Vorzeichen einer generalistischen Pflegeausbildung durchzuführen ist, zumal die Pflegeausbildung damit bundesweit auf den Erwerb von Kompetenzen ausgerichtet ist (*Jürgensen/Dauer* 2021). Es hat sich gezeigt, dass mit einem solchen arbeitsintegrierten Konzept Fachkräfte zu gewinnen sind, die sich normalerweise nicht qualifizieren würden. Neben der herkömmlichen

dualen Ausbildungsform als Regelausbildung sollte das Konzept der arbeitsintegrierten Berufsqualifizierung für Mitarbeiter/innen ohne zertifizierten Berufsabschluss und für sogenannte Seiten- sowie Quereinsteiger in das Regelsystem aufgenommen werden.

Aufgaben

1. Was zeichnet das vorgestellte Konzept der arbeitsintegrierten Berufsqualifizierung aus? Inwiefern trägt es dazu bei, den Fachkräftemangel im Pflegebereich
   zu lindern und inwiefern bietet es Seiten- und Quereinsteigern berufliche Chancen?

2. Worin bestehen die Unterschiede der beiden Modellprojekte? An welchen Lernorten wird in welchen Formen qualifiziert, inwieweit findet ein formales und
   inwieweit ein informelles Lernen statt?

3. Besteht in der Konzentration der Qualifizierung auf das Lernen im Prozess der
   Arbeit die Gefahr einer vorrangig arbeitsfunktionalen, eingeengten Qualifizierung? Wie wird dem begegnet?

5 Betriebliche Lernorte und Lernortkooperationen

Seit Jahren beobachten wir eine Pluralisierung, Erweiterung und Entgrenzung betrieblicher Lernorte. Der traditionelle Lernort Lehrwerkstatt wird durch betriebliche und überbetriebliche Bildungs- und Kompetenzzentren ergänzt oder ersetzt; die häufig pauschal benannten Lernorte „Lernort Arbeitsplatz" und „Lernort Betrieb" differenzieren sich in Einzellernorte und fungieren zugleich als Metalernorte. Die digitale Arbeitswelt entgrenzt die Lernorte, schafft virtuelle und hybride Lernorte, verändert die bestehenden physischen und erweitert sie um Lernräume und Selbstlernarchitekturen.

Einhergehend mit dieser Lernortentwicklung verändert sich die Kooperation zwischen den Lernorten. Die klassische Lernortkooperation von Betrieb und Berufsschule wurde schon früh um den dritten Lernort der überbetrieblichen Bildungseinrichtungen ergänzt. Heute wird die Lernortkooperation ebenso auf die Weiterbildung bezogen, in der die Lernorte betrieblicher Weiterbildung mit unterschiedlichen außerbetrieblichen Lernorten verbunden werden. Hierzu gehören im wachsenden Maße auch virtuelle Lernorte wie Online-Communities, Webinare, Online-Plattformen und zudem bisher nicht wahrgenommene oder auch neue physisch-reale Lernorte wie Museen, Bibliotheken, Coworking Spaces.

Die Pluralisierung und Ausdifferenzierung der Lernorte geht mit der Reorganisation ihrer Kooperationsbeziehungen einher, was sich in den die herkömmliche Lernortkooperation ergänzenden oder ersetzenden Aus- und Weiterbildungsverbünden und Qualifizierungsnetzwerken deutlich zeigt. Verbünde und Netzwerke sind dann als weiterentwickelte Formen oder Varianten der Lernortkooperation anzusehen, wenn sie in ihrer Zielsetzung auf die Kompetenzentwicklung und Berufsbildung gerichtet sind und mit den Grundelementen des institutionellen, organisatorischen und qualifizierungsbezogenen Zusammenwirkens in der Kooperation von Lernorten übereinstimmen. Sie stellen, aus dem Blickwinkel der Berufs- und Weiterbildung betrachtet, eine Weiterentwicklung der Lernortkooperation von pluralisierten und zunehmend auch digital erweiterten Lernorten dar.

Die folgende Erörterung des Lernorts Arbeitsplatz, die Entwicklung betrieblicher Lernorte im Kontext der Berufsbildung und die Herausbildung von Lernräumen und Lernarchitekturen zeigt deren zentrale Rolle für die betriebliche Bildungsarbeit (5.1). Die anschließend dargestellte Kooperation von Lernorten mit der Erweiterung um Verbünde und Netzwerke verläuft synchron zur Lernortentwicklung und ist als wichtiges Handlungs- und Gestaltungsfeld der betrieblichen Bildungsarbeit anzusehen (5.2).

5.1 Betriebliche Lernorte

Es ist Aufgabe der betrieblichen Bildungsarbeit, die Lernorte zu erfassen und zu analysieren, um das Lernen in und bei der Arbeit und die Kooperation von Lernorten gestalten zu können. Hiermit werden zugleich Voraussetzungen geschaffen, um die in den nachfolgenden Kapiteln thematisierten umfangreichen Handlungsfelder der betrieblichen Bildungsarbeit, die „Betrieblichen Lernformen" (Kapitel 6) und die „Lernförderliche Arbeitsgestaltung und Validierung betrieblichen Lernens" (Kapitel 7), in den Blick nehmen zu können. Die Pluralisierung, Erweiterung und Entgrenzung betrieblicher Lernorte hat ihren Ausgangspunkt im Lernort Arbeitsplatz, der sich zu einem Metalernort entwickelt hat.

5.1.1 Lernort Arbeitsplatz

Wie der Begriff „Lernort Arbeitsplatz" bereits ausdrückt, findet das Lernen unmittelbar am Arbeitspatz statt und bezieht sich auf den Arbeitsgegenstand und damit verbundene Arbeitsprozesse und Wissensbestände (*Münch/Kath* 1973; *Dehnbostel* 2019). Der Lernort Arbeitsplatz ist mit differenzierten Verständnissen verbunden, die in den hier bereits größtenteils eingeführten oder verwendeten Begriffen „Lernen im Prozess der Arbeit", „arbeitsintegriertes Lernen", „arbeitsbezogenes Lernen" und „arbeitsorientiertes Lernen" zum Ausdruck kommen. Zudem finden englischsprachige Begriffe, vor allem „Learning by Doing", „Training on the Job", „Workplace Learning" und „Work-based Learning", in der Fachöffentlichkeit zunehmend Beachtung.

In der betrieblichen Praxis zeigt sich ein breites Spektrum unterschiedlicher Formen des Lernens am Lernort Arbeitsplatz: So ist es ein großer Unterschied, ob das Lernen am Arbeitsplatz in organisierter Form wie beim Coaching und in Lerninseln erfolgt oder in informellen Lernkontexten im Vollzug von Arbeitshandlungen jenseits aller Lernorganisation. Und die digitalen Formen des Lernens am Arbeitsplatz mit ihren physischen, virtuellen und hybriden Formen stehen erst am Anfang ihrer Entwicklung.

Bevor der Lernort Arbeitsplatz in seinen Vor- und Nachteilen betrachtet wird, ist er zunächst begrifflich genauer zu fassen:

Lernort Arbeitsplatz

Das Lernen am Lernort Arbeitsplatz ist ein Lernen, das am Ort des Arbeitens stattfindet und sich auf den Arbeitsgegenstand und damit verbundene Arbeitsprozesse und Wissensbestände bezieht. Lernen am Arbeitsplatz ist ein arbeitsplatzgebundenes Lernen, bei dem Lernort und Arbeitsort identisch sind. Es beschreibt mithin den örtlichen und arbeitsaufgabenbezogenen Bereich des Lernens und verbindet Arbeiten und Lernen. Beim Lernen am Arbeitsplatz zeigt sich das Spannungsfeld von ökonomisch-betrieblicher Zweckmäßigkeit und subjekt- sowie bildungsbezogenen Zielsetzungen, das der Doppelfunktion des Arbeitsplatzes als Arbeits- und Lernort zugrunde liegt.

Wie zu Beginn des Zwischenkapitels 2.3 für das Lernen im Prozess der Arbeit angesprochen, stand der Arbeitsplatz bereits im mittelalterlichen Zunfthandwerk als Lernort im Mittelpunkt der Beistelllehre, zumal von anderen Lernorten noch nicht die Rede sein konnte. Mit der ersten industriellen Revolution, der Aufklärung und den Umbrüchen in der Arbeitswelt kam die „Lernortfrage" erstmalig im späten 18. Jahrhundert unter ausbildungsbezogenen Gesichtspunkten auf und wurde dann systematisch im Industriezeitalter entwickelt, wobei eine Differenzierung und Erweiterung beruflicher Lernorte erfolgte (*Dehnbostel* 2020d, S. 127 f.).

In der Industriegesellschaft mit ihren tayloristischen, auf Arbeitsteilung beruhenden Arbeitsstrukturen und monoton-repetitiven Arbeitstätigkeiten verlor das Lernen am Arbeitsplatz an Bedeutung. Der Arbeitsplatz konnte in durchgeplanten industriellen Arbeitsprozessen kaum mehr als Lernort dienen. Mit der Restrukturierung von Organisationen und der Einführung von Informations- und Kommunikationstechnologien seit den 1970er-Jahren befinden sich die Arbeit und das Lernen in der Arbeit, wie im Kapitel 2 ausgeführt, in einem grundlegenden Wandel. Mit verstärkten Lernpotenzialen und gestiegenen Qualifizierungs- und Kompetenzanforderungen hat der Lernort Arbeitsplatz wieder an Bedeutung gewonnen, was sich in der Formel vom „Lernen im Prozess der Arbeit" ausdrückt.

Gewachsene Lernchancen und Lerngelegenheiten am Lernort Arbeitsplatz machen das Lernen auch für diejenigen attraktiv, die in organisierten Lernorten Lernhemmungen, Lernwiderstände und Lernverweigerungen entwickelt haben. Besonders deutlich werden die Vorteile für sozial benachteiligte Jugendliche mit schlechten Schulerfahrungen, in der berufsbegleitenden Nachqualifizierung für junge Erwachsene und in Weiterbildungsmaßnahmen für ältere Arbeitnehmer. Idealiter gesehen, schafft der Lernort Arbeitsplatz Motivation, bringt Sinn und Einsicht, bezieht Erfahrungen und subjektive Dispositionen ein und ermöglicht Entwicklungs- und Laufbahnwege.

Dies alles trifft allerdings nur zu, wenn Arbeitsorganisation, Arbeitsaufgaben und Arbeitsumgebungen dies auch hergeben, wenn am Arbeitsplatz die im nächsten Kapitel 6 dargestellten Begleitungsformen einbezogen werden und die im Kapitel 7 thematisierte Arbeitsgestaltung umgesetzt wird. Nicht ohne Grund gab es Zeiten, so in der Bildungsreform um 1970, in denen dem Lernen am Arbeitsplatz mit starken Vorbehalten begegnet und ein Lernen in zentralen, arbeitsplatzfernen Lernorten favorisiert wurde. Auch wenn Arbeit in neuen Arbeits- und Organisationskonzepten und im Zuge der Digitalisierung ganzheitlicher und lernhaltiger geworden ist, so gilt nach wie vor, dass das Lernen am Lernort Arbeitsplatz zufällig und beliebig sein kann, dass es betriebswirtschaftlichen Zielen unterliegt, zweckbestimmt ist und häufig durch Arbeitsverdichtung und -stress erschwert wird. Das im Zwischenkapitel 3.2 dargestellte Spannungsfeld von Bildung und Ökonomie zeigt sich hier besonders deutlich. Entsprechend stellt *H. Schanz* fest, dass „die doppelte Funktion eines Arbeitsplatzes als Arbeits- und Lernort … problematisch" ist und dass die „Arbeitslogik im Widerspruch zur Lehr-Lernlogik" steht (Schanz 2010, S. 51 f.).

Es lässt sich resümieren, dass die Bedingungen und Orientierungen des Lernens am Lernort Arbeitsplatz, wie schon für das Lernen durch Arbeitshandeln im realen Arbeitsprozess im Zwischenkapitel 4.1 festgestellt, von historischen und branchenspezifischen Gegebenheiten, von der jeweiligen Unternehmens- und Arbeitskultur sowie von personellen Bedingungen abhängig sind. Es bestehen also Risiken und Chancen des Lernens am Lernort Arbeitsplatz. Diese sind in der betrieblichen Bildungsarbeit einzuschätzen und spielen bei der Planung und Durchführung von Qualifizierungsmaßnahmen eine wesentliche Rolle.

Die Vor- und Nachteile des Lernens am Lernort Arbeitsplatz lassen sich in tabellarischer Gegenüberstellung folgendermaßen auflisten.

Tab. 6: Vor- und Nachteile des Lernens am Lernort Arbeitsplatz

Vorteile	Nachteile
• Ernstcharakter, Praxisbezug und Verbindlichkeit	• Dominanz einzelbetrieblicher Arbeits- und Geschäftsprozesse
• Kompetenzentwicklung unter Realbedingungen	• Kompetenzentwicklung in situativer Zufälligkeit und Abhängigkeit
• Sinn, Motivation und Identitätsbildung durch reale Arbeit	• Lernwiderstände durch monotone oder fremdbestimmte Arbeit
• Flexibilität, Offenheit und Modernität von Lerninhalten	• Abhängigkeit der Lerninhalte von betrieblichen Gegebenheiten
• Unmittelbarer Anwendungs- und Transferbezug des Lernens	• Einseitige Steuerung des Lernens über Arbeitsaufgaben und -logik

Das Lernen am Arbeitsplatz findet gegenwärtig zunehmend als selbstgesteuertes, prozessorientiertes und lebensbegleitendes Lernen statt. Lernen mit digitalen Medien und digitalen Technologien wird als arbeitsintegriertes Lernen zu einem konstitutiven Teil digitaler Arbeit. Die im Kapitel 4 skizzierten Lernkonzepte finden beim Lernen in der Arbeit zunehmend Eingang und geben dem Lernen Ziel und Richtung. Die anhaltende Pluralisierung und Entgrenzung des Lernorts Arbeitsplatz zeigt sich im Ausbau betrieblicher Lernorte und in deren Erweiterung um physische sowie virtuelle Lernräume und Lernarchitekturen. Der Lernort Arbeitsplatz wird so zum Metalernort.

5.1.2 Lernortentwicklungen

Als Lernorte der beruflichen Bildung wurden bis in die 1960er-Jahre hinein vorrangig der Betrieb und die Berufsschule im dualen System der Berufsausbildung verstanden, wobei Lehrwerkstätten und überbetriebliche Bildungseinrichtungen schon früh als dritte Lernorte hinzukamen. In der umfassenden Bildungsreform um 1970 wurde die Frage der Neugestaltung der Lernorte intensiv und kontrovers diskutiert. Ausgangspunkt waren die Vorschläge des Deutschen Bildungsrats zum Begriff „Lernort" und zum Lernortkonzept „Pluralität der Lernorte".

Der Begriff Lernort wurde vom *Deutschen Bildungsrat* in die Bildungsdiskussion eingeführt und ist in der Reformempfehlung „Zur Neuordnung der Sekundarstufe II" von 1974 folgendermaßen definiert: „Unter Lernort ist eine im Rahmen des öffentlichen Bildungswesens anerkannte Einrichtung zu verstehen, die Lernangebote organisiert. Der Ausdruck 'Ort' besagt zunächst, daß das Lernen nicht nur zeitlich ..., sondern auch lokal gegliedert ist. Es handelt sich aber nicht allein um räumlich verschiedene, sondern in ihrer pädagogischen Funktion unterscheidbare Orte". Betont wird die „pädagogisch-didaktische Eigenständigkeit" eines jeden Lernorts und die „Eigenart, ... die aus den ihm eigenen Funktionen im Lernprozeß" entsteht (*Deutscher Bildungsrat* 1974, S. 69). Für die Sekundarstufe II wird von den vier Lernorten „Schule, Lehrwerkstatt, Betrieb und Studio" ausgegangen (ebd., S. 71).

Diese Bestimmungen standen im Kontext der damaligen Bildungs- und Berufsbildungsreform mit ihren Reformpostulaten des Rechts auf Bildung, der Herstellung von Chancengleichheit und der Erlangung von Mündigkeit. Der Begriff des Lernorts und seine Einbindung in damalige Reformvorhaben wie die Integration beruflicher und allgemeiner Bildung trafen in Teilen der Fachöffentlichkeit auf erhebliche Ablehnung, selbst der Sinn und die Verwendung des Begriffs wurden infrage gestellt (*Dehnbostel* 2002, S. 358 ff.).

Kritikern schien die Aufwertung des Lernorts Ausdruck eines rein instrumentellen und funktionalistischen Bildungsverständnisses und damit unvereinbar mit grundlegenden pädagogischen und bildungstheoretischen Zielsetzungen. Es wurde von einer pädagogischen Sinnverarmung und einer Hypostasierung der pädagogischen Funktion von Lernorten gesprochen. So hat für Dörschel „gleichsam über Nacht der Ausdruck 'Lernort' die bisherigen Bezeichnungen 'Bildungsstätte', 'Lebensstätte' und 'pädagogische Situation' verdrängt", womit eine „Neutralisierung des Pädagogischen" zum Ausdruck komme (*Dörschel* 1974, S. 25). Und *Beck* konstatiert „die praktische Unzulänglichkeit und die erziehungswissenschaftliche Irrelevanz des Lernortkonzepts" und zieht den Schluss, dass „die Entfernung der Lernortidee aus pädagogischen Denkfiguren sicherlich ein Gewinn" sei (*Beck* 1984, S. 256 ff.).

Auch wenn diese Positionen nicht auf ungeteilte Zustimmung stießen (*Stratmann/ Schlösser* 1990, S. 228 ff.; *Greinert* 1997, S. 27 ff.), so verfolgte die vorrangig am dualen System und der Berufsschule orientierte Berufs- und Wirtschaftspädagogik keine Lernortforschung. Hingegen sah die auf den Betrieb bezogene Berufsbildungsforschung eine mit der Renaissance des Lernens in der Arbeit einhergehende Notwendigkeit, sich in Theorie und Praxis mit den betrieblichen Lernorten als Orte der Qualifizierung und der beruflichen Bildung auseinanderzusetzen. So erschienen zu dieser Zeit eine Reihe von Studien und Abhandlungen zum Lernort Arbeitsplatz und zum betrieblichen Lernen, die das Lernortkonzept differenzieren und fundieren.

Insbesondere wurden lernförderliche und lernhemmende Arbeitsbedingungen sowie Möglichkeiten des Lernens und der Persönlichkeitsförderung in der Arbeit thematisiert. Hinzuweisen ist auf die Studie von *G. Franke* und *M. Kleinschmitt* zum Lernort Arbeitsplatz (*Franke/Kleinschmitt* 1987), das Handbuch von *M. Brater* und

U. Büchele zur Ausbildung am Arbeitsplatz (*Brater / Büchele* 1991), die Sammelbände von *P. Dehnbostel, H. Holz* und *H. Novak* zu dezentralen Lernorten (*Dehnbostel / Holz / Novak* 1992; Dieselben 1996), den Sammelband von *G. Pätzold* und *G. Walden* zu Lernorten im dualen System der Berufsausbildung (*Pätzold / Walden* 1995) und die vorausgegangenen umfangreichen Arbeiten von *J. Münch* und anderen zum Lernort Arbeitsplatz und zur betrieblichen Ausbildung (*Münch / Kath* 1973; *Münch* 1977; *Münch* u. a. 1981 a; Dieselben 1981 b).

Bereits 1973 legen *J. Münch* und *F. M. Kath* ihrer empirischen Analyse eine „Typologie des Lernortes Arbeitsplatz nach dem Grade der Pädagogisierung" zugrunde. Dem Arbeitsplatz werden acht „didaktische Funktionen" zugeordnet, und zwar vom „Lernen beruflicher Fertigkeiten" über die „Verantwortungsentwicklung" bis zur „Regeneration des Kenntnis- und Erfahrungsstandes" (*Münch / Kath* 1973, S. 23). In der umfangreichen Studie „Interdependenz von Lernort-Kombinationen und Output-Qualitäten betrieblicher Berufsausbildung in ausgewählten Berufen" (*Münch* u. a. 1981 a) werden auf empirisch-analytischer Grundlage die betrieblichen Lernorte und ihre Kombinationen im Hinblick auf die erzielten Ausbildungsergebnisse in sieben von damals rund 450 Ausbildungsberufen untersucht. Als betriebliche Lernorte der Ausbildung werden der Lernort „Arbeitsplatz", der Lernort „Lehrwerkstatt" und der Lernort „Innerbetrieblicher Unterricht" zugrunde gelegt, wobei für die Organisation der betrieblichen Ausbildung von bestimmtem „Lernort-Struktur-Typen" ausgegangen wird (*Münch* u. a. 1981 b, S. 9). Die erkenntnisreichen „Kernergebnisse der Untersuchung" (*Münch* u. a. 1981 a, S. 613 ff.) bestätigen die Pluralität der Lernorte, die Annahmen zu ihrer Kombination und zu den Interdependenzen mit den Ausbildungsergebnissen.

Parallel zu den empirischen Arbeiten wurden vor dem Hintergrund erster Ansätze „für eine Theorie des Arbeitsplatzes als Lernort" (*Münch / Kath* 1973, S. 19) das Lernortkonzept und die Pluralität der Lernorte als Optimierungsprinzip theoretisch und konzeptionell weiter ausgearbeitet (*Münch* 2007, S. 72 ff.). Angesichts des im Zuge restrukturierter Arbeitskonzepte und zunehmender Informations- und Kommunikationstechnologien in der Arbeit aufkommenden Konzepts des lernenden Unternehmens warf *J. Münch* die Frage auf, ob dieses Konzept als eine Weiterentwicklung des Lernortkonzepts zu verstehen sei. Die Erörterung der Merkmale des lernenden Unternehmens und die Erkenntnis, dass das „Lernen weitgehend in den Prozeß der Arbeit integriert" ist, führt zu der Schlussfolgerung, dass „das lernende Unternehmen ... gewissermaßen selbst Lernziel und Lerngegenstand (ist)" und ihm „die Rolle eines Metalernortes" zukommt (*Münch* 1995, S. 50).

Die betriebliche Lernortdiskussion öffnete sich zudem mit der Stärkung der beruflich-betrieblichen Weiterbildung und den darauf bezogenen Ansätzen zur Identifizierung und Anerkennung des betrieblichen Lernens. Die das Verhältnis von Arbeiten und Lernen einordnenden Klassifizierungsversuche thematisieren das Lernen im Prozess der Arbeit unter besonderer Beachtung des informellen und nichtformalen Lernens. Das betriebliche Lernen wird in Formen arbeitsintegrierten Lernens, in Lernorganisationsformen, Lernumgebungen und Lernarrangements erfasst und nach unterschiedlichen Kriterien geordnet (*Grünewald* u.a. 1998; *Moraal/Schönfeld/Grünewald* 2004; *Schiersmann/Remmele* 2002; *Molzberger* 2007, S. 108 ff.). Für die Lernortforschung ist zudem die Einordnung der *Senatskommission für Berufsbildungsforschung* (1990, S. 74 ff.) von Bedeutung, die in ihrer Denkschrift Lernorte als organisatorische Einheiten bezeichnet, in denen Lernprozesse stattfinden. Offensichtlich kommt damit ein gegenüber der oben zitierten Lernortdefinition des Deutschen Bildungsrats grundsätzlich erweitertes Lernortverständnis zum Ausdruck, das den Lernort nicht mehr allein auf das öffentliche Bildungswesen bezieht.

Die intensiv geführte allgemeine Lernortdiskussion bewirkte, dass der Lernortbegriff zu einem tragenden Begriff der Berufs- und Weiterbildung avancierte. Darüber hinaus erfolgte insbesondere in der Erwachsenenbildung eine Öffnung der Lernortdiskussion gegenüber Lernorten außerhalb des öffentlichen Bildungswesens wie Museen, Bibliotheken, Botanische Gärten, Internetcafés und Coworking Spaces (*Nuissl von Rein* 2006; *Faulstich/Bayer* 2009; *Rohs* 2010; *Kraus* 2015). Das überkommene Verständnis des Lernorts als eines im öffentlichen Bildungswesen angesiedelten Ortes des formalen Lernens wurde prinzipiell erweitert. Denn ebenso wie das formale Lernen sind informelles, nichtformales und arbeitsintegriertes Lernen immer an Lernorte gebunden.

Die Pluralisierung und Entgrenzung von Lernorten erfolgt heute sowohl inner- als auch außerbetrieblich. Für die betriebliche Bildung hat eine Differenzierung der häufig pauschal verwandten Begriffe „Lernort Arbeitsplatz" und „Lernort Betrieb" eingesetzt. Sowohl der Lernort Arbeitsplatz als auch der Lernort Betrieb differenzieren sich in Einzellernorte, sie fallen unter dem von *Münch* für das lernende Unternehmen geprägten Begriff des „Metalernorts". Zu den Einzellernorten gehören auch virtuelle Lernorte wie Online-Communities, Webinare und Lernmanagementsysteme, die in der realen Arbeit zumeist mit physischen Lernorten verbunden und somit Ausdruck der für digitale Arbeit typischen Mixed Reality sind. Mit dieser Pluralisierung betrieblicher Lernorte findet zugleich eine auf die Intensivierung des Lernens abzielende Erweiterung um Lernräume und Lernarchitekturen statt.

5.1.3 Lernräume und Lernarchitekturen

Die vorrangig in der Erwachsenenbildung und Weiterbildung thematisierten Lernräume erweitern die partiell institutionell eingeengte Lernortdiskussion um soziale und auf individuelles und gruppenbezogenes Lernen gerichtete Bezüge. Der erstmals 2001 erschienenen und immer noch aktuellen „Raumsoziologie" von *M. Löw* (2001) kommt dabei eine schon klassische Rolle zu. In den letzten Jahren sind raumtheoretische Konzepte unter Betonung der sozialen Potenziale und Wirkungen des Raums sowie unter Einbeziehung des digitalen Lernens verstärkt diskutiert und praktisch umgesetzt worden (*Kraus* 2008, S. 116 ff.; *Arnold* u. a. 2015, S. 59 ff; *Bernhard* u. a. 2015; *Kraus* 2015; *Wittwer / Diettrich / Walber* 2015; *Dehnbostel* 2019).

Die Differenzierung von Ort und Raum öffnet den Blick für Lernräume, deren Potenziale für das Lernen von Einzelnen und Gruppen auszuloten und zu nutzen sind. Dabei geht es – ebenso wie bei den übergeordneten Lernorten – um physische und virtuelle bzw. Online-Lernräume. Das vom Bundesministerium für Arbeit und Soziales geförderte, groß angelegte Programm der „Lern- und Experimentierräume" im betrieblichen digitalen Wandel rückt solcherart Lernräume unter Betonung des digitalen Lernens und der Künstlichen Intelligenz in den Mittelpunkt einer „zukunftsgerechten Gestaltung der Arbeitswelt" (*BMAS* 2019, S. 1).

In der Pädagogik und der Erwachsenenbildung geht die Raumdiskussion davon aus, dass Lehr-Lern-Prozesse wesentlich durch Regeln und Ressourcen in der örtlichen und räumlichen Ordnung beeinflusst werden oder anders betrachtet, dass vonseiten der Lernenden die Potenziale von Lernorten und Lernräumen genutzt und gestaltet werden können. „Der pädagogische Raum ist eine spezifische Form des sozialen Raums. Er entsteht durch das Handeln der Beteiligten im Prozess der Aneignung von Lernorten / Orten unter der pädagogischen Prämisse der Vermittlung respektive der Aneignung von Wissen und Kompetenzen" (*Kraus* 2015, S. 139). Dabei werden im Handeln Regeln und Strukturen rekursiv reproduziert, das heißt es werden Lernräume verändert oder neue hergestellt. Eine Dualität, die nach *M. Löw* darin besteht, „erstens, das Handeln zu strukturieren, und zweitens, im Handeln generiert und reproduziert zu werden" (*Löw* 2001, S. 244).

Raumtheoretische und raumdidaktische Konzepte zielen auf individuell oder gruppenspezifisch ausgerichtete Lernprozesse und -ansprüche, die ausstattungsmäßige und architektonische Gestaltungen nach sich ziehen. In der Arbeit erweitern und vertiefen Lernräume die Lernorte über die Anreicherungen des informellen Lernens mit nichtformalem und formalem Lernen. Lernräume sind gleichermaßen als Teil und als lernbasierte Erweiterung von Lernorten zu verstehen.

Moderne Arbeitsformen wie Teamsitzungen, Online-Communities und Coworking sind als eher informell hergestellte Lernräume anzusehen, während die im folgenden Kapitel 6 noch zu erörternden Lernorganisationsformen gezielt Lernräume generieren. Denn Lernorganisationsformen wie Lerninseln und Online-Communities erweitern die Arbeit strukturell um eine Lerninfrastruktur, schaffen einen räumlich-organisatorischen Zusammenhang und nehmen häufig die im Kapitel 4 dargestellten betrieblichen Lernkonzepte auf. Es handelt sich dabei nicht um pädagogisch angelegte Räume, sondern um Räume, die unter dem Primat betrieblich gesteuerter Arbeits- und Handlungserfordernisse Arbeit und Lernen zusammenführen und dabei in starkem Maße lern- und kompetenzbezogene Kriterien berücksichtigen. Das für die digitale Arbeit typische Augmented Learning trägt wesentlich zur Gestaltung solcher Lernräume über die Anreicherung von physischen mit virtuellen Lernanteilen bei und führt zu „digitalen Arbeits- und Organisationsräumen", für die Crowdworking ein prominentes aktuelles Beispiel ist (*Sauerborn* 2019, S. 252 ff.).

Lern- und Selbstlernarchitekturen sind als eine besondere Form der Lernräume anzusehen, in der über selbstgesteuertes individuelles und gruppenbezogenes Lernen in Kombination mit anderen Lernkonzepten eigene Lernumgebungen generiert werden. Dieses Modell ist vorrangig in der Erwachsenenbildung für eher in formalen Lernkontexten stattfindende Lernsituationen entwickelt worden (*Forneck* 2006; *Maier/Wrana* 2008; *Arnold/Lermen/Günther* 2016), trifft aber ebenso auf das selbstgesteuerte Lernen von Individuen und Gruppen in der Arbeit zu.

Forneck hat das Modell in kritischer Auseinandersetzung mit emphatischen und idealisierten Selbstorganisationskonzepten im Rahmen einer Theorie sozialer Praktiken begründet. Die Anbindung an Strukturen und Lernorte ist danach für selbstgesteuertes Lernen eine Voraussetzung: „Strukturierte und durch ihre Struktur das Lernen steuernde Lernumgebungen nehmen in 'selbstgesteuerten' Lernprozessen … eine strategische Stellung ein". Grundsätzlich und anthropologisch ist eine Struktur „den Lernenden vorausgesetzt, ja konstituiert erst die Möglichkeit und Notwendigkeit des Lernens. Ohne Struktur ist keine Wahrnehmung und damit kein Lernen möglich" (*Forneck* 2006, S. 15). Örtliche und räumliche Strukturen wirken auf das selbstgesteuerte Lernen ein, das über die Nutzung von Ressourcen und Potenzialen rekursiv strukturierend wirkt und Lernarchitekturen erzeugt.

Das selbstgesteuerte Lernen von Einzelnen und Gruppen schafft im Rahmen vorgegebener Arbeitsstrukturen und Arbeitsformen zusehends neue Lernarchitekturen. Sie konstituieren sich im Kontext von Lernorten und Lernräumen in besonderen Lernformen und Lernumgebungen. Lernarchitekturen entstehen in Unternehmen größtenteils im Prozess der Arbeit und zumeist jenseits pädagogischer Überlegungen. Allerdings zeigen arbeitsintegrierte Lernorganisationsformen wie Lerninseln,

Coaching und Lernmanagementsysteme, dass es auch organisierte Lernräume und Lernarchitekturen gibt, die im Rahmen der betrieblichen Bildungsarbeit entstehen und das Lernen strukturell und intentional einbeziehen.

Mit Blick auf die eingangs dieses Unterkapitels zitierte Begriffsbestimmung des Deutschen Bildungsrats für Lernorte führen die seitdem erfolgte intensive Lernortdiskussion und die praktisch-konzeptionelle Öffnung des Lernortkonzepts unter Einbeziehung von Lernorten außerhalb des öffentlichen Bildungswesens zu einer veränderten Definition:

Lernorte

Lernorte sind örtlich und räumlich zusammenhängende Einheiten, in denen in formalen, nichtformalen und informellen Lernkontexten in physisch und virtuell vergegenständlichter Form gelernt wird. Zu unterscheiden sind Lernorte nach ihren örtlichen, räumlichen und strukturellen Gegebenheiten sowie nach ihren qualifizierenden und auf das Lernen und die Kompetenzentwicklung bezogenen Funktionen. Die in der Arbeit und in arbeitsbezogenen Lernorten generierten Lernräume und Lernarchitekturen stellen eine wesentliche Vertiefung und Öffnung des Lernortkonzepts aus betrieblicher Sicht dar.

Aufgaben

1. Beschreiben und definieren Sie den Arbeitsplatz als Lernort und begründen Sie, warum der Arbeitsplatz für den Betrieb der zentrale Lernort ist. Worin bestehen die Vor- und Nachteile des Lernens am Lernort Arbeitsplatz?

2. Zeichnen Sie die Lernortentwicklungen unter besonderer Berücksichtigung des Lernorts Arbeitsplatz seit den Vorschlägen des Deutschen Bildungsrats zum Konzept „Pluralität der Lernorte" nach. Wie zeigt sich insbesondere die Pluralisierung, Erweiterung und Entgrenzung von Lernorten?

3. Was leisten Lernräume und Lernarchitekturen, wie konstituieren sie sich? Wie sind sie in den Kontext von Lernorten einzuordnen und wie ist der Begriff Lernort aktuell zu definieren?

5.2 Lernortkooperation, Verbünde, Netzwerke

Zusammen mit dem Begriff „Lernorte" ist für deren Kooperation der Fachbegriff „Lernortkooperation" eingeführt worden. Die Begriffe sind als Einheit zu sehen und ihre grundlegende Bedeutung zeigt sich in ihrer gesetzlichen Verankerung in der Novellierung des Berufsbildungsgesetzes von 2005 (§ 2 BBiG). Danach bezieht

sich die Lernortkooperation auf die „Lernorte der Berufsbildung", worunter nach
§ 2 Abs.1 „Betriebe der Wirtschaft, vergleichbare Einrichtungen außerhalb der Wirtschaft, berufsbildende Schulen und sonstige Berufsbildungsreinrichtungen außerhalb der schulischen und betrieblichen Berufsbildung" zu verstehen sind. Die Lernortkooperation bezieht sich auf das Zusammenwirken dieser Lernorte, die – wie
beschrieben – in einem stetigen Prozess der Pluralisierung, Erweiterung und Entgrenzung stehen und für die Aus- und Weiterbildungsverbünde sowie Qualifizierungsnetzwerke weiterentwickelte Kooperationsformen darstellen.

5.2.1 Lernortkooperation

Die Lernorte Betrieb und Berufsschule im dualen System der Berufsausbildung
sind sozusagen der Prototyp der Lernortkooperation. Ein Großteil der einschlägigen
Fachliteratur behandelt die Lernortkooperation in der Berufsausbildung, was vor
allem durch die Förderung von Modellversuchen unter Einbeziehung von über- und
außerbetrieblichen Bildungseinrichtungen in den 1990er-Jahren fundiert und weiterentwickelt wurde (*Pätzold* 1991; *Pätzold / Walden* 1995; *Dehnbostel / Holz /
Novak* 1996; *Bund-Länder-Kommission* 1999; *Pätzold / Walden* 1999; *Euler* 2004;
Schanz 2010, S. 55 ff.). Mit der „Empfehlung des Hauptausschusses des Bundesinstituts für Berufsbildung zur Kooperation der Lernorte" von 1997 (*BIBB* 1997) wird
die Bedeutung der Lernortkooperation für das duale System der Berufsausbildung
unterstrichen. Heute besteht die Kooperation von Lernorten ebenso in der Weiterbildung, wobei zunehmend auch virtuelle Lernorte wie Online-Communities und
Webinare einbezogen werden.

Die Kooperation zwischen Lernorten findet prinzipiell auf verschiedenen Ebenen
statt: gesellschaftlich, institutionell, organisatorisch, pädagogisch und personell.
Sie dient dem Zusammenwirken verschiedener eigenständiger Lernorte mit dem
Ziel der Abstimmung und Optimierung von Lern- und Kompetenzentwicklungsprozessen. Die Ganzheitlichkeit des Lernens und der Kompetenzentwicklungsprozesse
ist eine zentrale Zielsetzung in der geregelten Kooperation von Lernorten. Da einzelne Betriebe die für eine umfassende Qualifikation oder einen Beruf notwendige
Qualifizierung aufgrund mangelnder Breite der betrieblichen Qualifikationsanforderungen oder aufgrund mangelnder eigener Qualifizierungsmöglichkeiten nicht
bereitstellen können, verbreitern sie die Qualifizierung durch die Kooperation mit
anderen Betrieben und außerbetrieblichen Einrichtungen. Hinzukommen doppelt-
qualifizierende, duale und berufsbegleitende Bildungsgänge, die eine Lernortkooperation mit schulischen und hochschulischen Institutionen erfordern.

In der Praxis der Lernortkooperation erstreckt sich das Spektrum der möglichen
Kooperationsaktivitäten vom gegenseitigen Informieren über organisatorische

Abstimmungen bis hin zum gemeinsamen Erarbeiten von Konzepten und Materialien. Die Zusammenarbeit erfolgt dabei im Wesentlichen über das Bildungspersonal, d. h. über Ausbilder, aus- und weiterbildende Fachkräfte, Weiterbildner, Lehrer, Lernbegleiter, Dozenten, geprüfte Berufs- und Weiterbildungspädagogen und geprüfte Berufspädagogen.

Zusammengefasst ist die Lernortkooperation begrifflich folgendermaßen zu bestimmen:

Lernortkooperation
Unter Lernortkooperation ist die institutionelle, organisatorische und pädagogische Zusammenarbeit des Bildungspersonals an verschiedenen Lernorten mit dem Ziel zu verstehen, Lern- und Kompetenzentwicklungsprozesse für gemeinsame Qualifizierungsmaßnahmen durchzuführen und zu optimieren. Das Spektrum der möglichen Kooperationsaktivitäten erstreckt sich vom gegenseitigen Informieren über organisatorische und pädagogische Abstimmungen bis hin zum gemeinsamen Erarbeiten von Konzepten und Materialien.

Die reale Kooperationspraxis wird in empirischen Befunden häufig als unzureichend bezeichnet, was wesentlich auf gesellschaftlich-institutionelle Faktoren zurückzuführen ist. So handelt es sich bei der Kooperation zwischen den Lernorten Betrieb und Schule im dualen System um unterschiedliche Systeme in privatwirtschaftlicher und öffentlich-rechtlicher Verantwortung. Die Lernorte sind zum einen auf die ökonomischen und qualifikatorischen Ansprüche der Arbeitswelt gerichtet, zum anderen auf öffentlich verantwortete Bildungsstandards und bildungstheoretische Orientierungen, womit per se ein Spannungsverhältnis zwischen den beiden Lernorten besteht. Dieses wird durch unterschiedliche Lernkulturen und unterschiedliche soziale Stellungen des betrieblichen und schulischen Bildungspersonals verstärkt. Im Einklang mit der übergeordneten betrieblichen Bildungsarbeit und dem betrieblichen Bildungsmanagement ist dieses Spanungsverhältnis aber insgesamt verträglich und als solches produktiv zu gestalten.

5.2.2 Lernortkooperation als Verbund

Verbünde sind dann als Lernortkooperation anzusehen, wenn die beteiligten Lernorte mit den genannten Grundelementen des institutionellen, organisatorischen und qualifizierungsbezogenen Zusammenwirkens in der Kooperation übereinstimmen. Erste Ausbildungsverbünde entstanden in den 1960er-Jahren als eigenständige Ausbildungsform, die dann im Berufsbildungsgesetz über eine weite Fassung der „Ausbildungsstätte" (§ 27 Abs.2 BBiG) und die Festlegung der vertraglichen Pflichten (§ 10 Abs.5 BBiG) abgesichert wurden. Für diese Verbünde hatte das duale System eine Art Vorläuferfunktion, denn die beiden klassischen Lernorte Betrieb und Fort- bildungs- bzw. Berufsschule wurden bereits in den Anfängen des dualen Systems in einem verbundmäßigen Sinne durch einen dritten Lernort ergänzt: die inner- oder überbetriebliche Ausbildungsstätte. *K. Stratmann* stellt für das letzte Drittel des 19. Jahrhunderts fest, dass „der umfassender gewordene Qualifizierungsbedarf... nach besonderen Organisationen des Lehr-/Lernprozesses" verlangt und eine „Trennung der Unterweisung vom Produktionsbereich und Produktionsdruck" erfordert, womit „neben den bisherigen Lernorten Betrieb und berufliche Schule ... also ein dritter Lernort (entsteht): die Lehrwerkstatt" (*Stratmann* 1995, S. 36).

Der Lernort Lehrwerkstatt wurde im Industriezeitalter eingerichtet, weil der Lernort Arbeitsplatz den wachsenden Qualifizierungsansprüchen nicht mehr genügte. Aus berufspädagogischen Gründen wurden Lehr- und Lernprozesse jenseits der Arbeit in einem eigens dafür geschaffenen Ort durchgeführt und mit den Lernorten Betrieb und Schule in einen Verbund gestellt. Mit dem Ende des herkömmlichen Industrie- zeitalters, der Reduzierung der Anzahl von Ausbildungsberufen und der die Beruf- lichkeit weiterentwickelnden Verbreiterung von Berufsbildern bekamen insbeson- dere Kleinbetriebe zunehmend Probleme, die geforderten Qualifikationen in ihrer betrieblichen Breite abzudecken. Verbünde mit anderen Betrieben und Berufs- bildungseinrichtungen erschienen von daher als geeignete Möglichkeit, die Aus- bildung aufrechtzuerhalten und zu stärken.

Eine starke Verbreitung von Ausbildungsverbünden erfolgte in den 1980er- und 1990er-Jahren in der bildungspolitisch begründeten Bekämpfung der Ausbildungs- not. Die Ausbildungsverbünde wurden durch die äußerst unbefriedigende Versor- gung von Schulabgängern mit Ausbildungsplätzen zunächst in der alten Bundes- republik Deutschland und nach der Wiedervereinigung schwerpunktmäßig in den ostdeutschen Bundesländern über eine Reihe von öffentlich finanzierten Program- men gefördert. Die ausgebaute Verbundausbildung trug wesentlich dazu bei, dass angesichts geburtenstarker Jahrgänge das Ausbildungsangebot erheblich ausgewei- tet werden konnte. Zusammen mit der Einzelförderung von – zumeist betrieblichen – Ausbildungsplätzen hatte dies zur damaligen Zeit dazu geführt, dass nahezu jeder zweite Ausbildungsplatz staatlich mitfinanziert wurde. Auch wenn die Betriebe im Mittelpunkt des Ausbildungsgeschehens und der Lernortkooperation verankert waren, warf dies natürlich grundsätzliche Fragen an das duale System und seine Allokationsfunktion auf.

Neben der Schaffung zusätzlicher Ausbildungsplätze hatten die Ausbildungsver- bünde auch die qualitative Verbesserung von Ausbildungsbedingungen zum Ziel. Es hatte sich gezeigt, dass der zunehmenden Verbreiterung der Berufsbilder eine wachsende Spezialisierung der Betriebe mit verschlechterten Ausbildungsmöglichkeiten gegenüberstand. Verbundmodelle zwischen verschiedenen Betrieben und außer- bzw. überbetrieblichen Bildungseinrichtungen konnten die in den Berufsbildern geforderten Qualifikationen abdecken und so die Ausbildung qualitativ verbessern. Auch der Erwerb von Schlüsselqualifikationen (*Nickolaus* 2008, S. 72 ff.; *Dietzen* 2021) durch den Verbund wurde wesentlich erleichtert. Eine empirische Untersuchung des Bundesinstituts für Berufsbildung wies schon früh nach, dass die Verbundausbildung

- die Bereitschaft der Betriebe zur systematischen Planung und Durchführung der Ausbildung fördert,

- den Betrieben hilft, Modernitätsrückstände durch ein betriebsübergreifendes Ausbildungsangebot zu überwinden,

- die unternehmensübergreifende Nutzung neuer Technologien für Ausbildungszwecke ermöglicht,

- zum Erhalt der Ausbildungseignung bzw. Sicherung moderner Qualitätsstandards in der Ausbildung beiträgt (*Hensge/Meyer* 1989).

Die Organisation von Ausbildungsverbünden wurde unter unterschiedlichen Gesichtspunkten strukturiert und reguliert (*Hensge/Meyer* 1989; *Schlottau/ Schmidtmann-Ehnert/Selka* 1995). In der Praxis bestanden bereits Ende der 1980er-Jahre mehr als tausend Ausbildungsverbünde, die nach verschiedenen Grundformen organisiert waren, um den unterschiedlichen Situationen und Bedarfslagen der Verbundpartner gerecht zu werden. Es handelt sich um die folgenden vier Grundformen, die auch gegenwärtig ungebrochen aktuell sind (*BMBF* 2011; *BMBF* 2021), allerdings in ihrer Verbreitung und in ihren Weiterentwicklungen längst einer empirischen und theoretischen Aktualisierung bedürfen:

- **Ausbildungsverbund mit Leitbetrieb**
  Der Leitbetrieb ist für die Ausbildung insgesamt verantwortlich. Er schließt die Ausbildungsverträge ab, zahlt die Ausbildungsvergütung und organisiert die phasenweise Ausbildung bei den Partnerbetrieben. Die Partnerbetriebe übernehmen Teile der Ausbildung und sind im Ausbildungsvertrag als ergänzende Ausbildungseinrichtungen aufgeführt.

- **Ausbildungsverbund als Konsortium**
  Mehrere Betriebe, zumeist Klein- und Mittelbetriebe, stellen jeweils Auszubildende ein und tauschen diese zu vereinbarten Zeiten aus. In Bezug auf die nicht von ihnen selbst erbrachten Ausbildungsleistungen wirken die Betriebe wechselseitig als ergänzende Ausbildungseinrichtungen. Die Kosten für die Ausbil-

dungsvergütungen werden jeweils von den Betrieben getragen, die die Auszubildenden einstellen.

- **Ausbildungsverbund als Verein**
  Mehrere Betriebe schließen sich auf vereinsrechtlicher Grundlage zusammen. Die einzelnen Betriebe sind zumeist nicht allein ausbildungsfähig. Der Verein tritt als Ausbildungsträger auf. Er übernimmt die Steuerung der Ausbildung in den Mitgliedsunternehmen und wird von den Mitgliedern finanziell getragen. Zumeist sorgt ein Koordinator für die Planung der Ausbildung und steuert die Durchführung.

- **Ausbildungsverbund als Auftragsvergabe**
  Einzelne Ausbildungsabschnitte werden aus Gründen fehlender Ausbildungsmöglichkeiten oder ungenügender Kapazitäten an andere Betriebe oder Bildungsträger vergeben. Dies geschieht insbesondere im ersten Ausbildungsjahr, d. h. in der gemeinsamen Grundbildung. Die Auftragsausbildung wird durch Kostenerstattung seitens der Partnerbetriebe abgegolten.

Die folgende Abbildung illustriert die Grundformen des Ausbildungsverbundes:

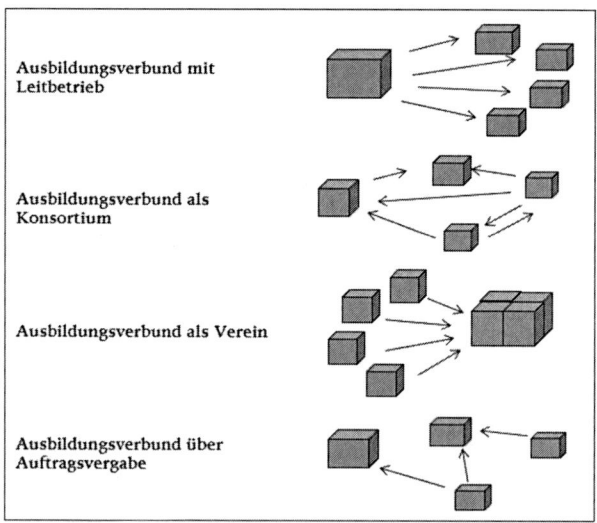

Abb. 11: Grundformen des Ausbildungsverbundes

In der Weiterbildung sind Lernortverbünde verstärkt mit der Einführung und Verbreitung neuer Technologien in den 1980er-Jahren eingeführt worden (*Dehnbostel* 2002, S. 363 f.). Die Qualifizierung erfolgte zunächst vorrangig in zwischenbetrieblichen Lernortverbünden und wurde z. T. unter der Regie von größeren Betrieben, sogenannten Ankerbetrieben, durchgeführt. Dieses Konzept der Lernortkooperation sollte dabei als „gemeinsame Organisation, Durchführung und Nachbereitung (Lerntransfer) von Qualifizierungsmaßnahmen unter vorrangiger Ausschöpfung der in den Unternehmen, Berufsschulen und regionalen Institutionen vorhandenen personellen und technischen Kapazitäten" erfolgen (*BMBW* 1985, S. 24).

Seitdem werden Lernortverbünde in der Weiterbildung zunehmend mit außerbetrieblichen Einrichtungen verknüpft. Adressaten sind vor allem Weiterzubildende in Klein- und Mittelbetrieben. In der quantitativen Entwicklung liegen Weiterbildungsverbünde hinter Ausbildungsverbünden zurück. Ihre wachsende Relevanz und Aktualität zeigt sich allerdings u. a. in einer Förderrichtlinie des *BMAS* vom Juni 2020 zum „Aufbau von Weiterbildungsverbünden", die im Zusammenhang mit der Nationalen Weiterbildungsstrategie ausgeschrieben worden ist. Als Anspruch wird formuliert, dass „das Förderprogramm dazu beitragen (soll), Weiterbildungsverbünde als gängiges Konzept der Weiterbildungsorganisation in Deutschland zu etablieren" (*BMAS* 2020, S. 2).

Zusammenfassend betrachtet sind Aus- und Weiterbildungsverbünde folgendermaßen zu definieren:

Aus- und Weiterbildungsverbünde

Aus- und Weiterbildungsverbünde sind eine besondere Form der Lernortkooperation, die das institutionelle, organisatorische und pädagogische Zusammenwirken betrieblicher und außerbetrieblicher Lernorte im Rahmen von Qualifizierungsmaßnahmen oder eines Bildungsgangs regeln. Eine zentrale Rolle spielt das Bildungspersonal, das verbindliche gemeinsame Ziele und Inhalte der Qualifizierung zwischen verschiedenen Lernorten abstimmt und verfolgt. Aus- und Weiterbildungsverbünde basieren auf festen, zumeist vertraglich fixierten Abmachungen und stellen die Qualifizierungsmaßnahmen in größtenteils traditioneller Angebotsorientierung bereit.

In den meisten Verbundmodellen bestehen klare Hierarchien und hohe Verbindlichkeiten in Organisations-, Rechts- und Finanzierungsfragen. Auch die didaktisch-curricularen Grundlagen sind größtenteils festgelegt und geben den Lernenden und beteiligten Organisationen meist nur auf methodischer Ebene Möglichkeiten der Selbststeuerung und Mitgestaltung. Demgegenüber sind Qualifizierungsnetzwerke offener angelegt.

5.2.3 Lernortkooperation als Netzwerk

Es hat sich gezeigt, dass Aus- und vor allem Weiterbildungsverbünde zum Teil in Netzwerke übergehen, die – anders als Verbünde – durch eine hohe Selbststeuerung und Flexibilität charakterisiert sind. In diesen Netzwerken finden Kooperationen zwischen verschiedenen Lernorten und unterschiedlichen Beteiligten mit dem Ziel der Abstimmung und Optimierung der Qualifizierung von Individuen und Gruppen statt. Es geht um die Förderung von zusammenhängenden Kompetenzentwicklungsprozessen, um die Planung, Gestaltung, Durchführung, Bewertung und Evaluation von Qualifizierungs- und Berufsbildungsmaßnahmen.

Diese Netzwerke entsprechen netzwerktypischen Merkmalen und sind von anderen Netzwerktypen abzugrenzen (*Sydow* u. a. 2003; *Dehnbostel* 2009 b, S. 799 ff.; *Elsholz* 2015). Es handelt sich um Qualifizierungsnetzwerke, die auch als Berufsbildungs- oder Weiterbildungsnetzwerke bezeichnet werden. In ihrer netzwerktypischen Offenheit sind sie für die Kooperation von Lernorten in flexibel angelegten Qualifizierungsmaßnahmen gut geeignet, kaum hingegen für eine stark regulierte Berufsausbildung.

Generell setzen sich Qualifizierungsnetzwerke aus verschiedenen Lernorten bzw. Einrichtungen zusammen, so z. B. regionale Qualifizierungsnetzwerke aus Betrieben, außerbetriebliche Bildungseinrichtungen, Kammern, Arbeitsagentur, allgemeinbildende und berufsbildende Schulen sowie Hochschulen. Qualifizierungsnetzwerke umfassen prinzipiell privatwirtschaftlich, öffentlich-rechtlich und gemeinnützig verantwortete Lernorte, in denen in formalen, nichtformalen und informellen sowie physischen und virtuellen Lernkontexten gelernt wird. Zwischen den Lernorten wird über die Kooperation ein zusammenhängendes und abgestimmtes Lernkonzept hergestellt.

Qualifizierungsnetzwerke stehen erst am Anfang ihrer Entwicklung. Die Gleichsetzung jedweder Kooperationen in der Aus- und Weiterbildung mit Netzwerken zeigt zwar die positive Besetzung des Begriffs, ist aber letztlich der Konzeptualisierung und Verbreitung von Qualifizierungsnetzwerken abträglich. Insbesondere im Vergleich zu ökonomisch und technisch bestimmten Netzwerktypen sind die Ansätze zu Netzwerkentwicklungen in der Berufs- und Weiterbildung bisher nur wenig fundiert. Bei Qualifizierungsnetzwerken sind zwei Varianten zu unterscheiden: erstens Netzwerke zum alleinigen oder vorrangigen Zweck der Qualifizierung und Kompetenzentwicklung und zweitens Netzwerke, in denen Lern- und Qualifizierungsprozesse den sozialen, ökonomischen oder technischen Zielsetzungen deutlich nachgeordnet sind. Nur im ersten Fall ist im eigentlichen Sinne von Qualifizierungsnetzwerken zu sprechen.

Qualifizierungsnetzwerke sind durch die einschlägigen Netzwerkmerkmale charakterisiert. So können sie sowohl bei Hinzutreten oder Wegfall von Netzwerkmitgliedern bzw. Lernorten („Knoten") als auch bei Veränderungen der Kooperationen bzw. Lernortkooperationen („Verbindungen") ihre Strukturen modifizieren und sich neuen Konstellationen anpassen. In weitgehender Übereinstimmung mit der Definition sozialer Netzwerke sind Qualifizierungsnetzwerke vor allem durch folgende Merkmale charakterisiert (vgl. *Hanft* 1997, S. 283 f.; *Elsholz / Dehnbostel* 2004, S. 10):

- Verfolgung gemeinsamer Interessen und Bearbeitung gemeinsamer Aufgaben der Beteiligten zu gegenseitigem Vorteil;

- prinzipielle Gleichberechtigung aller Netzwerkteilnehmer, dabei aber auch gegenseitige Abhängigkeit; keine Kontrollbefugnisse eines Netzwerkteilnehmers über alle anderen;

- gemeinsame Aufgabenwahrnehmung bei Orientierung am Prinzip der Dezentralisierung, d. h. die einzelnen Beteiligten führen die jeweiligen Aufgaben verantwortlich durch und werden nur durch gemeinsam getroffene Vereinbarungen eingeschränkt;

- weitgehender Verzicht auf formale und vertragliche Regeln zugunsten von direkten Interaktionen und Interventionen; dynamische und agile Strukturen, die in Wechselbeziehung zur Aufgabenbearbeitung bzw. zum Handeln der Netzwerkteilnehmer stehen;

- Organisation über ein Netzwerkmanagement, das Kooperationsbeziehungen und Aufgabenentwicklung optimiert, qualitätssichernde und evaluative Maßnahmen durchführt.

Zusammengefasst sind Qualifizierungsnetzwerke folgendermaßen zu definieren:

Qualifizierungsnetzwerke

Qualifizierungsnetzwerke sind besondere Formen der Lernortkombination. In Qualifizierungsnetzwerken kooperieren nach netzwerktypischen Merkmalen organisierte, zumeist institutionell abgegrenzte, gleichwohl im Sinne der Lernortkooperation aufeinander bezogene Lernorte und deren Bildungspersonal miteinander. Ziel der Kooperation ist die abgestimmte Förderung und Durchführung von Kompetenzentwicklungsprozessen, Qualifizierungs- und Berufsbildungsmaßnahmen von Individuen und Gruppen. Netzwerktypische Merkmale sind u. a. die Gleichberechtigung aller Netzwerkteilnehmer, die gemeinsame und gleichwohl dezentrale eigenverantwortliche Aufgabenwahrnehmung sowie ein Netzwerkmanagement.

Generell zeichnen sich Qualifizierungsnetzwerke im Vergleich zu den oben darge-stellten Aus- und Weiterbildungsverbünden durch hohe Flexibilität und Offenheit aus (*Castells* 2000). Sie sind zudem eher nachfrage- als angebotsorientiert. Tabella-risch lassen sich die jeweils wichtigsten Eigenschaften beider Lernortkooperations-formen folgendermaßen gegenüberstellen:

Tab. 7: Merkmale von Verbünden und Qualifizierungsnetzwerken im Vergleich

Aus- und Weiterbildungsverbünde	Qualifizierungsnetzwerke
Hohe, regulierte Verbindlichkeit	Flexible, prozessbezogene Strukturen
Bildungsgangbezogene, lehrplan-bezogene Lehr-/Lernmaterialien	Offene Lehr-/Lernmaterialien
Hierarchie	Heterarchie
Traditionelle Angebotsstruktur	Vorrangige Nachfragestruktur

Qualifizierungsnetzwerke zeichnen sich zusätzlich durch nur schwer operationali-sierbare Zuschreibungen wie Vertrauen bzw. Vertrauenskultur, Transparenz und ein demokratisch-konsensuelles Selbstverständnis aus. Im Mittelpunkt steht aber ihre Lern-, Kompetenz- und Bildungsausrichtung, die vorrangig durch Lernarrange-ments, Lernkulturen und ein in der Zusammenarbeit unterschiedlicher Betriebe, Bildungsträger und Personengruppen entwickeltes Lernkonzept bestimmt wird. Dem selbstgesteuerten und informellen Lernen am Lernort Arbeitsplatz kommt dabei ein wichtiger Stellenwert zu, auch wenn es sich um Qualifizierungsnetzwerke handelt, in deren Mittelpunkt das Lernen in anerkannten Bildungsgängen steht. Die vorrangige Ausrichtung auf Qualifizierung und Kompetenzentwicklung erfordert in jedem Fall Methoden und Formen der Verbindung von formalem Lernen mit informellem Lernen in der Arbeit.

Qualifizierungsnetzwerke erfahren einen stetigen Ausbau. Im Vergleich dazu sind Verbünde durch ihre relativ hohe Verbindlichkeit, ihren hohen administrativen Aufwand und die Bindung an ordnungsbezogene Vorgaben zumindest in der beruf-lichen Weiterbildung nachgeordnet. Auch entsprechen Verbünde in ihrem Grundan-liegen einem typisch angebotsorientierten Organisationstyp. In Qualifizierungs-netzwerken wird hingegen die Nachfrageseite betont, womit dem Lernort Arbeits-platz, zumal in seiner digitalen Transformation, von vornherein eine maßgebliche Bedeutung zukommt.

Betriebliche Lernorte und der Lernort Arbeitsplatz werden zukünftig kaum mehr singulär als Orte der Berufs- und Weiterbildung wirken, sondern sie sind dies in der

Kooperation von Lernorten, sei es nun ein Lernortsystem im Unternehmen selbst, ein Aus- oder Weiterbildungsverbund oder ein Qualifizierungsnetzwerk. Sie werden wesentlich durch die Verbindung von formalem und informellem Lernen und durch die Zielorientierungen der beruflichen Qualifizierung und Kompetenzentwicklung geprägt, die in Wechselbeziehung zu den Strukturen der einzelnen und der kombinierten Lernorte stehen.

Was früher die Wanderjahre in der Handwerksausbildung bewirkten, könnte im übertragenen Sinne die Lernortkooperation in ihren unterschiedlichen Formen herstellen: einen einzelbetrieblich nicht möglichen Erwerb von fachlichen, sozialen und personalen Kompetenzen durch unterschiedliche, physisch und virtuell vergegenständlichte Lernsituationen und Lernkulturen in der Arbeit, durch wechselnde personelle, lernorganisatorische, lokale und regionale Gegebenheiten.

Aufgaben

1. Was ist unter Lernortkooperation zu verstehen und wie findet sie statt?
2. Charakterisieren Sie Aus- und Weiterbildungsverbünde als besondere Form der Lernortkooperation.
3. Nennen Sie die vier Grundformen des Ausbildungsverbundes und überlegen Sie reale, auch auf die Weiterbildung bezogene Anwendungsmöglichkeiten.
4. Charakterisieren Sie Qualifizierungsnetzwerke und skizzieren Sie den Stand ihrer Entwicklung.
5. Was unterscheidet Aus- und Weiterbildungsverbünde und Qualifizierungsnetzwerke in vergleichender Betrachtung und wie schätzen Sie die weitere Entwicklung der Kooperation von Lernorten in der digitalen Transformation der beruflichen Bildung ein?

6 Betriebliche Lernformen

Unter dem Begriff „betriebliche Lernformen" sind in diesem Kapitel betriebliche Lernorganisationsformen und betriebliche Lernbegleitungsformen zusammengefasst, wobei für den Begriff „Lernbegleitungsform" zumeist verallgemeinernd der Begriff „Begleitungsform" gewählt wird. Die ohnehin vielfältigen Bestimmungen des Begriffs „Lernform" werden im ersten Unterkapitel 6.1.1 genauer betrachtet wird.

Arbeiten und Lernen verbindende betriebliche Lernorganisationsformen wie Lerninseln und Online-Communities werden seit den 1980er/1990er-Jahren in die Betriebe eingeführt. Es sind Lern- und Qualifizierungsformen inmitten der Arbeit, die die jeweilige Arbeitsinfrastruktur mit einer gezielt angelegten Lerninfrastruktur verschränken. Sie binden das Lernen lernorganisatorisch ein, verbinden das informelle Lernen mit dem organisierten Lernen und greifen dabei zumeist auf betriebliche Lernkonzepte zurück. Die im vorherigen Kapitel dargestellten Lernorte unterscheiden sich von diesen Lernorganisationsformen, da es bei ihnen vorrangig um eine örtliche und räumliche Ausweisung des Lernens geht. Möglich ist aber auch, dass die Merkmale beider vereint werden, so sind Lerninseln und Online-Communities zugleich Lernorte und Lernorganisationsformen.

Die Einführung von Lernorganisationsformen zeigt die zunehmende Diversität arbeitsgebundenen Lernens und die gewachsenen Möglichkeiten einer Verbindung von Arbeiten und Lernen inmitten der Arbeit. Beispiele sind u. a. Online-Communities, Lerninseln, Lernstätten, Arbeits- und Lernaufgaben, Coaching-Formen, digitale Assistenzsysteme, Lernfabriken, Lernlabore und Lernmanagementsysteme. Im unmittelbaren Arbeitsprozess sind sie eine zusätzliche Organisationsform neben den Arbeitsorganisationsformen, wobei in Letzteren das arbeitsintegrierte Lernen im Zuge der in Kapitel 2 aufgezeigten Entwicklung seit Jahren zunimmt. Dies trifft u. a. auf die Arbeitsorganisationsformen Teamarbeit, Projektarbeit und Crowdworking zu. Beide Organisationsformen zeigen den festgestellten grundlegenden Bedeutungszuwachs des Lernens im Prozess der Arbeit.

Betriebliche Begleitungsformen wie Lernprozessbegleitung und Coaching werden ebenso wie Lernorganisationsformen seit den 1980er-Jahren gezielt in die Arbeit eingesetzt. Auch für sie ist die Verbindung von Arbeiten und Lernen kennzeichnend, allerdings geht es dabei zusätzlich zum arbeitsgebundenen auch um arbeitsverbundenes Lernen. Die Begleitung wird von Aus- und Weiterbildnern und professionellen Fachkräften durchgeführt. Sie ist häufig mit einer Beratung verbunden und zielt auf die Entwicklung von Lern- und Kompetenzentwicklungsprozessen von Einzelnen und von Gruppen. In einer immer pluraler und digitaler werdenden Arbeitswelt, die immer höhere Qualifikations- und Lernanforderungen stellt, werden Begleitungsformen mit ihren Orientierungs-, Steuerungs- und Qualifizierungsfunktionen in der Arbeit immer wichtiger.

Im Folgenden wird im ersten Zwischenkapitel (6.1) das Konzept der Lernorganisationsformen in seiner Grundstruktur und seinen Zielsetzungen dargestellt; daraufhin werden drei Lernorganisationsformen beispielhaft beschrieben. Im zweiten Zwischenkapitel (6.2) werden betriebliche Begleitungsformen gleichfalls zunächst als Konzept erläutert, um dann vier verbreitete Beispiele zu beschreiben.

6.1 Betriebliche Lernorganisationsformen

Betriebliche Lernorganisationsformen nehmen das Lernen am Arbeitsplatz auf und verbinden inmitten der Arbeit die Arbeitsinfrastruktur mit einer Lerninfrastruktur und damit zugleich das informelle mit dem nichtformalen oder formalen Lernen. Für die betriebliche Bildungsarbeit werden damit Arbeiten und Lernen optimal verbunden, da dieses unmittelbar im Arbeitsprozess situativ und authentisch geschieht. Im Folgenden wird das Konzept der Lernorganisationsformen zunächst übergreifend erörtert, um dann mit Online-Communities, Lerninseln und Arbeits- und Lernaufgaben drei Beispiele exemplarisch aufzuzeigen. Dabei sind Lerninseln in unterschiedlichen Varianten in Groß- und Mittelbetrieben eingeführt worden, während Arbeits- und Lernaufgaben vorrangig in Klein- und Mittelbetrieben Anwendung finden, wohingegen Online-Communities mir ihrer Internetbasierung keiner bestimmten betrieblichen Organisationsgröße zuzuordnen sind.

6.1.1 Konzept der Lernorganisationsformen

Betriebliche Lernorganisationsformen sind in nennenswertem Maße erst mit neuen Arbeits- und Organisationskonzepten aufgekommen (*Markert* 1985; *Dehnbostel/Holz/Novak* 1992; *Pätzold/Lang* 1999, S. 230 ff.; *Kohl/Molzberger* 2005; *Dehnbostel* 2007, S. 53 ff.). Ihnen ist gemeinsam, dass Arbeitsplätze und Arbeitsprozesse unter lernförderlichen und arbeitspädagogischen Gesichtspunkten erweitert und angereichert werden und eine die Dimensionen der fachlichen, sozialen und personalen Kompetenzen umfassende Kompetenzentwicklung ermöglicht wird.

Es wird ein organisatorischer Rahmen geschaffen, der das Lernen in und bei der Arbeit mit nichtformalem oder formalem Lernen verbindet, um Kompetenzentwicklung und reflexive Handlungsfähigkeit gezielt – ggf. auch im Rahmen von Bildungsgängen – zu fördern. Lernorganisationsformen zielen gleichermaßen auf qualifikatorische Erfordernisse der Arbeit wie auf die individuelle und gruppenbezogene Kompetenzentwicklung von Beschäftigten. So werden Prozesse und Entwicklungen möglich, die reale Erfahrungen und subjektive Interessen verstärkt aufnehmen und zugleich den Lern- und Innovationsanforderungen von Unternehmen entsprechen.

Begrifflich sind Lernorganisationsformen in der Arbeit folgendermaßen zu fassen:

Betriebliche Lernorganisationsformen

Betriebliche Lernorganisationsformen beziehen sich vorrangig auf die organisatorisch-strukturelle Seite des Lernens. Es wird ein organisatorischer Rahmen inmitten der Arbeit geschaffen, der das Lernen – zumeist unter didaktisch-methodischen Gesichtspunkten – unterstützt, fordert und fördert. Betriebliche Lernorganisationsformen wie Online-Communities, Lerninseln sowie Arbeits- und Lernaufgaben sind erst mit restrukturierten Organisationen und gestiegenen Qualifikationsanforderungen in der Arbeit aufgekommen. Für sie ist charakteristisch, dass sie Arbeiten und Lernen, dass sie informelles und nicht-formales bzw. formales Lernen gezielt verbinden.

Auch wenn betriebliche Lernorganisationsformen spezifisch strukturiert sind, so werden in ihnen genau dieselben Produkte und Dienstleistungen bearbeitet wie in umgebenden Arbeitsplätzen. Für sie ist eine doppelte Infrastruktur kennzeichnend: Zum einen entspricht sie als Arbeitsinfrastruktur im Hinblick auf Arbeitsmittel, Arbeitsaufgaben, Ablauf- und Aufbauorganisation, Arbeitskultur sowie Qualifikationsanforderungen dem jeweiligen Arbeitsumfeld; zum anderen stellt sie mit der Lerninfrastruktur zusätzliche örtliche, lernförderliche und arbeitsgestaltende Maßnahmen und Ressourcen bereit. Auch Lernkonzepte und Lernbegleitungen gehören ebenso zur Lerninfrastruktur wie die Möglichkeit der Validierung und Anerkennung der erworbenen Kompetenzen. Das Lernen ist zwar arbeitsgebunden, beschränkt sich dabei aber nicht auf informelle Lernprozesse, sondern verbindet diese gezielt mit organisierten Lernprozessen.

Die folgende Abbildung zeigt, wie informelles Lernen und nichtformales bzw. formales Lernen auf der Basis der Verschränkung der Arbeitsinfrastruktur mit einer Lerninfrastruktur systematisch verbunden werden.

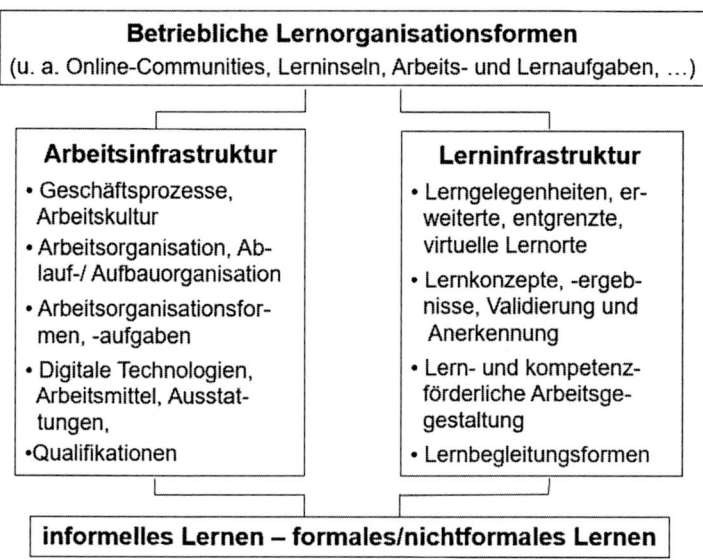

Abb. 12: Doppelte Infrastruktur betrieblicher Lernorganisationsformen

In der Berufs- und Weiterbildungsforschung wird der Begriff Lernorganisationsform durchaus unterschiedlich gefasst, wobei Lernorganisationsform und Lernform
häufig synonym gesetzt werden. *Chr. Schiersmann* und *H. Remmele* setzen den Ter-
minus „Lernarrangements" als Oberbegriff und unterscheiden darunter arbeitsnahe
Lernformen wie Lernstatt, Lerninseln und computergestützte Lernformen sowie
lernförderliche Arbeitsformen wie Gruppen- und Projektarbeit und Qualitätszirkel.
Sie befassen sich außerdem mit der Abgrenzung zwischen selbstgesteuertem und
informellem Lernen und richten den Blick auf die organisationsbezogenen Auswirkungen des Lernens in modernen Arbeits- und Lernformen (*Schiersmann / Remmele*
2002, S. 66).

Die an der europäischen Weiterbildungserhebung „Continuing Vocational Training
Survey (CVTS)" beteiligten Berufsbildungsforscher *D. Moraal, G. Schönfeld* und
U. Grünewald legen die Finanzierung als Kriterium für die Erfassung von Lernformen wie „Lern-/Qualitätszirkel" und „Job-Rotation" zugrunde. Danach gehören
zur betrieblichen Weiterbildung „alle Lernformen, die von den Unternehmen ganz
oder teilweise (auch durch Freistellung) für die eigenen Mitarbeiter finanziert werden" und die in drei Lernumgebungen mit zugeordneten Lernformen und einer
übergreifenden Definition erfasst werden (*Moraal / Schönfeld / Grünewald* 2004,
S. 40). Das Kriterium der Finanzierung für betriebliche Lernformen resultiert

offenbar aus der Notwendigkeit, im Rahmen einer quantitativen Erhebung der betrieblichen Weiterbildung möglichst eindeutige Antworten zu erhalten. Die von *M. Kohl* und *G. Molzberger* entwickelte kategoriale Erfassung von Lernformen nimmt dagegen vorrangig auf klassische Kriterien pädagogischen Handelns Bezug. Betriebliche Lernorganisationsformen sind demnach „organisatorisch eigenständige, zu Lernzwecken initiierte und mit einer ausgewiesenen pädagogischen Lehr-Lernintention geschaffene Lernkontexte, in denen anhand von möglichst realen Arbeitsaufgaben unter didaktisch-methodisch geplanten Strukturen" reflektiert gelernt werden kann (*Kohl / Molzberger* 2005, S. 359).

Eine organisationsbezogene Typologie, die auf empirische Untersuchungen in modernen Mittel- und Großbetrieben der 1990er-Jahre zurückgeht, unterscheidet „Arbeitsorganisationsformen" von in modernen Unternehmen neu aufgekommenen „Lernorganisationsformen" (*Dybowski* u. a. 1999, S. 201 ff.). Empirisch untersucht wurden das „Lernen außerhalb der Arbeit (off the Job)" und das „Lernen in der Arbeit (on the Job)", womit im Rahmen der in Zwischenkapitel 4.1 diskutierten Modellierung arbeitsbezogenen Lernens einer verbreiteten Zweiteilung betrieblichen Lernens gefolgt wird. Die Aussagekraft des einfachen Modells wird – wie aus der folgenden Abbildung 13 zu ersehen – wesentlich durch die Differenzierung des „Lernens on the Job" in Lernorganisationsformen und Arbeitsorganisationsformen erhöht.

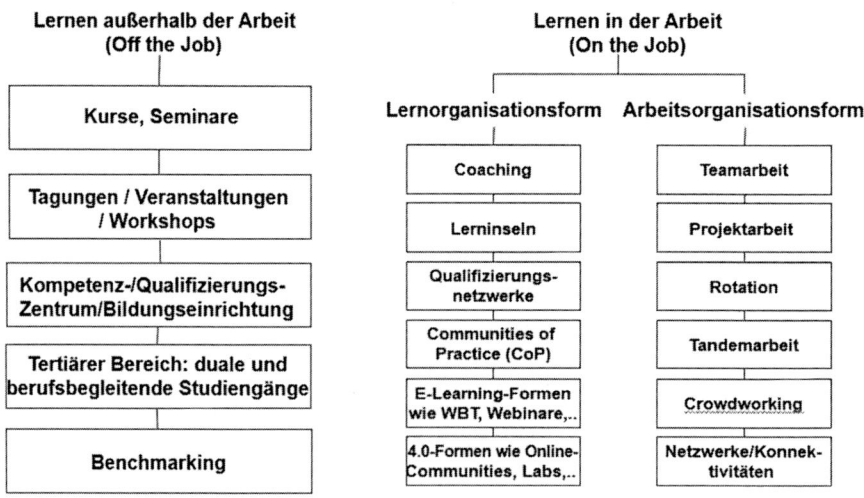

Abb. 13: Organisationsbezogene Typologie betrieblichen Lernens (in Anlehnung an *Dybowski* u. a. 1999, S. 242)

Die im Folgenden dargestellten Beispiele von Lernorganisationsformen sind – entsprechend obiger Begriffsbestimmung – inmitten der Arbeit angesiedelt. Sie sind aber auch außerhalb der Arbeit als arbeitsverbundene oder auch arbeitsorientierte Lernorganisationsformen anzutreffen. Wie die außerbetrieblichen Beispiele der Lerninseln in berufsbildenden Schulen und die der Lernfabriken in Bildungseinrichtungen und Hochschulen zeigen, sind sie in Anlage und Zielsetzungen deutlich von den betrieblichen zu unterscheiden.

6.1.2 Online-Communities

Die bereits im Zusammenhang mit dem Lernkonzept des situierten Lernens im Unterkapitel 4.3.2 angesprochenen Communities of Practice (CoP) sind als integrative Lernorganisationsform seit den 1990er-Jahren aufgekommen (*Henschel* 2001; *Winkler* 2004; *Dehnbostel* 2016 b). Als Gemeinschaft von Menschen mit sozialer Zusammengehörigkeit gehören Communities in Form von Lebensgemeinschaften und Vereinen seit jeher zur Lebenswelt. Bezogen sich die CoP in der modernen Arbeitswelt in ihrer Entstehung zunächst vorrangig auf Ziele des Wissensaustausches und der Wissenserweiterung, so stehen sie heute für den sozialen Zusammenschluss von Personen, die gemeinsame Interessen und häufig gemeinsame Lebens-, Arbeits- und Lernsituationen teilen und sich gegenseitig bei der Lösung von Problemen unterstützen und helfen. Die Stellung der Mitglieder ist gleichberechtigt und Lernen erfolgt vorrangig als informelles Lernen verbunden mit mehr oder weniger organisiertem Lernen.

Online-Communities als virtuelle Praktikergemeinschaft (*Winkler* 2004, S. 119 ff.; *Zinke/Fogolin* 2004; *Seufert* 2004; *Buchem/König* 2011; *Dehnbostel* 2016 b, S. 11 f.) sind eine in der digitalen Transformation aufgekommene Variante der Communities of Practice. Sie werden auch als virtuelle Communities bezeichnet und entsprechen den Grundsätzen der CoP mit gemeinsamen Interessen und dem sozialen Austausch. Gegenüber herkömmlichen face-to-face Communities zeichnet sie vor allem die Zeit- und Ortsunabhängigkeit und eine damit einhergehende Flexibilität aus.

Die Community-Plattform ermöglicht mit einschlägigen digitalen Werkzeugen den Austausch unter den Teilnehmenden mit unterschiedlichen Expertise-, Begleitungs- und Moderationsunterstützungen. Online-Communities, weltweit in den großen einschlägigen sozialen Netzwerken verbreitet, finden in der Arbeit zunehmend Anklang. Sie werden in unterschiedlichen Varianten von Betrieben, Anbietern und Herstellern, aber auch aus der Arbeit heraus von Interessierten eingerichtet und unterschiedlich organisiert.

Betriebliche oder betriebsverbundene Online-Communities dienen vorrangig der Lösung von in der Arbeit aufgetretenen Problemen. Die Community-Arbeit nimmt für das Gros der Mitglieder einen eher peripheren Stellenwert neben den eigentlichen Arbeitstätigkeiten ein. Das Lernen baut auf Erfahrungen und Wissen der Mitglieder auf, im konstruktivistischen Sinne werden Wissen und Kompetenzen in der Gruppe entwickelt und mehr oder weniger mit organisiertem Lernen erweitert. Der Kommunikationsaustausch führt in der Community zu einem „User-generated content", der in seiner arbeitsbezogenen Anwendung für die Betriebe eine neue Form der Wissens- und Kompetenzentwicklung darstellt.

Für die Teilnehmenden ist die Zugehörigkeit zur Community sozial und individuell fördernd und integrierend. Lernen findet bei allen Community-Mitgliedern in einem gemeinsamen sozialen Raum statt, der zugleich als ein spezifischer virtueller Lernraum anzusehen ist. Neben der Fachkompetenz wird auch die personale Kompetenz gestärkt, da gemeinsame Austausch- und Generierungsprozesse stattfinden, die – zumal im virtuellen Raum – ein hohes Verständnis und Einfühlungsvermögen erfordern. Es lernen sowohl die einzelnen teilnehmenden Individuen mit Bezug auf ihre arbeitsgenerierten Aufgaben- und Problemstellungen als auch die Community als Ganzes. In betrieblichen Online-Communities entstehen belastbare Arbeits-, Sozial- und Lernbeziehungen, die zum Teil durch organisierte physische Treffen verstärkt werden.

Zusammengenommen sind sie durch folgende Merkmale charakterisiert:

Betriebliche Online-Communities

- Betriebliche Online-Communities sind ein nachfrageorientierter Zusammenschluss von Beschäftigten, die im Internet regelmäßig und verbindlich zu gemeinsam interessierenden arbeitsbezogenen Interessen kommunizieren.

- Kommunikation und Austausch der Community-Mitglieder erfolgt virtuell und findet – häufig anlassbezogen – in der Arbeitszeit statt. Die Zusammensetzung der Mitglieder ist betriebsübergreifend und stark betriebs- und branchenbezogen, aber auch hersteller- und anbieterbezogen.

- Über den Austausch entstehen nutzergenerierte Wissens- und Kompetenzinhalte, informelles Lernen wird mit organisiertem Lernen, d. h. mit formalen oder nichtformalen Lernanteilen verbunden.

- Betriebliche Online-Communities sind stark partizipativ und interessenorientiert organisiert; sie umfassen das Handeln der Teilnehmenden und verbinden dieses mit einem Lernen in der Community, das auf das Handeln zurückwirkt. Größere Communities werden über ein Community Management gesteuert.

Stark nachgefragte Communities werden von Herstellern wie Microsoft oder SAP mit besonderen Kunden-Plattformen angeboten, aber auch in beruflich orientierten sozialen Netzwerken wie XING und LinkedIn entstehen in wachsendem Maße betrieblich initiierte Online-Communities. Hierbei handelt es sich um privatwirtschaftlich und kommerziell gesteuerte Communities, die dem institutionellen Selbstorganisationsprinzip der Communities of Practice nur eingeschränkt folgen, gleichwohl zumeist eine starke Selbststeuerung ermöglichen.

Insgesamt stellen die betriebsverbundenen Online-Communities eine arbeitsintegrierte Lernorganisationsform dar, die unter dem Gestaltungsprinzip der Verbindung von Arbeiten und Lernen besondere Vorteile durch ihr situativ gebundenes Lernen und die Verschränkung mit außerbetrieblichen Erfahrungs- und Wissensbeständen bietet. Im Rahmen der wachsenden Digitalisierung der Arbeitswelt ist davon auszugehen, dass ihre Bedeutung für den Wissens- und Kompetenzerwerb in digitalisierten Arbeits- und Organisationsprozessen zunimmt und sie weiterhin expandieren.

6.1.3 Lerninseln

Lerninseln wurden Anfang der 1990er Jahre im Rahmen dezentraler Berufsbildungskonzepte eingeführt und hatten sich in wenigen Jahren konzeptionell und praktisch durchgesetzt. Ausgehend von einem ersten Lerninsel-Modell, das im Jahre 1992 bei der Daimler Benz AG in Gaggenau eingeführt wurde, bildeten sich im Rahmen dezentraler Lernkonzepte unterschiedliche Varianten heraus, u.a. die „Lern- und Arbeitsinseln" bei der Carl Schenck AG, die „temporären Lerninseln" bei der Körber AG und die „Lerncenter" bei der Heidelberger Druckmaschinen AG und andere (*Pätzold/Lang* 1999, S. 230ff.; *Dehnbostel* u.a. 2001; *Dehnbostel* 2007, S. 74ff.). Lerninseln entstanden im Zusammenhang mit betrieblichen Reorganisations- und Umstrukturierungsmaßnahmen zunächst in der gewerblich-technischen Berufsausbildung. Für die betriebliche Weiterbildung wie auch für den kaufmännischen Bereich gewannen sie zunehmend an Bedeutung.

Ebenso wie bei anderen Lernorganisationsformen findet in den inmitten der Arbeit eingerichteten Lerninseln ein weitgehend selbstgesteuertes Arbeiten und Lernen statt. Die Arbeitsaufgaben werden eigenverantwortlich und in Gruppenarbeit durchgeführt, wobei es sich um die gleichen Arbeitsaufgaben handelt wie im Lerninselumfeld. Im Unterschied zu den umgebenden Arbeitsplätzen steht aber mehr Zeit für Qualifizierungs- und Lernprozesse zur Verfügung. Hierzu sind die Lerninseln mit Lernmaterialien wie Lernsoftware und Visualisierungsmöglichkeiten ausgestattet. Die Lernenden handeln im Rahmen vorgegebener Strukturen und Anforderungen und füllen diese nach eigenen Zielorientierungen und Überlegungen aus. Sie erkennen und entscheiden, was an fachlichem Wissen und Können benötigt wird und wofür Experten hinzuzuziehen sind. Gelernt wird also nicht vorrangig nach Regeln und Regelanwendungen, gelernt wird vielmehr, Problemstellungen selbstständig und in Gruppen zu lösen und dabei mit den Unbestimmtheiten und Unsicherheiten von Arbeits- und Sozialsituationen umzugehen.

Lerninseln werden von Lerninsel-Begleiter/innen bzw. Aus- und Weiterbildner/innen betreut. Ihnen kommt vorrangig die Rolle einer Prozess- und Entwicklungsbegleitung zu; sie sind im Allgemeinen arbeits- und berufspädagogisch qualifiziert. Die besondere Herausforderung liegt für sie darin, Wissen und Können nicht über herkömmliche, instruktionistische Methoden zu vermitteln, sondern selbstgesteuerte Arbeits- und Lernprozesse weitgehend zuzulassen und zu fördern. Es müssen Lernsituationen und Lernmilieus zum Selbstlernen und selbstständigen Erwerb von Fach-, Sozial- und Methodenkompetenzen geschaffen werden. An die Stelle bisherigen Lehrens und Instruierens treten Begleitungs-, Moderations- und Coaching-Prozesse. Dieser hohe Selbststeuerungsgrad in der Lerninsel-Arbeit ermöglicht eine zusätzliche, sehr anspruchsvolle Funktion, die Lerninseln in einigen Unternehmen wahrnehmen: Sie fungieren dort als Innovationsstätten im Arbeitsprozess, vor allem für arbeitsorganisatorische, qualifizierungsbezogene und neuerdings auf die Digitalisierung bezogene Zielsetzungen.

Lerninseln zeichnen sich durch folgende Merkmale aus:

Lerninseln

- Lerninseln sind mit Lernausstattungen angereicherte Arbeitsplätze, an denen reale Arbeitsaufträge mit Gelegenheiten zum Lernen bearbeitet werden und eine gezielte Qualifizierung stattfindet.
- Die Qualifizierung in der Lerninsel zielt auf die Kompetenzentwicklung und den Erwerb oder die Stärkung der beruflichen Handlungsfähigkeit der Lernenden.

- Das Lerninselteam arbeitet nach kollaborativen und auf Gruppenarbeit gerichteten Prinzipien, die Lerninsel ist im Allgemeinen berufsübergreifend zusammengesetzt.

- Lerninseln werden von einer Fachkraft betreut, die vorrangig die Rolle einer Prozess- und Entwicklungsbegleitung der Lerngruppe wahrnimmt und zusätzlich zu ihrem Berufsabschluss berufspädagogisch qualifiziert ist.

- Lerninseln dienen auch der Innovationsentwicklung im Arbeitsprozess, sie fördern vor allem arbeitsorganisatorische, qualifizierungsbezogene und digitale Innovationen.

Die Verweildauer in Lerninseln beträgt – in Abhängigkeit von Unternehmen und Abteilungen – zwischen zwei Wochen und mehreren Monaten. Mehrere Mitarbeiter / innen oder Auszubildende, es können drei bis neun Personen sein, und eine begleitende Fachkraft arbeiten jeweils in einer Lerninsel. In einigen Unternehmen bestehen auch Lerninseln mit generationsübergreifenden Gruppen, in denen gezielt ältere Beschäftigte und Auszubildende zusammenarbeiten und lernen. Der Ein- und Ausstieg kann als Gruppe oder über Rotation erfolgen.

Für die Lerninseln gibt es Lernzielbeschreibungen, die sich auf fachliche, soziale und personale Ziele beziehen und auch betriebswirtschaftliche sowie arbeits- und technikgestaltende Ziele berücksichtigen. Diese Ziele werden im Lerninselteam besprochen und in der Arbeit eingelöst. Von der Lerninsel wird die gleiche Qualitätsarbeit verlangt wie sie im Arbeitsumfeld geleistet wird. Die Arbeitsaufträge werden unter Fach-, Qualitäts- und Wirtschaftlichkeitsgesichtspunkten beurteilt und die gemachten Erfahrungen werden reflektiert.

Die Lerninsel ist ein – zu verallgemeinerndes – Beispiel für die im nächsten Kapitel 7 thematisierte lern- und kompetenzförderliche Arbeitsgestaltung. Die Erschließung und Gestaltung des Arbeitsorts als Lernort findet in einem gestuften Prozess statt. Dies zeigt das in der folgenden Tabelle 8 festgelegte Phasenmodell, das in der Praxis vielfach angewandt worden ist (*Dehnbostel* u.a. 2001, S. 17 f.). „Erschließen" beinhaltet dabei Untersuchung, Auswahl und Strukturierung des Arbeitsplatzes als Lerninsel, „gestalten" hingegen die gezielte Herstellung lern- und kompetenzförderlicher Bedingungen, insbesondere durch personelle Maßnahmen, Arbeitsmittel, Ausstattungen und das Einbringen von Lernkonzepten. Diese Aufgabe wird von Aus- und Weiterbildner / innen oder anderen Fachkräften wahrgenommen, die dafür qualifiziert sind.

Tab. 8: Phasenmodell zur Erschließung und Gestaltung des Arbeitsplatzes als Lerninsel

---

1. Phase: Qualifikations- und Arbeitsprozessanalysen

- Arbeits- und Qualifikationsanalysen an möglichen Lerninselorten
- Lernpotenziale und Lerngelegenheiten feststellen
- Rahmenbedingungen des Umfeldes analysieren

2. Phase: Auswahl von Arbeitsplätzen als Lerninsel

- Auswahl von Arbeitsplätzen als Lerninsel
- Einbettung in das Arbeitsumfeld
- Personelle und finanzielle Absicherung

3. Phase: Herstellung der Arbeits- und Lerninfrastruktur

- Arbeitsgegenstände, Arbeitsmittel
- Ausstattungen, Lernmaterialien, Lernsoftware

4. Phase: Angabe von Lerninhalten, Kompetenzen und Methoden

- Benennung der Lerninhalte mit Referenz auf die Arbeit und die Ziele der Qualifizierung
- Festlegung der zu erwerbenden Kompetenzen
- Methodisches Vorgehen und Lerninselbegleitung festlegen

5. Phase: Gestaltung und Bewertung der Lerninselarbeit

- Festlegung der Lern- und Organisationsprinzipien
- Einbettung der Lerninselqualifizierung in die Gesamtqualifizierung
- Kompetenzbilanzierung und -bewertung

In der **1. Phase** werden Arbeitsplätze und Qualifikationen analysiert und die damit verbundenen Arbeitsbedingungen und Qualifikationsanforderungen festgestellt. Untersucht wird, welche Lernpotenziale und Lerngelegenheiten bestehen. Die gewonnenen Erkenntnisse führen unter Einbeziehung von Kriterien der lern- und kompetenzförderlichen Arbeitsgestaltung in einer **2. Phase** zu der Entscheidung, welche Arbeitsplätze als Lerninsel ausgewählt werden und wie sie in das Arbeits-umfeld einzubetten und personell sowie finanziell abzusichern sind. In einer **3. Phase** werden Arbeitsgegenstände und Ausstattungen festgelegt, eine Arbeits- und Lerninfrastruktur hergestellt. Lerninhalte, Kompetenzen und Methoden werden dann in **Phase 4** auf der Grundlage der Arbeits-Lern-Situation, der organisationalen

Zusammenhänge sowie der Ziele der Qualifizierung bestimmt, auch die personelle Lerninselbegleitung wird festgelegt. Die abschließende **5. Phase** dient der Festlegung der Lern- und Organisationstruktur, wobei die Lerninselqualifizierung im Kontext der Gesamtqualifizierung eines Bildungsgangs oder einer anderen übergeordneten Maßnahme stehen kann. Zudem ist in der abschließenden Phase eine Kompetenzbilanzierung und -bewertung durchzuführen.

Es hat sich gezeigt, dass Analysen und Auswahlkriterien für die Einrichtung von Lerninseln und anderen Lernorganisationsformen in der Arbeit notwendig sind, da sich eine Reihe von Arbeitsplätzen aus unterschiedlichen Gründen nicht dafür eignet, andere besonderer Gestaltungsmaßnahmen bedürfen. Lerninseln haben seit ihrer Einführung in den 1990er-Jahren eine starke Verbreitung und Differenzierung erfahren. Es gibt sie mittlerweile in vielen Unternehmen und auch – in deutlich zu unterscheidenden Varianten – arbeitsverbunden oder arbeitsorientiert in Bildungszentren und berufsbildenden sowie allgemeinbildenden Schulen.

Die hohe Akzeptanz des Lerninselmodells in Unternehmen ist auf die Qualität der Qualifizierung und die Modernität des kompetenzbasierten Konzepts bei gleichzeitiger Wirtschaftlichkeit zurückzuführen. Erfolgreiche Weiterentwicklungen sind in so unterschiedlichen Branchen wie dem Gesundheits- und Altenpflegebereich und in der Fahrzeug- und Automobilbranche anzutreffen. So wurde das Lerninselmodell im Jahr 2001 am Universitätsspital Basel (USB), einem der führenden medizinischen Zentren der Schweiz, in der Pflegeausbildung eingeführt. Die Entwicklung hat dazu geführt, dass 15 Jahre später in allen 33 Pflegestationen des Universitätsspitals der „Ausbildungsstandard Lerninsel im Pflegebereich" eingerichtet ist (*Haefeli/Dehnbostel* 2017, S. 26).

Die John Deere Werke in Mannheim, Deutschlands größter Hersteller und Exporteur landwirtschaftlicher Traktoren, hat das Lerninselkonzept mit der Umstellung der Produktion auf teilautonome Gruppenarbeit eingeführt und erfolgreich ausgebaut, um Arbeiten und Lernen systematisch zu verbinden und die Kompetenzentwicklung der Mitarbeiter/innen zu fördern (*Dehnbostel* u. a. 2001, S. 80 ff.; *Tetzel* 2007, S. 26 f.). Im Rahmen innovativer und digitaler Lernformen in der Berufsausbildung führt die Volkswagen AG Lerninseln in dem Projekt „eGon – eGolf – Bordnetz" ein, um „die Zukunftstechnologie der Elektroautos begreiflich" zu machen (*Siepmann* 2020, S. 58 f.). In den Lerninseln erarbeiten sich die Auszubildenden Lerninhalte in starkem Maße selbstständig und greifen dabei über eine Lernplattform auf die E-Learning-Formen Blended Learning und Mobile Learning zurück.

6.1.4 Arbeits- und Lernaufgaben

Arbeits- und Lernaufgaben als Lernorganisationsform nahmen in den 1980er-Jahren ihren Ausgangspunkt in der Qualifizierung von An- und Ungelernten. In dem Projekt „CNC Lernen, Arbeit und Sprache" (CLAUS), das im Programm „Humanisierung des Arbeitslebens" gefördert wurde, sollten im Unterschied zu herkömmlichen Methoden neue Wege des Lernens erschlossen werden, die von der Erfahrung praktischen Handelns ausgehen und sich auf die lernförderliche Wirkung der Sprache stützen (*Krogoll/Pohl/Wanner* 1988). In der damals eingeführten CNC-Technik – zugleich ein bedeutender Indikator für die Digitalisierung der Arbeit – wurde ein auf reale „Lernaufgaben" bezogenes Konzept entwickelt. Die tätigkeitspsychologische Grundannahme, dass Lernen eine Tätigkeit ist, war die maßgebliche Grundannahme der Konzeptentwicklung.

Mit den Arbeits- und Lernaufgaben besteht eine Arbeiten und Lernen verbindende Lernorganisationsform, die besonders für die Aus- und Weiterbildung in Klein- und Mittelbetrieben geeignet ist. Sie wurden in Modellversuchen und in der Qualifizierung von An- und Ungelernten entwickelt und erprobt (*Dehnbostel/Holz/Novak* 1992; *Schröder* 2009, S. 79 ff.). Arbeits- und Lernaufgaben sind von dem ähnlichen Konzept der „Lern- und Arbeitsaufgaben" zu unterscheiden, das vornehmlich in berufsbildenden Schulen eingesetzt wird. Von Arbeits- und Lernaufgaben ist dann zu sprechen, „wenn der enge Zusammenhang zwischen Arbeiten und Lernen betont werden soll und wenn Arbeitsaufgaben didaktisch in Lernaufgaben transferiert werden, ohne dass sich dabei die Qualität der Arbeitsaufgaben und der damit gegebenen konkreten Arbeitsinhalte verflüchtigt" (*Rauner* 1995, S. 352).

Das Konzept der Arbeits- und Lernaufgaben ist durch folgende Merkmale gekennzeichnet (*Schröder* 2009, S. 90 f., S. 194 f.):

Arbeits- und Lernaufgaben

Arbeits- und Lernaufgaben verbinden Arbeitsaufgaben am Arbeitsplatz mit organisiertem Lernen und erfüllen folgende Kriterien:

- Sie genügen ganzheitlichen Arbeits- und Lernvollzügen, in denen fachliche, soziale und personale Kompetenzen erworben werden.

- Die Aufgabenbearbeitung erfolgt in hoher Eigenverantwortung und Selbststeuerung der Lernenden und – soweit aufgrund der Unternehmensgröße sinnvoll – im Team.

- Die Lernprozesse sind arbeits- und erfahrungsverbunden; Erfahrungswissen wird erworben und mit theoretischem Wissen durch die Verschränkung von informellem und organisiertem Lernen verbunden.

• Fragen der Arbeitsgestaltung und Arbeitsorganisation werden gezielt reflektiert und in die Qualifizierung eingebunden.

• Auswahl und Anreicherung von Arbeitsaufgaben erfolgen so, dass sie zur Einlösung der jeweiligen Ziele der Qualifizierung und Kompetenzentwicklung beitragen.

Das Modell der vollständigen Handlung liegt diesen Kriterien nicht zugrunde, da es eher für das berufsschulisch orientierte Konzept der Lern- und Arbeitsaufgaben leitend sein kann, für die Abbildung realer Arbeitsstrukturen und -abläufe hingegen zu schematisch ist. Der Ablauf der Arbeits- und Lernaufgaben folgt der Logik von Arbeitsprozessen, die um Lernsequenzen erweitert wird. Entscheidend für das systematisch angelegte arbeitsgebundene Lernen über Arbeits- und Lernaufgaben ist die gezielte Verbindung von Arbeiten und Lernen im Arbeitsprozess.

Das exemplarisch im Qualifizierungsprojekt „Arbeitsprozessorientierte Weiterbildung für IT-Spezialisten in vernetzten kleinen und mittleren Unternehmen" (ITAQU) (*Meyer* u. a. 2004; *Meyer* 2006; *Molzberger* u. a. 2008) für die Weiterbildung vertiefte Konzept der Arbeits- und Lernaufgaben soll das individuelle Lernen im Prozess der Arbeit gezielt unterstützen, indem es informelles und formales Lernen verbindet (*Schröder / Dehnbostel* 2007; *Molzberger* u. a. 2008; *Schröder* 2009). Bei der Konzeption waren die projektspezifischen Rahmenbedingungen zu berücksichtigen, die sich aus den Besonderheiten von KMU im IT-Sektor, den rechtlichen Vorgaben des IT-Weiterbildungssystems und der Prüfungsordnung ergaben. Außerdem mussten die Arbeits- und Lernaufgaben profiltypische Inhalte der IT-Fortbildungsverordnung von 2002 und reale betriebliche Arbeitsprozesse abbilden, wobei die betrieblichen Arbeitsprozesse in Form von Arbeitsaufgaben den Kern und Ausgangspunkt bildeten. Die betriebliche Durchführung von Arbeits- und Lernaufgaben ist an erster Stelle von der betrieblichen Ablauf- und Aufbauorganisation abhängig und wurde im ITAQU-Projekt über Arbeitsprozess- und Kompetenzanalysen im Rahmen des in der folgenden Abbildung dargestellten Qualifizierungskonzepts genauer bestimmt.

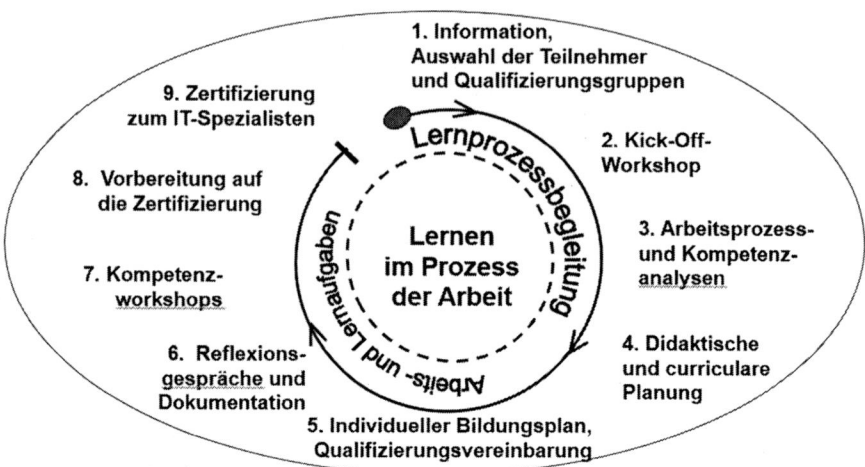

Abb. 14: Das ITAQU-Qualifizierungskonzept mit Arbeits- und Lernaufgaben

Die den Qualifizierungsablauf begleitenden Arbeits- und Lernaufgaben haben in der realen Qualifizierung einen erheblichen zeitlichen und qualitätsentwickelnden Stellenwert, denn sie dienen „dem Lernenden als Leitfaden für den eigenen Arbeitsprozess, fördern die individuelle Selbständigkeit, schaffen eine Basis für die Dokumentation und verbessern die Qualität der Reflexionsgespräche" (*Schröder* 2008, S. 83; *Ders.* 2009, S. 192).

Wie das ITAQU-Projekt deutlich zeigt, spielen Lernprozessbegleiter in Klein- und Mittelbetrieben eine zentrale Rolle bei der Initiierung und Durchführung von Arbeits- und Lernaufgaben. Sie haben auf der Basis von Vorgaben zunächst Grundversionen entwickelt, die als Leitfaden zur Formulierung der Arbeits- und Lernaufgaben fungieren. In die Grundversionen werden anschließend die identifizierten betrieblichen Arbeitsprozesse integriert. Diese Integration und Anpassung führen die Teilnehmenden als Handelnde weitestgehend selbstständig durch; Lernprozessbegleiter übernehmen dabei eine beratende Funktion. Die zu Beginn der Qualifizierung stattfindenden Arbeitsprozess- und Kompetenzanalysen tragen entscheidend zur Identifizierung geeigneter betrieblicher Arbeitsaufgaben bei. Die Arbeits- und Lernaufgaben werden durch die Lernprozessbegleiter zusätzlich mit Hinweisen und Anleitungen angereichert, die die Teilnehmenden anregen sollen, das eigene Arbeitshandeln selbstständig, strukturiert und zielgerichtet zu gestalten. Auch die Reflexion und möglichst zeitnahe Dokumentation der Arbeits- und Lernaufgabe werden dabei angeregt.

Festzustellen bleibt, dass Arbeits- und Lernaufgaben als Lernorganisationsform wesentlich dazu beitragen, das Lernen in der Arbeit zu fördern und dabei auch die Arbeit mitzugestalten. Die Teilnehmenden erhalten Handlungsspielräume und verstärkte Möglichkeiten, ihre Arbeit zu planen, zu organisieren und zu bewerten. Der Einsatz von Arbeits- und Lernaufgaben zeigt, dass sie ein hohes Maß an Selbststeuerung und Kompetenzerweiterung bieten, da sie konstruktiv und flexibel am Kompetenzstand der Mitarbeiter ansetzen und Gestaltungsräume in der Arbeit öffnen, die zugleich als Arbeiten und Lernen verbindende Lernräume anzusehen sind.

Aufgaben

1. Wie sind Arbeiten und Lernen verbindende Lernorganisationsformen definiert, was zeichnet sie aus? Welche unterschiedlichen Verständnisse werden in der wissenschaftlichen Diskussion zu Lernorganisationsformen vertreten?

2. In welchem Kontext stehen Online-Communities zu Communities of Practice und welche Merkmale sind für betriebliche Online-Communities charakteristisch? Wie beurteilen Sie ihre zukünftige Entwicklung?

3. Wie entstanden Lerninseln und welche Merkmale zeichnet sie aus? Wie werden Lerninseln begleitet und wie sieht das Phasenmodell zur Erschließung und Gestaltung des Arbeitsplatzes als Lerninsel aus?

4. Wie hat sich das Konzept der Arbeits- und Lernaufgaben seit den 1980er Jahren entwickelt? Was zeichnet Arbeits- und Lernaufgaben aus und wie werden sie eingesetzt?

6.2 Betriebliche Begleitungsformen

Die Menschen früherer Geschichtsepochen hatten nur beschränkte Entscheidungs- und Selbstbestimmungsmöglichkeiten. Begleitung und Beratung erfolgten vorwiegend innerhalb familiärer und kirchlicher Zusammenhänge. Mit der „Freisetzung" des Individuums von Zwängen und Bevormundung in der postmodernen Gesellschaft muss der Einzelne für sich selbst entscheiden; auch wenn er dazu keine hinreichenden Grundlagen hat, wenn die Vorhersagbarkeit, Planbarkeit und Sicherheit von Lebensentwürfen und Biografie- sowie Berufsverläufen abnehmen und das Leben in starkem Maße durch Unsicherheit, Ungewissheit, Pluralität und Paradoxien gekennzeichnet ist. Organisierte Begleitungsformen bieten in dieser Situation Orientierung, Hilfe und Unterstützung. Dies betrifft auch die betriebliche Arbeitswelt.

6.2.1 Konzept der Begleitungsformen

Begleitungsformen in der Arbeit sind auf breiter Basis erst mit wachsender Unübersichtlichkeit und Ungewissheit in der modernen Arbeits- und Berufswelt aufgekommen. In herkömmlich industriell organisierter Arbeit mit ihren festen und durchgeplanten Arbeitsstrukturen bestand neben den hierarchisch gegliederten Ablauf- und Führungsstrukturen kein nennenswerter Begleitungs- und Beratungsbedarf. Heutige Arbeitsstrukturen und Arbeitsprozesse werden immer komplexer, entgrenzter und agiler, sie erfordern Begleitungsformen für die Beschäftigten, die zu ihrer Qualifizierung, Orientierung und Selbststeuerung beitragen sollen.

Betriebliche Begleitungsformen zielen unmittelbar auf die Förderung, die Entwicklung und den Ausbau von Lern- und Kompetenzentwicklungsprozessen von Einzelnen und von Gruppen (*Bauer* u. a. 2006; *Wrana / Maier Reinhard* 2012; *Kräenbring* 2013; *Dehnbostel* 2018, S. 283 ff.; *Bauer* u. a. 2016). Sie gestalten das Arbeiten für die zu Begleitenden lern- und kompetenzförderlich und führen zu Erkenntnissen über den eigenen beruflichen Entwicklungsweg. Die Begleitung wird von Aus- und Weiterbildnern, Vorgesetzten und anderen qualifizierten Fachkräften vorgenommen, die im Hinblick auf die erforderliche fachliche, soziale und personale Kompetenzbegleitung häufig besonders qualifiziert sind. Bestimmte Formen wie die Lernprozessbegleitung und das Coaching haben mittlerweile einen hohen Professionalisierungsgrad erreicht.

In der Berufs- und Weiterbildung und der Personalentwicklung weist die Begleitung mit der Beratung viele Gemeinsamkeiten auf. Der Begriff Beratung wird in der vielfältigen Fachliteratur zumeist als Oberbegriff verstanden und ist weiterverbreitet (*Bretschneider* u. a. 2007). Beratung und Begleitung sind aber auch als unterschiedliche Konzepte aufzufassen (*Dehnbostel* 2007, S. 80 ff.), die sich überschneiden und konzeptionell verbinden. Die Begleitung ist zumeist zeitlich längerfristig oder auch kontinuierlich angelegt, sie ist eher prozessorientiert und findet in vertrauensvoller Kooperation statt. Bei der Beratung handelt es sich eher um punktuell und zeitlich eingeschränkte Maßnahmen. Sie ist zielorientiert und erfolgt häufig in einem formalen Gespräch oder Rahmen.

In der betrieblichen Bildungsarbeit steht der Begleitungs- und Unterstützungsaspekt im Vordergrund. So wird hier von Begleitungsformen gesprochen, die die Beratung einbeziehen, aber durch die Betonung der Begleitung den für das Lernen im Prozess der Arbeit immer notwendiger werdenden begleitenden Unterstützungsbedarf konzeptuell zugrunde legen.

Betriebliche Begleitungsformen

Begleitungsformen im Betrieb dienen der Orientierung und Unterstützung von Einzelnen und von Gruppen in immer komplexer und agiler werdenden Arbeitsstrukturen und Arbeitsprozessen. Sie zielen auf eine längerfristige oder kontinuierliche Betreuung und Entwicklung von Lern- und Kompetenzentwicklungsprozessen; sie umfassen zumeist auch Beratungsfunktionen. Die Begleitung erfolgt durch professionelle Fachkräfte und in unterschiedlichen Formen wie der Lernprozessbegleitung, dem Coaching, dem Mentoring und der kollegialen Beratung. Dabei steht das Lernen im Prozess der Arbeit im Mittelpunkt, das begleitend reflektiert und mit organisiertem Lernen verbunden wird. Der Begleitung kommt dabei auch eine arbeitsgestaltende Funktion zu.

Betriebliche Begleitungsformen beziehen sich in der betrieblichen Bildungsarbeit auf die Gesamtheit aller betrieblichen Trainings-, Qualifizierungs- und Berufsbildungsaktivitäten, womit zugleich auf die hohen Kompetenzanforderungen an das Begleitpersonal verwiesen wird. Die zum Schluss des Kapitels dargestellte kollegiale Beratung zeigt allerdings, wie stark Selbststeuerungs- und Selbstbestimmungsformen auch auf dem Gebiet der Begleitung voranschreiten, denn diese Form kommt ohne professionelle Begleitungspersonen aus.

In der Arbeit zeigen sich Begleitungsformen vorrangig in vier, in der folgenden Abbildung im Überblick gezeigten Formen: der Lernprozessbegleitung, dem Coaching, dem Mentoring und der kollegialen Beratung.

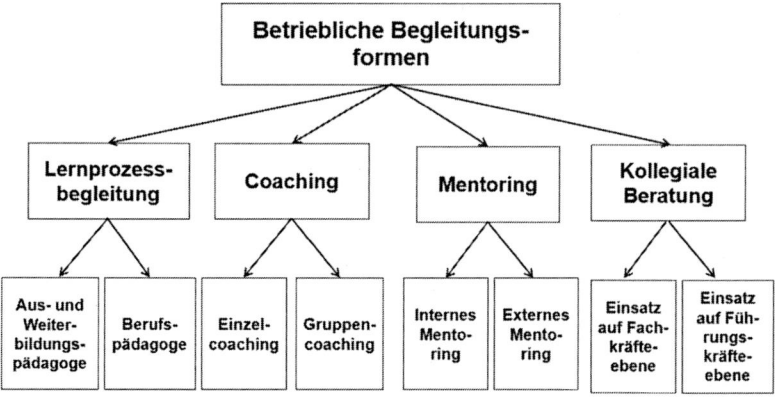

Abb. 15: Betriebliche Begleitungsformen

Jeweils zwei Varianten der vier Hauptformen sind in der Abbildung auf einer ersten Differenzierungsebene erfasst. Durchweg bestehen weitere Varianten und Unterformen, auf die in den folgenden Kurzbeschreibungen eingegangen wird.

Zusätzlich zu diesen vier Formen gibt es darüber hinaus weitere Begleitungsformen, von denen insbesondere Lernpatenschaften, Tandems, Lernmanagementsysteme und Multiplikationsformen zunehmende Verbreitung erfahren. Während Lernpatenschaften als Variante des Mentorings zu verstehen sind, kann die Tandemform als Arbeitsorganisationsform verstanden werden (vgl. die Abbildung 13 in diesem Kapitel), deren Begleitungspotenzial am ehesten dem informellen Mentoring zuzuzählen ist. Andererseits kann sie aber auch als explizite Lernorganisationsform eingeführt werden, was ebenso für Lernmanagementsysteme gilt, d. h. für beide Formen gilt der Doppelcharakter von Lern- und Arbeitsorganisationsform.

Die Multiplikationsform bedeutet, dass ein Mitglied einer Arbeitsgruppe oder Abteilung eine Weiterbildung erfährt, etwa eine Herstellerschulung, und diese dann an seine Kollegen im Prozess der Arbeit gezielt und begleitend weitergibt. Diese Multiplikationsform wirkt nach dem Schneeballprinzip: In Weiterbildungsveranstaltungen qualifizierte Beschäftigte geben ihre erworbenen Kompetenzen arbeitsbegleitend an ihre Kollegen weiter, ihre in der Weiterbildung erworbenen Kompetenzen werden weitergegeben bzw. multipliziert.

6.2.2 Lernprozessbegleitung

Bei der Lernprozessbegleitung geht es um die Begleitung am Arbeitsplatz im Rahmen einer Qualifizierung. Dabei kann es sich um eine anerkannte Aus- oder Fortbildung, eine Anpassungsqualifizierung oder eine sonstige Weiterbildung handeln. Die Lernprozessbegleitung wird als direkte personelle Unterstützung der Beschäftigten verstanden und von ausgebildeten Lernprozessbegleitern oder von Aus- und Weiterbildnern bzw. Praxisanleiter/innen wahrgenommen. Sie fördert Lern- und Kompetenzentwicklungsprozesse und hat reflektierende und optimierende Funktionen; sie nimmt zumeist auf die über das Lernen hinausgehende individuelle Laufbahnentwicklung der Begleiteten Einfluss und trägt über ihre Interaktionen und Interventionen zumindest indirekt zur lern- und kompetenzförderlichen Arbeitsgestaltung bei.

Im Bereich der BBiG-Berufe nehmen diese Aufgabe häufig Ausbilder mit der Qualifikation der Ausbildereignungsprüfung (AEVO) wahr. Die Lernprozessbegleitung ist auch Teil der anerkannten, fachlich breit aufgestellten Fortbildungsberufe *„Geprüfte/r Aus- und Weiterbildungspädagoge/in"* (2009) und *„Geprüfte/r Berufspädagoge/in"* (2009). Für den Beruf Geprüfte/r Aus- und Weiterbildungspädagoge/in stellen „Lernprozesse und Lernbegleitung" eines von drei zu prüfenden

Handlungsfeldern dar, wozu auch die Lern- und Entwicklungsberatung von Jugendlichen gehört. Und auch im Beruf Geprüfte/r Berufspädagoge/in zählen „Lernprozesse und Lernbegleitung" zum ersten Handlungsfeld, zu den „Kernprozessen der beruflichen Bildung".

Die Gesellschaft für Ausbildungsforschung und Berufsentwicklung (GAB) hat das Konzept der Lernprozessbegleitung in den letzten 30 Jahren maßgeblich mit einer Vielzahl von Kooperationspartnern in der Aus- und Weiterbildung intensiv entwickelt, erprobt und systematisiert (*Bauer* u.a. 2006; *Bauer* u.a. 2016). Ziel der Lernprozessbegleitung ist danach, Mitarbeitenden entdeckendes, erfahrungsgeleitetes und selbstgesteuertes Lernen anhand von konkreten komplexen Aufgabenstellungen zu ermöglichen. Die Lernenden sollen zudem befähigt werden, ihren Lernprozess selbst zu steuern. Diese Lernprozessbegleitung folgt einem konstruktivistischen Lernverständnis.

Nach dem GAB-Modell wird der Lernprozess von Lernbegleitenden und Lernenden gemeinsam reflektiert und strukturiert. Dabei wird, wie aus der folgenden Abbildung zu ersehen und danach erläutert, von sechs Schritten ausgegangen, die die Kompetenzentwicklung orientieren und strukturieren.

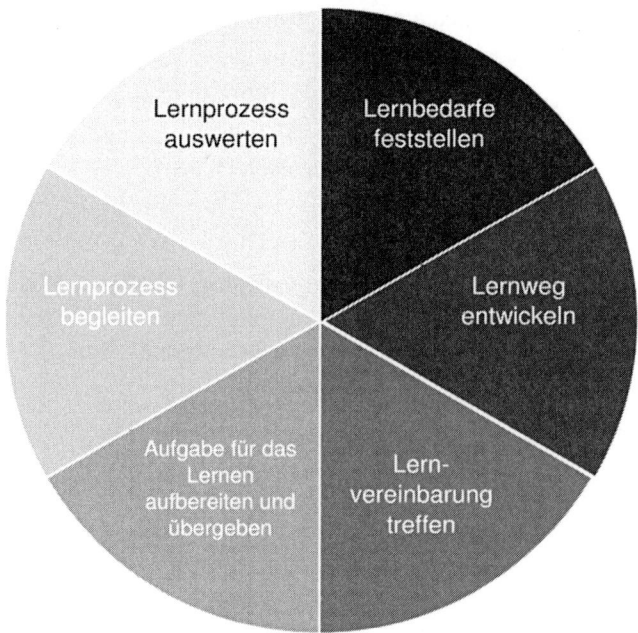

Abb. 16: Sechs Schritte der Lernprozessbegleitung (*Bauer* u.a. 2016, S. 11)

Schritt 1: Lernbedarfe feststellen

Lernende und Lernbegleiter identifizieren gemeinsam den Lernbedarf in Anknüpfung an den Kompetenzstand der Lernenden. Grundlegend sind dabei die jeweiligen Qualifikationsanforderungen und Rahmenbedingungen. Der festgestellte Lernbedarf geht wesentlich auf die Selbsteinschätzung der Lernenden zurück.

Schritt 2: Lernweg entwickeln

Der Lernweg ist an bestimmte Arbeitsaufgaben zu binden, die jene Kompetenzen erfordert, die der Lernende entwickeln will. Wichtig ist die Auswahl von hinreichend komplexen und problemhaltigen Aufgaben, die möglichst dem Prinzip der vollständigen Handlung entsprechen und betrieblich infrage kommen.

Schritt 3: Lernvereinbarung treffen

Es wird vereinbart, dass sich die Lernenden die Arbeitsaufgaben zu Eigen machen und den Lernweg so selbstständig wie möglich umsetzen. Die unterstützende Funktion der Lernprozessbegleitung wird gesichert.

Schritt 4: Aufgabe für das Lernen aufbereiten und übergeben

Damit die Lernenden die ihnen übertragene Arbeitsaufgabe möglichst selbstständig bearbeiten, ist diese so aufzubereiten, dass sie für die Lernenden zu bewältigen ist. Sie sollen weder über- noch unterfordert werden.

Schritt 5: Lernprozess begleiten

Die Rolle der Lernprozessbegleitenden erfordert eine hohe Interaktions-, Kommunikations- und Reflexionsfähigkeit. Ihre Beobachtungen und Interventionen sind mit der Eigenständigkeit und dem Erfahrungslernen der Lernenden in Einklang zu bringen.

Schritt 6: Lernprozess auswerten

Nach der Bearbeitung der Aufgabe werten Lernprozessbegleitende und Lernende den Lernprozess gemeinsam aus. Dabei ist der Prozess zunächst gemeinsam nachzuvollziehen und zu reflektieren, um ihn dann zu bewerten.

Diese sechs Schritte verdeutlichen ein berufspädagogisch untermauertes, systematisiertes Verfahren, das vorrangig in der Berufsausbildung entwickelt wurde. Die einzelnen Schritte sind durchaus selbstständig oder in unterschiedlichen Kombinationen miteinander zu verstehen. Eine lineare Durchführung der Lernprozessbegleitung entlang der aufeinanderfolgenden Schritte ist allenfalls in Bildungseinrichtungen möglich, nicht aber in der Arbeit. Hier unterstützt eine Lernprozessbegleitung zumeist Qualifizierungsmaßnahmen im Rahmen der Logik der Arbeitsprozesse. Eine Auswahl von Arbeitsaufgaben und deren Aufbereitung ist damit zumeist nicht verbunden. Gleichwohl erweitert die Lernprozessbegleitung das informelle Lernen über Hinweise zur Reflexion, Steuerung und Handhabung der Arbeitsprozesse und fördert so Lern- und Kompetenzentwicklung der Beschäftigten.

6.2.3 Coaching

Die mit Abstand am weitesten verbreitete Begleitungsform in der Arbeit ist das Coaching. Der ursprünglich für studentische Tutoren und die Betreuung im Spitzensport verwendete Begriff hat sich im Laufe der Zeit zu einer Sammelbezeichnung für eine Vielzahl von Coachingansätzen entwickelt, gleichwohl ist er unverwechselbar. Coaching in der betrieblichen Bildungsarbeit ermöglicht Personen und Gruppen eine professionelle Reflexion und Erweiterung ihrer Entwicklungsprozesse, um dabei zugleich ihre Selbstständigkeit, Selbststeuerung, Kompetenzentwicklung und ihr Rollenverständnis zu verbessern. Hilfe zur Selbsthilfe ist eine Leitidee des Coachings. Der Coach ist dabei ein Begleitungs- und Beratungsexperte. Er ist Experte für den Prozess, nicht die Lösung (*Rauen* 2000; *Fischer-Epe* 2018).

Durch Coaching soll der Coachee motiviert werden, seine persönliche Entwicklung und seine situative Rolle zu verbessern und voranzubringen. Coaching bietet eine geeignete Unterstützung, schwierige berufliche und betriebliche Probleme zu bewältigen und soziale Situationen zu verbessern. Schon früh entstanden unterschiedliche Coachingformen, verbunden mit einem breiten und offenen Verständnis. So unterscheidet *Böning* (2000, S. 21) sechs Kategorien des Coaching vom „entwicklungsorientierten Führen durch den Vorgesetzten" bis zu einem Verständnis, wonach „fast jede beliebige Tätigkeit ... zum Coaching gemacht (wird), wenn sie eine anspruchsvolle Form des Gesprächs oder der Beratung umfasst".

Über die in der Abbildung 15 hinausgehenden Formen des Einzel-Coachings und des Gruppen-Coachings werden in den letzten Jahren unterschiedliche „Settings" des Coaching-Konzepts wie Kollegiales Coaching, Team-Coaching, Projekt-Coaching und Online-Coaching bzw. E-Coaching diskutiert und praktiziert. Vor allem das Einzel-Coaching, das Gruppen-Coaching und das Kollegiale Coaching haben in der Personalentwicklung und der betrieblichen Weiterbildung starke Verbreitung gefunden. Sie sind in der folgenden Abbildung kurz charakterisiert.

Tab. 9: Coachingformen in und bei der Arbeit

Coachingform	Gegenstand
Einzel-Coaching	Systematische Begleitung eines Mitarbeiters oder einer Führungskraft bei der Kompetenzentwicklung durch einen professionellen Coach
Gruppen-Coaching	Systematische Begleitung einer Gruppe zur Verbesserung der Kompetenz der Gruppe und der einzelnen Mitglieder durch einen professionellen Coach
Kollegiales Coaching	Erfahrungen, Probleme und Herausforderungen von Beschäftigten oder Führungskräften werden mit einem professionellen Moderator in der Gruppe systematisch bearbeitet

Die ersten beiden der drei Coachingformen können durch einen externen Coach, einen internen Coach oder einen Vorgesetzten- bzw. Linien-Coach durchgeführt werden (*Rauen* 2000, S. 45). Beim Kollegialen Coaching hingegen werden Steuerung und Ausrichtung der Begleitung größtenteils von der Gruppe selbst übernommen, die nur einen Experten als Moderator einsetzt (*Lippmann* 2009). Damit kann das Format des Kollegialen Coachings aber auch der im folgenden Unterkapitel 6.2.5 beschriebenen Begleitungsform der Kollegialen Beratung zugezählt werden.

Anstelle persönlicher Entwicklungen im Klientenverhältnis, wie etwa beim herkömmlichen außerbetrieblichen Coaching, konzentrieren sich Coachingprozesse auf der mittleren und unteren betrieblichen Hierarchieebene vorrangig auf die Begleitung von anforderungs- und kompetenzbezogenen Entwicklungen, wobei häufig Veränderungs- und Problemsituationen den Anlass für ein Coaching geben. Allerdings führt eine wachsende Zahl von Betrieben das Coaching – häufig im Rahmen bestehender Gruppenarbeit – als Regelmaßnahme ein.

Der Coach arbeitet methodisch als Kompetenzentwicklungs- und Prozessbegleiter/in. Seine Aufgaben bestehen zum einen darin, eine gründliche Diagnose von individuellen oder gruppenbezogenen Dispositionen und Kompetenzprofilen in Arbeits- und Sozialsituationen vorzunehmen und zum anderen darin, deutliches Feedback zu geben. Der Coach als Prozessbegleiter/in von einzelnen Fachkräften oder Gruppen auf der mittleren und unteren betrieblichen Hierarchieebene verfolgt dabei zumeist keinen therapie- und klientenzentrierten, sondern einen handlungs- oder kompetenzbezogenen Ansatz. Im Unterschied zur Lernprozessbegleitung ist das Coaching im Allgemeinen nicht in eine Qualifizierungsmaßnahme oder einen Bildungsgang eingebunden. Gleichwohl bestehen Überschneidungen zur Lernprozessbegleitung.

Umstritten ist, inwieweit Coaching auch zu den Aufgaben von Führungskräften zählt. Ein entscheidendes Argument dagegen ist das für das Coaching konstitutive, hierarchiefreie Vertrauensverhältnis, womit Führungs- und Leitungsaufgaben von Vorgesetzten kollidieren. Dagegen sieht *Fischer-Epe* – ergänzend zum internen und externen Coach – die „Führungskraft als Coach" (*Fischer-Epe* 2018, S. 24). Für sie beinhaltet die „Coaching-Kompetenz in der Führungsrolle" vor allem folgende wichtige Methoden: zuhören und Stellung nehmen; Überblick behalten; lösungsorientiert vorgehen; Rolle klären; Kommunikation reflektieren (ebd., S. 235).

6.2.4 Mentoring

Das Mentoring ist eine Begleitungsform, in deren Mittelpunkt „die direkte 1:1 Beziehung zwischen einer erfahrenen Person, dem Mentor, und einer jüngeren Person, dem Mentee" steht (*Reichelt* 2008, S. 393). Mentoring ist ein verabredetes Vertrauensverhältnis, dessen Binnenbeziehung nur zwischen dem Mentor und dem Mentee besteht. Dabei werden Vorgehensweise der Begleitung und Themen miteinander vereinbart. Mentoring erfordert von beiden Seiten ein hohes Maß an Offenheit und Engagement.

Zum Mentoring besteht ein breites Begriffsverständnis, das aus der Vielzahl von Anwendungsfeldern und der bisher nur schwachen wissenschaftlichen Durchdringung der Thematik resultiert. Im betrieblichen Zusammenhang geht es um die Begleitung und Unterstützung der beruflichen Entwicklung von jungen Potenzialträgern oder besonderen Personengruppen im Rahmen der Personalentwicklung. Ziel ist die Weiterentwicklung der Fähigkeiten und Kompetenzen des Mentees, aber auch seiner Persönlichkeit. Das herkömmliche Mentoring zeichnet sich durch eine längerfristige Anleitungs- und Begleitungsfunktion aus. Vor allem als Förderung des Führungskräftenachwuchses ist Mentoring ein klassisches Personalentwicklungsinstrument.

Ebenso wie das Coaching kann Mentoring als internes oder externes Mentoring durchgeführt werden, zudem ist das Cross-Mentoring eine weitere verbreitete Variante (*Reichelt* 2008, S. 440 ff.). Beim internen Mentoring gehören Mentor und Mentee dem gleichen, beim externen Mentoring gehören sie unterschiedlichen Unternehmen an. In jedem Fall stehen sie in keiner direkten Arbeitsbeziehung miteinander. Dies gilt auch für das Cross-Mentoring, in dem Mentor und Mentee aus unterschiedlichen Organisationen kommen und das somit dem externen Monitoring zuzuordnen ist. Zudem ist das Einzel-Mentoring vom Gruppen-Mentoring zu unterscheiden, bei dem ein Mentor mehrere Mentees begleitet. Die am weitesten verbreiteten Varianten des Mentorings sind in der folgenden Übersicht dargestellt.

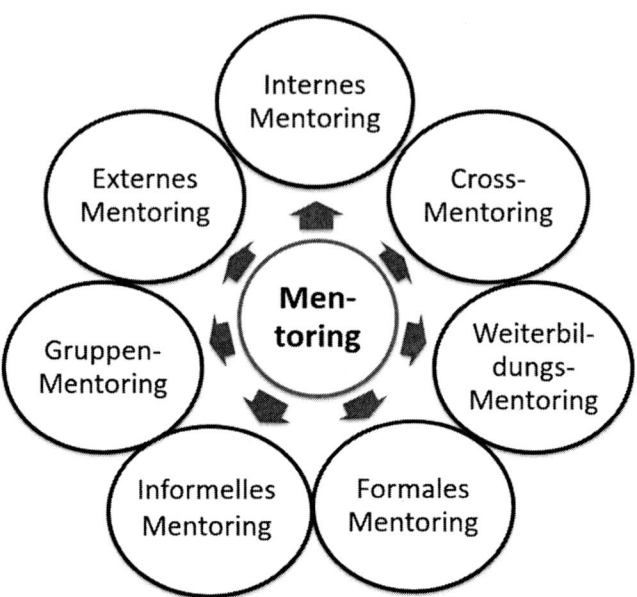

Abb. 17: Varianten des Mentorings

Wie *Becker* ausführt, wird „Mentoring als Instrument der Förderung von Fach- und Führungskräften ... gegenwärtig neu entdeckt". Neben das organisierte oder formelle Mentoring tritt das informelle Mentoring, das „im Vollzug der Arbeit" stattfindet (*Becker* 2005, S. 410 f.). Ebenso wie das formale Lernen um das informelle Lernen, die formale Weiterbildung um die informelle Weiterbildung erweitert werden, trifft dies auch auf das Mentoring zu (*Reichelt* 2008, S. 440 ff.).

Damit wird den oben angesprochenen Ungewissheitssituationen und Agilitätsanforderungen entsprochen. Das informelle Mentoring ergibt sich häufig in der unmittelbaren, ungeplanten Arbeitssituation durch die Eigeninitiative der Beteiligten oder als Folge bestimmter Arbeitsformen, wie z. B. der generationsübergreifenden Gruppenarbeit oder der Arbeit im Tandem, das aus einem erfahrenen und einem jungen Kollegen besteht. Auch das Modell des situativen Lernens mit der Entwicklung vom Novizen zum Experten ist dem informellen Mentoring als Begleitungsform zuzuzählen, wobei das Mentoring in diesem Fall durch die Gruppe bzw. das Team erfolgt.

In jedem Fall unterstützen in der Arbeit erfahrene Personen relativ unerfahrene Personen in einer typischen Mentor-Mentee-Beziehung, wobei die unmittelbaren Arbeitsbeziehungen den Ausgangspunkt bilden. Es bestehen keine festen Regeln und Vereinbarungen wie beim formalen Mentoring, und es muss sich nicht um eine längerfristig angelegte Begleitungsform mit ausgewiesenen Entwicklungszielen für den Mentee handeln. Die professionelle Beherrschung der jeweiligen Arbeitsanforderungen, die Herausbildung von Professionalität bilden die Zielsetzung des informellen Mentorings. Und ebenso wie das informelle Lernen und der darüber erfolgende Kompetenzerwerb durch gezielte Maßnahmen der Arbeitsgestaltung und Validierung gefördert werden, kann dies beim informellen Mentoring erfolgen.

Im formalen Mentoring – aufgrund der organisierten Anlage auch institutionelles Mentoring genannt – fungieren Führungskräfte oder auch ausgewiesene Berater und Experten als Mentoren. Im Unterschied zum Coach oder Lernprozessbegleiter ist der Mentor nicht eigens für seine Tätigkeit qualifiziert. Er sollte aber über ein großes Spektrum an Berufs- und Lebenserfahrungen sowie Erfahrungswissen verfügen, und zudem offen und bereit sein, diese an den Mentee weiterzugeben.

Es geht dabei aus der Sicht des Mentors nicht vorrangig um die Einlösung bestimmter Lern- oder Qualifikationsziele, sondern um die Begleitung und Beratung des Mentees vor dem Hintergrund eigener Erfahrungen und eigener Expertise, um auf diese Weise den weniger Erfahrenen zu fördern. Dem Mentor kommt eine gewisse Vorbildfunktion zu. Auch wenn die Aufgaben des Mentors mit keinen Gratifikationen verbunden sind, kann die Tätigkeit zu Vorteilen wie z. B. einem Imagegewinn im Unternehmen, der Reflexion des eigenen Werdegangs und zu einem Zuwachs an Beratungs- und Begleitungskompetenz führen.

Eine aktuelle Variante des formalen Mentorings stellen die gewerkschaftlichen und betrieblichen Weiterbildungsmentoren dar. Das Konzept des Weiterbildungs-Mentorings betont den Vertrauensaspekt und ist u. a. in dem IG Metall-Forschungsprojekt „Vertrauensleute als Weiterbildungsmentoren" entwickelt und erprobt worden (*IG Metall Vorstand* 2018). Die Qualifizierung zu Weiterbildungsmentoren erfolgt wesentlich über das Coaching, und zwar durch den sogenannten „Mentorencoach". Als bildungspolitische Zielsetzung sind die Weiterbildungsmentoren – ebenso wie die Lernprozessbegleiter – in der Nationalen Weiterbildungsstrategie der Bundesregierung von 2019 explizit aufgenommen worden, wobei als Mentoren die Zielgruppe der Betriebs- und Personalräte sowie der Vertrauensleute hervorgehoben wird (*BMAS/BMBF* 2019, S. 12 f.).

6.2.5 Kollegiale Beratung

Die kollegiale Beratung ist ein zukunftsorientiertes Instrument der betrieblichen Bildungsarbeit und der Personalentwicklung, das sowohl die qualifikatorischen Interessen der Unternehmen wie auch die Interessen der Teilnehmenden im Hinblick auf die Verbesserung ihrer Arbeitssituation und ihrer Kompetenzentwicklung aufnimmt. Sie dient unmittelbar der Stärkung und der Selbstständigkeit von Personen, die sich vorrangig eigeninitiativ und selbstgesteuert zu einer Beschäftigten-gruppe zusammenschließen. In der Gruppe findet eine Mischung von Beratung und Begleitung statt, wobei die angestrebte längerfristige Dauer und die Arbeitsbezo-genheit den Begleitungscharakter stärken. Die kollegiale Beratung entstand in Aus-einandersetzung mit der Supervision in den 1970er-Jahren vor dem sich abzeich-nenden Wandel in den betrieblichen Arbeits- und Organisationsstrukturen und bezog sich in ihren Anfängen hauptsächlich auf pädagogische und soziale Berufe (*Schlee* 2004; *Linderkamp* 2011; *Schmid / Veith / Weidner* 2013; *Tietze* 2016).

Die kollegiale Beratung hat sich zu einem im hohen Maße selbstgesteuerten Perso-nalentwicklungskonzept auf der Grundlage einer festen Gesprächsstruktur entwi-ckelt. In der Beschäftigtengruppe führen etwa fünf bis zehn Kollegen / innen freiwil-lige, gleichwohl verbindliche und möglichst kontinuierliche Beratungs- und Pro-blemlösegespräche zu betrieblichen Entwicklungen. Es wird ein Austausch über die Arbeitsbereiche ermöglicht und darüber hinaus auch der Zusammenhalt der Betei-ligten gefördert. Die Beteiligung an bereichs- und abteilungsübergreifender kolle-gialer Beratung ermöglicht zudem den Ausbau und die Vertiefung der eigenen beruflichen Vernetzung.

Definitorisch ist die kollegiale Beratung durch folgende Merkmale charakterisiert: Sie

- ist ein freiwilliger, aber verbindlicher Austausch zwischen gleichberechtigten Kollegen,

- bezieht sich auf berufliche und betriebliche Entwicklungen und Erfahrungen und auf damit verbundene Fragen und Problemsituationen,

- strebt einen zielgerichteten, selbstgesteuerten Erkenntnis- oder Lösungsprozess zu angesprochenen Themen ohne externe Anleiter oder Experten an,

- verläuft nach einer festgelegten Struktur und sieht wechselnde Aufgaben wie die des Moderators, Fallgebers, Beraters und Protokollanten vor.

Methodisch geht es um die wechselseitige Beratung nach einem festen Ablauf mit verteilten Rollen und dem Ziel, Lösungen für konkrete berufliche Problemsituatio-nen vor allem im sozialen und personalen Bereich zu entwickeln. Es kann aber auch um die Gewinnung von Erkenntnissen zu fachlichen, sozialen und personalen The-men gehen, die mit der Arbeit in Verbindung stehen. Selbstbestimmung, Selbststeu-erung, und gleichberechtigte Teilnahme zeichnen Anlass und Verfahren aus, erst in neueren Varianten werden auch externe Fachexperten oder externe Moderatoren hinzugezogen, wie das Beispiel des Kollegialen Coachings im Unterkapitel 6.2.3 zeigt.

Zeitlich nimmt ein Beratungsfall etwa ein bis zwei Stunden in Anspruch, wobei bei einem Treffen zumeist zwei oder drei Fälle erörtert werden. Der Gesprächsablauf folgt zumeist folgenden Phasen:

● Casting mit der Festlegung von Rollen,
● Falldarstellung durch den Fallgeber mit Klärungen,
● Fokussierung des Fallbeispiels auf Schlüsselfragen und Hypothesen,
● Klärung der methodischen Behandlung der Schlüsselfragen,
● direkte kollegiale Beratung des Fallgebers mit Handlungshinweisen,
● abschließende Stellungnahme des Fallgebers zu den kollegialen Ideen und Empfehlungen.

Insgesamt dient die kollegiale Beratung der Kompetenzentwicklung und der Qualitätssicherung beruflichen Handelns für Beschäftigte unterschiedlicher Berufsgruppen auf der Basis von beruflichen Erfahrungen, Wissen und Können. Wurde sie zunächst, ebenso wie das Coaching, für die Ebene der Führungskräfte eingesetzt, so findet heute ein zunehmender Einsatz auf der Ebene von Fachkräften statt. Die kollegiale Beratung ermöglicht, konkrete Probleme und Praxisfälle mit Hilfe der anderen Gruppenmitglieder systematisch zu reflektieren und Lösungsoptionen für den Berufsalltag zu entwickeln. Die Teilnehmer/innen lernen, berufliche Situationen mit Kollegen und Vorgesetzten sowie Kunden besser zu bewältigen, Problemlösestrategien zu verbessern, fundierte Entscheidungen zu treffen und Belastungen zu mindern. Diese Form der Kompetenz- und Personalentwicklung, ausgehend von der konkreten Arbeits- und Mitarbeitersituation, erreicht auch eine große Anzahl von Beschäftigten, die der Weiterbildung distanziert gegenüberstehen oder sich zunächst verweigern.

Aufgaben

1. Worin besteht die wachsende Relevanz von Begleitungsformen in der modernen Arbeitswelt und wie werden sie definiert?
2. Worin unterscheiden sich Beratung und Begleitung und warum findet in der Begleitung häufig auch eine Beratung statt?
3. Welche Merkmale sind für die vier Begleitungsformen Lernprozessbegleitung, Coaching, Mentoring und Kollegiale Beratung charakteristisch, wie haben sie sich entwickelt und wie werden sie eingesetzt? Wie beurteilen Sie ihre zukünftige Entwicklung?

7 Lernförderliche Arbeitsgestaltung und Validierung betrieblichen Lernens

Die Gestaltung des Arbeitsplatzes unter optimierenden Kriterien wird als spezifische Aufgabe gesehen, seit ein Bewusstsein darüber besteht, dass das Arbeiten räumlich, zeitlich und organisatorisch von der Lebenswelt zu unterscheiden ist. Arbeitsgestaltende Maßnahmen und Methoden bestehen seit Jahrhunderten, auch wenn sie nicht als solche aufgefasst und bezeichnet wurden wie die zu Beginn des Zwischenkapitels 2.3 angesprochene mittelalterliche Meisterlehre deutlich zeigt.

Heute stößt die Forderung nach einer umfassenden lernförderlichen Arbeitsgestaltung allerorten auf Zustimmung. In zahlreichen Studien und Modellprojekten sind Grundsätze, Merkmale und Kriterien einer lernförderlichen Arbeitsgestaltung entwickelt worden. Für die betriebliche Bildungsarbeit ist die lernförderliche Arbeitsgestaltung ein zentrales Handlungs- und Gestaltungsfeld (vgl. Zwischenkapitel 3.1). Im Vordergrund stehen dabei die Analyse der Arbeit unter lernförderlichen Gesichtspunkten und darauf bezogene Maßnahmen zur Verbesserung der beruflichen Handlungsfähigkeit und der Kompetenzentwicklung. Dabei geht es mit Blick auf die Kompetenzbasierung betrieblicher Bildungsarbeit nicht mehr nur um eine lernförderliche, sondern um eine lern- und kompetenzenzförderliche Gestaltung des Arbeitsplatzes und der Arbeitsprozesse. Zudem ist auf die in den vorherigen Kapiteln thematisierten arbeitsintegrierten Lernformen und Lernkonzepte zu verweisen, die insofern der Arbeitsgestaltung zuzuzählen sind als sie gezielt lern- und kompetenzförderliche Strukturen und Rahmenbedingungen herstellen.

In diesem Zusammenhang stehen auch die Validierung und Anerkennung des betrieblichen Lernens und der darüber erworbenen Kompetenzen. Es ist im Interesse von Unternehmen und Beschäftigten, die bisher allenfalls einzelbetrieblich über informelles und nichtformales Lernen erworbenen Kompetenzen unter ausgewiesenen Standards anzuerkennen und in die Personalentwicklung und die individuelle berufliche Laufbahnentwicklung aufzunehmen. Voraussetzung dafür sind Kompetenzanalyse- und Validierungsverfahren zur Identifizierung und Bewertung der erworbenen Kompetenzen. Im Betrieb tragen die Erfassung und Anerkennung beruflicher Erfahrungen und Lernergebnisse zudem wesentlich zur Identifikation mit und zur Motivation bei der Arbeit bei.

Mit der bildungspolitisch angestrebten, bundesweit zu verankernden Validierung informell und nichtformal erworbener Kompetenzen werden Anerkennungen und Anrechnungen auf weiterführende Bildungsgänge wesentlich erleichtert; die Gleichwertigkeit und Durchlässigkeit im Bildungssystem werden verbessert.

Das folgende erste Zwischenkapitel beschäftigt sich zunächst mit der Grundlegung einer lern- und kompetenzförderlichen Arbeitsgestaltung in Theorie und Praxis und stellt darauf bezogene einschlägige Analyse- und Gestaltungskriterien vor (7.1). Das zweite Zwischenkapitel thematisiert Verständnis und Verfahren der Validierung, um dann den „Kompetenzreflektor" als Beispiel für ein betrieblich und regional eingesetztes Kompetenzanalyse- und Validierungsverfahren darzustellen (7.2).

7.1 Lern- und kompetenzförderliche Arbeitsgestaltung

Eine lern- und kompetenzförderliche Gestaltung der Arbeit ist für Unternehmen Chance und Notwendigkeit zugleich: Notwendigkeit insofern, als dass der beschriebene epochale und digitale Wandel der Arbeitswelt ein Lernen in der Arbeit und damit entsprechend lernförderlich gestaltete Arbeitsumgebungen fordert; Chance, weil darüber Innovationen und Entwicklungen im Sinne eines lernenden Unternehmens und im Interesse der Beschäftigten ermöglicht oder verbessert werden können.

Eine lern- und kompetenzförderliche Arbeitsgestaltung zielt per se auf die Verbindung von Arbeiten und Lernen und forciert das betriebliche Lernen. Für die betriebliche Praxis ist zu fragen, unter welchen Kriterien eine lern- und kompetenzförderliche Arbeitsgestaltung zu erfassen, zu bewerten und vor allem zu gestalten ist. Zu klären ist zuvor, was unter diesem Begriff genauer zu verstehen ist und welche Ansätze und Erkenntnisse in der Forschung vorliegen.

7.1.1 Verständnis und Forschungsansätze

Eine lern- und kompetenzförderliche Arbeitsgestaltung bietet für Beschäftigte und Betriebe gleichermaßen vorteilhafte Entwicklungsmöglichkeiten. Für den Einzelnen hängen Arbeits- und Beschäftigungsfähigkeit und berufliche Entwicklungs- und Laufbahnwege wesentlich, vielfach auch entscheidend, von der Möglichkeit ab, in und bei der Arbeit zu lernen und die eigene berufliche Handlungskompetenz zu erweitern. Dazu bedarf es der lern- und kompetenzförderlichen Gestaltung der Arbeit und ihrer Verbindung mit organisierten Aus- und Weiterbildungsmaßnahmen.

Für Unternehmen erfordern die Digitalisierung der Arbeitswelt, kontinuierliche Verbesserungs- und Innovationsprozesse, lern- und wissenshaltige Arbeitsaufgaben und eine arbeitsbezogene Personalentwicklung die Gestaltung der Arbeit unter lern- und kompetenzförderlichen Kriterien. Eine solche Arbeitsgestaltung führt zu erhöhter Effizienz und Effektivität in den Arbeitsprozessen und ist so zu einem ökonomischen Faktor für die Wettbewerbsfähigkeit an nationalen und internationalen

Märkten geworden. Insofern ist die Herstellung lern- und kompetenzförderlicher Arbeitsbedingungen bereits aus betrieblich-ökonomischen Gründen unerlässlich.

Gesellschaftlich schließlich ist das Lernen in der Arbeit und dessen Gestaltung ein unverzichtbarer Teil lebensbegleitenden Lernens in der digitalen Arbeits- und Lebenswelt. Mit der lern- und kompetenzförderlichen Gestaltung von Arbeit und der im folgenden Zwischenkapitel thematisierten Validierung von in der Arbeit erworbenen Kompetenzen wird die Verschränkung von Bildungs- und Beschäftigungssystem gestärkt. In dieser Verschränkung stoßen individuelle, betriebliche und gesellschaftliche Interessen unmittelbar aufeinander und ergänzen sich. Die lern- und kompetenzförderliche Arbeitsgestaltung besitzt damit eine über die Arbeitswelt hinausgehende personale und gesellschaftlich-soziale Dimension.

Konzepte und Kriterien der lern- und kompetenzförderlichen Arbeitsgestaltung werden seit den 1980er-Jahren entwickelt und angewandt. Wie der im Rahmen des Programms „Humanisierung des Arbeitslebens" des Bundesministeriums für Forschung und Technologie entwickelte „Leitfaden für qualifizierende Arbeitsgestaltung" (*Duell/Frei* 1986) beispielhaft zeigt, stehen theoretische und praktische Erkenntnisse dabei in einem fruchtbaren Wechselverhältnis. Die wissenschaftliche Auseinandersetzung mit der Thematik erfolgt in einer Reihe von Disziplinen wie der Arbeitswissenschaft, der Arbeits- und Organisationspsychologie, der Management- und Betriebswirtschaftslehre sowie der Berufs- und Betriebspädagogik, wobei die Arbeits- und Organisationspsychologie die Diskussion lange Zeit dominierte.

Aus arbeits- und organisationspsychologischer Sicht wird das Lernen in der Arbeit als konstitutiv für die Persönlichkeitsentwicklung angesehen (*Volpert* 1989; *Hacker/Skell* 1993; *Wächter/Modrow-Thiel* 2002). Diese Sichtweise weist durchaus Übereinstimmungen mit dem Stellenwert von Arbeit und Beruf und dem darauf bezogenen Lernen in der Reformpädagogik und der klassischen Berufsbildungstheorie des frühen 20. Jahrhunderts auf. Lernen in der Arbeit wird danach als Teil des menschlichen Entwicklungsprozesses verstanden, als wesentlicher Beitrag zur Selbstverwirklichung des Menschen. Verbunden damit ist die Auffassung, dass die Gestaltung der Bedingungen, unter denen Arbeit geleistet wird, für die Orientierung und Intensität individueller Entwicklungsprozesse maßgeblich ist.

Bedingungen und Potenziale lernförderlicher Arbeit sind in der arbeits- und organisationspsychologischen Forschung vorwiegend in Verbindung mit empirisch-quantitativen Untersuchungen in Mittel- und Großunternehmen analysiert und konstruktiv gewendet worden (*Franke/Kleinschmitt* 1987; *Sonntag* 1996; *Franke* 1999; *Ulich* 1999; *Bergmann* u. a. 2000; *Frieling/Schäfer/Fölsch* 2007; *Sonntag/Stegmaier* 2007, S. 58 ff.). So identifiziert *Franke* (1999, 61 ff.) sieben Dimensionen als relevante Bedingungen für erfolgreiches Lernen in der Arbeit:

- Problemerfahrung, die im Kern die Komplexität von Erfahrungen und das Ausmaß von Denkprozessen in der konkreten Arbeit beinhaltet.

- Handlungsspielraum, der Auskunft über die Freiheitsgrade in der Arbeit gibt und damit Auskunft über die unterschiedlichen Möglichkeiten, kompetent zu handeln.

- Zentrierte Variabilität, die sich auf die Bearbeitung von Aufgaben mit gleicher Grundstruktur aber unterschiedlichen Realisierungsbedingungen bezieht und damit hohe Veränderungsmöglichkeiten in der Arbeit anzeigt.

- Integralität, die ganzheitliche Aufgaben im Sinne der „vollständigen Handlung" erfasst.

- Soziale Unterstützung, die Kommunikation, Anregungen, Hilfestellungen mit und durch Kollegen und Vorgesetzte erfasst.

- Individualisierung, die Aufgaben in Beziehung zum Entwicklungsstand des Einzelnen setzt.

- Rationalität, die eine Einordnung in Entwicklungsstufen vornimmt.

Diese Dimensionen und Bedingungen werden von Franke als entscheidend für Lernchancen und Gestaltungsoptionen in der Arbeit angesehen. Ähnliche Grundsätze gelten auch nach *Sonntag* (1996) und *Reinmann-Rothmeier/Mandl* (2001) für die lernförderliche Gestaltung von Arbeitsplätzen und Lernumgebungen. So müssen bestimmte Freiheitsgrade beim Arbeits-Lern-Handeln bestehen, die sich unter anderem darin ausdrücken, dass neue Inhalte nicht als abgeschlossenes System erscheinen und die Lernenden Steuerungs- und Kontrollprozesse übernehmen. Sie müssen eigene Erfahrungen machen und eigene Wissenskonstruktionen und Interpretationen vornehmen können. Die Freiheitsgrade sind bewusst wahrzunehmen, zu nutzen und zu gestalten. Voraussetzung hierfür ist, dass die Lernenden motiviert sind, dass sie an Arbeits- oder Lernhandlungen Interesse haben und selbstgesteuert lernen. Dabei ist Lernen immer auch ein sozialer Prozess, in dem die Lernenden und ihre Handlungen interaktiv und soziokulturell beeinflusst werden. Zusammengefasst bestehen nach *Sonntag* (1996, S. 63 ff.) folgende Grundsätze: Authentizität und Situiertheit; multiple Kontexte; multiple Perspektiven; sozialer Kontext.

Der berufs- und betriebspädagogische Diskurs zur lernförderlichen Arbeitsgestaltung setzte mit der in Kapitel 2 dargelegten Erkenntnis ein, dass mit restrukturierter und digitalisierter Arbeit gewachsene Lernpotenziale und Lerngelegenheiten einhergehen. Diese geben dem Lernen in der Arbeit neue Entfaltungsmöglichkeiten und sind gezielt zu gestalten. Die Vermittlung abgeschlossener Wissensbestände wird, wie ausgeführt (vgl. auch Zwischenkapitel 4.3), durch ein prozessorientiertes, konstruktivistisch ausgerichtetes Lernen in und bei der Arbeit ersetzt. Die lern- und kompetenzförderliche Arbeitsgestaltung hat somit für die Ermöglichung von Lerngelegenheiten und die damit verbundene Kompetenzentwicklung einen hohen Stellenwert.

In dem berufs- und betriebspädagogischen Diskurs werden ökonomisch-betriebswirtschaftliche Gründe für die Neubewertung des Lernens in der Arbeit ebenso berücksichtigt wie industriesoziologische Analysen neuer Arbeits- und Organisationskonzepte. In Studien und Modellprojekten steht die lernförderliche Arbeitsgestaltung vor allem im Kontext des Lernens und der Kompetenzentwicklung der Beschäftigten und Auszubildenden am Arbeitsplatz (*Franke / Kleinschmitt* 1987; *Brater / Büchele* 1991; *Dehnbostel / Holz / Novak* 1992; *Bauer* u. a. 1999; *Bauer* u. a. 2002; *Dehnbostel / Pätzold* 2004; *Molzberger* 2007, S. 101 ff.; *Rebmann / Tenfelde* 2008, S. 160 ff.).

Vor diesem Hintergrund kann die lern- und kompetenzförderliche Arbeitsgestaltung folgendermaßen zusammengefasst werden:

Lern- und kompetenzförderliche Arbeitsgestaltung

Die lernförderliche Arbeitsgestaltung ist seit den 1970er-Jahren ein in Theorie und Praxis entwickeltes betriebliches Handlungs- und Gestaltungsfeld. Die lernförderliche Gestaltung von Arbeit bietet Beschäftigten verbesserte berufliche Entwicklungsmöglichkeiten und Betrieben erhöhte Effizienz und Effektivität in den Arbeitsprozessen. In der betrieblichen Bildungsarbeit wird die lernförderliche Arbeitsgestaltung interdisziplinär aufgefasst und entsprechend orientiert. Mit Blick auf das Leitziel einer umfassenden beruflichen Handlungskompetenz geht es dabei nicht mehr nur um eine lernförderliche, sondern um eine lern- und kompetenzenzförderliche Arbeitsgestaltung. Disziplinübergreifend bestehen Kriterien lern- und kompetenzförderlicher Arbeitsgestaltung, die sowohl der Analyse als auch der Gestaltung von Arbeit dienen.

Für die betriebliche Bildungsarbeit stellt sich die zentrale Frage, welchen Kriterien eine lern- und kompetenzförderliche Arbeit zu genügen hat und wie Arbeitsumgebungen entsprechend zu gestalten sind. In den angesprochenen Studien und Projekten sind, wie das Beispiel der zitierten Dimensionen von G. Franke zeigt, relativ übereinstimmende Beurteilungskriterien vor dem Hintergrund restrukturierter und digitalisierter Arbeit entwickelt worden.

7.1.2 Kriterien lern- und kompetenzförderlicher Arbeitsgestaltung

Beim jetzigen Stand der Diskussion und der wissenschaftlichen Erkenntnis sind zusammenfassend sieben Kriterien zu nennen, die einer lern- und kompetenzförderlichen Arbeitsgestaltung zugrunde liegen. Sie dienen gleichermaßen der Analyse wie auch der Konstruktion lern- und kompetenzförderlicher Arbeitsgestaltung. Zugleich wirken sie ökonomisch und technisch reduzierten Zwecksetzungen der Arbeitsgestaltung entgegen.

Tab. 10: Kriterien lern- und kompetenzförderlicher Arbeitsgestaltung (*Dehnbostel* 2018, S. 289)

Dimension	Kurzcharakteristik
(1) Vollständige Handlung/ Projektorientierung	Zusammenhängende Aufgabenbearbeitung im Sinne der vollständigen Handlung und der Projektmethode; erweiterte Kontexte im Zuge der Digitalisierung
(2) Handlungsspielraum	Freiheits- und Entscheidungsgrade in der Arbeit und damit verbundene Möglichkeiten für selbstgesteuertes und kompetentes Handeln
(3) Problem- und Komplexitätserfahrung	Innere und äußere Erfahrungen unter anspruchsvollen Qualifikationsanforderungen; Unbestimmtheit, virtuelle Erweiterung und Vernetzung erhöhen Problem- und Komplexitätserfahrungen
(4) Soziale Unterstützung/ Kollaboration	Sozialbeziehungen, Interaktionen und Kommunikation in der Arbeit; Erweiterung im Zuge der Digitalisierung
(5) Individuelle Entwicklung	Wechselbeziehungen zwischen Qualifikationsanforderungen und Kompetenzentwicklung; Partizipation, Selbststeuerung und Kompetenzbilanzen stärken die Subjektivierung
(6) Professionalisierung	Expertise- und Wissenszuwachs durch erfolgreiche Handlungsstrategien, digitale Vernetzung und Weiterbildung
(7) Reflexivität	Möglichkeiten der strukturellen und Selbstreflexivität; digitale Kompetenz verstärkt Reflexivität

Diese Kriterien stellen die Selbststeuerung des Lernens in den Mittelpunkt der Kompetenzentwicklung des Einzelnen und von Gruppen und dienen der menschengerechten Gestaltung der Arbeit. Mit der Erweiterung von der Lern- auf die Lern- und Kompetenzförderlichkeit von Arbeit werden Ganzheitlichkeit, kompetenzbezogene Subjektivität und der über arbeitsintegriertes Lernen erfolgende Kompetenzerwerb erfasst. Die Kriterien sind folgendermaßen zu umreißen:

(1) Vollständige Handlung / Projektorientierung

Eine vollständige Handlung zeichnet sich durch ganzheitliche und systematisch ablaufende Arbeitshandlungen aus. Es geht um ein zusammenhängendes Arbeitshandeln wie es u. a. in der Projektmethode realisiert wird. Es schließt ein stark selbstgesteuertes, arbeitsintegriertes Lernen von Einzelnen und von Gruppen ein. Mit der Digitalisierung der Arbeit zeichnet sich ab, dass digitale Medien und digitale Kommunikation immer wichtiger werden und innovative Handlungsabläufe herstellen. Inwieweit diese mit der vollständigen Handlung als logisch ablaufendes Modell kompatibel sind, ist offen. Die mit den Bezeichnungen „agil" und „disruptiv" verbundenen Arbeitsabläufe folgen offensichtlich einer anderen Logik.

(2) Handlungsspielraum

Unter Handlungsspielraum sind die objektiven Freiheits- und Entscheidungsgrade bei der Ausführung einer Arbeitsaufgabe zu verstehen. Diese Freiheits- und Entscheidungsgrade hängen einerseits vom objektiven Lern- und Handlungspotenzial der vorhandenen Arbeitsaufgaben ab, andererseits von den Partizipations- und Mitgestaltungsmöglichkeiten der Handelnden. Beispiele für die Erweiterung von Handlungsspielräumen sind die drei klassischen Arbeitsstrukturierungsverfahren des Job Enrichments, Job Enlargements und der Job Rotation. Hinzukommen entgrenzte Lernorte sowie lern- und kompetenzförderliche Arbeitsgestaltungen in der digitalen Arbeitswelt. Insgesamt gilt: Je höher die Freiheits- und Entscheidungsgrade im Handlungsspielraum sind, desto größer die Möglichkeiten für kompetentes, selbstgesteuertes und lernintensives Handeln.

(3) Problem- und Komplexitätserfahrung

Mit zunehmendem Umfang, mit Vielschichtigkeit und virtuellen Erweiterungen von Arbeitsaufgaben wachsen auch die Kompetenzanforderungen in der Arbeit und die Möglichkeiten, innere und äußere Erfahrungen im Prozess der Arbeit zu machen. Das Kriterium steht in deutlichem Zusammenhang mit denen des Handlungsspielraums und der vollständigen Handlung. Problem- und Komplexitätserfahrungen werden insbesondere in Arbeitssituationen der Unbestimmtheit, der Vernetzung und der Aufgabenvielfalt mit unterschiedlichen und nicht immer kompatiblen operativen und strategischen Zielsetzungen erworben. In der digitalen Arbeitswelt wachsen die Problem- und Komplexitätserfahrungen im Kontinuum von physischer und virtueller Realität.

(4) Soziale Unterstützung / Kollaboration

Für Anregungen und Hilfestellungen der Beschäftigten untereinander und von Seiten der Vorgesetzten spielen Sozialbeziehungen, Interaktionen und Kommunikation eine wichtige Rolle. Diese hängen ihrerseits von den jeweiligen Arbeitsaufgaben und Arbeitskonzepten, aber auch von der Unternehmens- und Lernkultur ab. Teamarbeit bringt beispielsweise von vornherein Gemeinschaftlichkeit und ein hohes Maß an informellem und kollaborativem Lernen mit sich. Das Lernen wird von einem individuellen zu einem kollaborativen Lernen. Mit der Digitalisierung der Arbeit wird die soziale Unterstützung über soziale Medien und Chaträume erweitert, virtuelle Räume wie Online-Foren und Online-Communities bieten neue, zumeist betriebsübergreifende Möglichkeiten der Kollaboration.

(5) Individuelle Entwicklung

Es besteht eine Wechselbeziehung zwischen den Qualifikationsanforderungen in der Arbeit und der individuellen Kompetenzentwicklung der Beschäftigten. Ziel ist es, Beschäftigte weder zu unterfordern noch zu überfordern. Validierungs- und Kompetenzfeststellungsverfahren als Personalentwicklungsinstrumente ermöglichen professionelle Bilanzierungen und Zukunftsaussagen zur individuellen Entwicklung. Angesichts der Subjektivierung der Arbeit soll allen Beschäftigten ermöglicht werden, eigene Sicht- und Interpretationsweisen sowie individuelle Arbeitsweisen einzubringen. Dies gewährleisten am ehesten eine lern- und kompetenzförderlich gestaltete Arbeit und ein hohes Maß an Partizipation und Selbststeuerung.

(6) Professionalisierung

Für die Entwicklung von Professionalität in der Arbeit ist es notwendig, dass die Beschäftigten sich unter unterschiedlichen Bedingungen erfolgreiche Handlungsstrategien zu eigen machen. Professionen zeichnen sich gegenüber Berufen durch eine höhere Expertise und höhere soziale und kollektive Verbundenheit und Vernetzung aus, die in digitalisierten Zeiten zunehmend virtuell erfolgen. Rückkoppelungen, Erfahrungen und Arbeitserweiterungen verbessern die berufliche Handlungsfähigkeit und Expertise des Einzelnen. Mit der wachsenden Wertschätzung des informellen Lernens und der realen Zunahme von nichtformalem und formalem Lernen erfolgt eine verstärkte Weiterbildung, und die Möglichkeiten der Professionalisierung verbessern sich.

(7) Reflexivität

Wie im Zwischenkapitel 3.3 dargestellt, wird unter Reflexivität sowohl die strukturelle Reflexivität als auch die Selbstreflexivität der Einzelnen verstanden. Reflexivität in der Arbeit heißt, sowohl über Arbeitsstrukturen und -umgebungen als auch über sich selbst zu reflektieren. In bewusster Distanz zum unmittelbaren Arbeitsgeschehen sind Ablauforganisation, Handlungsabläufe und Arbeitsgestaltung in ihren Dimensionen und Möglichkeiten zu hinterfragen und in Beziehung zu eigenen Erfahrungen und zum eigenen Handlungswissen zu setzen. Der hohe Stellenwert der Reflexivität in der Arbeit wird bereits in der mit der Kompetenzentwicklung verbundenen Leitidee der reflexiven Handlungsfähigkeit deutlich und das „Reflexive Lernen" ist im Unterkapitel 4.3.6 als betriebliches Lernkonzept ausgewiesen. Digitale Kompetenzen verstärken zusätzlich den Stellenwert der Reflexivität in der Arbeit.

Die praxis- und gestaltungsbezogene Anwendung der Kriterien hängt wesentlich davon ab, inwieweit sie aufgrund unternehmensbezogener Gegebenheiten wie Branchenzugehörigkeit, Betriebsgröße, Arbeits- und Organisationskonzepte und Unternehmenskultur angemessen sind. Sie können nicht per se als Gütekriterien gelten, denn ob sie auf das Lernen fördernd oder behindernd wirken, hängt wesentlich von individuellen Merkmalen wie dem Entwicklungsstand, den Einstellungen und der Lernbiografie des Einzelnen ab. So kann ein großer Handlungsspielraum bei dem Einen lernförderlich, bei dem Anderen hingegen lernhemmend wirken. Die Frage der Lern- und Kompetenzförderlichkeit von Arbeit unterliegt also nicht nur objektiven Kriterien wie Lernpotenzialen und Lerngelegenheiten, sondern ist immer auch in Abhängigkeit von personenseitigen Dispositionen zu sehen.

Der Hauptwert der lern- und kompetenzförderlichen Arbeitsgestaltung liegt aber darin, dass das Lernen als wichtiger Produktivfaktor und als grundlegender Faktor der Kompetenzentwicklung im Betrieb genutzt wird. Besondere Bedeutung kommt dabei der Qualifizierung bestimmter Adressatengruppen zu; so wird der Zugang für formal nicht Qualifizierte und für benachteiligte Jugendliche und Erwachsene zur Berufs- und Weiterbildung wesentlich erleichtert, z. T. überhaupt erst ermöglicht.

Insgesamt hat die Auseinandersetzung mit der Arbeitsgestaltung die Erkenntnis gebracht, dass es für Unternehmen und Individuen keinen eindeutigen oder festgelegten Weg gibt, lern- und kompetenzförderliche Arbeitsbedingungen und Lernumgebungen zu schaffen. Die Aufgabe der lern- und kompetenzförderlichen Gestaltung des Arbeitsplatzes verlangt spezifische Lösungen, da die Möglichkeiten ihrer Realisierung wesentlich von den genannten, vorauszusetzenden Einflussfaktoren wie Betriebsbranchen und -größen sowie individuellen und organisationalen Faktoren mitbestimmt werden. Darauf sind die erläuterten Kriterien zu beziehen.

Aufgaben

1. Worin sehen Sie die Gründe, dass heute der lern- und kompetenzförderlichen Arbeitsgestaltung in Theorie und Praxis eine außerordentlich hohe Aufmerksamkeit zuteilwird, welche Rolle kommt dabei der Wissenschaft zu?
2. Wie beurteilen Sie die Relevanz und den Nutzen einer lern- und kompetenzförderlichen Arbeitsgestaltung für die einzelnen Beschäftigten und für den Betrieb, welche Rolle spielt dabei die digitale Transformation der Arbeit?

3. Benennen Sie Kriterien zur Analyse und Gestaltung lern- und kompetenzförderlicher Arbeit und erläutern Sie diese, möglichst am Beispiel betrieblicher Praxis.

7.2 Validierung und Anerkennung betrieblichen Lernens

Für Unternehmen und Beschäftigte ist die Analyse und Bewertung betrieblich informell und nichtformal erworbener Kompetenzen unerlässlich. Für Unternehmen wird damit der Ist-Stand vorhandener personeller Qualifikationen festgestellt und eine daran anknüpfende Personalentwicklung ermöglicht. Personalentwicklung und Recruiting sind auf der Basis validierter Kompetenzen besser zu steuern und durchzuführen, ebenso das Bildungsmanagement und eine lern- und kompetenzförderliche Arbeitsgestaltung.

Für Beschäftigte ist die Erfassung, Bewertung und Anerkennung ihrer in der Arbeit erworbenen Kompetenzen eine wichtige Grundlage für die weitere berufliche und individuelle Entwicklung. Zudem tragen die Anerkennung beruflicher Erfahrungen und die damit verbundene Wertschätzung wesentlich zur Identifikation mit und Motivation bei der Arbeit bei.

Kompetenzanalyse- und Validierungsverfahren werden in vielfältigen Formen eingesetzt, dies erfolgt im Kontext des im Kapitel 2 beschriebenen epochalen Wandels der Arbeitswelt. Die seit den 1990er-Jahren eingeführten Validierungsverfahren dienen explizit der Erfassung und Bewertung von informell und nichtformal erworbenen Kompetenzen. Sie sind eine Voraussetzung um betrieblich erworbene Kompetenzen für weiterführende Bildungsgänge anzuerkennen und anzurechnen. Sie tragen zugleich zur Gleichwertigkeit und zur Durchlässigkeit von beruflicher, allgemeiner und akademischer Bildung bei.

7.2.1 Verständnis und Verfahren der Validierung

Die Leitidee der Validierung von Bildungsleistungen und Lernergebnissen besteht in der objektiven Erfassung und Bewertung von informell und nichtformal erworbenen Kompetenzen. In Unternehmen werden von daher die über Lernen erworbenen Kompetenzen von Einzelnen und ggf. auch von Gruppen validiert, nicht das Lernen selbst. Die Bewertung informell und nichtformal erworbener Kompetenzen misst sich an Standards, die dem Validierungsverfahren zugrunde liegen.

Die Erfassung und Bewertung von Fähigkeiten, Wissen und Kompetenzen ist in Unternehmen nichts Neues. Jedes Personalentwicklungsgespräch und jede Prüfung nimmt eine Erfassung und Bewertung vor. Neu ist, dass die heutigen Berufsbiografien nicht mehr linear verlaufen, dass zeitlich zurückliegende Zeugnisse immer weniger Auskunft über die realen Kompetenzen einer Person geben und dass genaue

Kompetenzfeststellungen für Bildungsbedarfsanalysen und strategische Zielsetzungen unabdingbar notwendig geworden sind. Neu ist auch, dass anstelle von personenungebundenen Qualifikationen personengebundene Kompetenzen bewertet und partiell für betriebliche und staatlich zertifizierte Entwicklungswege anerkannt und angerechnet werden. Der Einsatz von Validierungsverfahren gehört von daher zu den Grundaufgaben moderner Personalentwicklung.

Die Validierung informell und nichtformal erworbener Kompetenzen gibt es in Deutschland bisher nur in singulären regionalen und betrieblichen Vorhaben. Ein nationales Validierungssystem, wie es beispielsweise in der Schweiz seit 2004 auf der Grundlage des Bundesgesetzes über die Berufsbildung im Art. 9 Abs. 2 und Art. 33 existiert (*Klingovsky/Schmid* 2018, S. 66 ff.), besteht hierzulande bisher nicht, auch wenn es im Zusammenhang mit der europäischen Bildungspolitik diskutiert wird. Bildungspolitisch ist die Validierung im Kontext der europäischen Bildungspolitik schon seit langem ein Thema.

Aktuell bedeutsam ist immer noch die von der Europäischen Kommission veröffentlichte Empfehlung des Rates vom 20. Dezember 2012 „zur Validierung nichtformalen und informellen Lernens" (*Amtsblatt der Europäischen Union 2012*). Diese sieht die „Validierung von Lernergebnissen insbesondere Kenntnissen, Fähigkeiten und Kompetenzen vor, die auf nichtformalem und informellem Wege erzielt werden" vor (ebd., S. 1) und empfiehlt die Einführung nationaler „Regelungen für die Validierung des nichtformalen und des informellen Lernens ... bis 2018" (ebd., S. 3).

Die Empfehlung sieht vor, dass auf Antrag einzelner Personen und unter Beteiligung von Kammern, Sozialpartnern, Verbänden und Bildungsanbietern die nichtformal und informell erworbenen Kenntnisse, Fertigkeiten und Kompetenzen innerhalb einer bestimmten Frist durch eine zuständige Stelle validiert werden sollen. Eine Anerkennung und Anrechnung auf Bildungsgänge und Abschlüsse ist damit nicht per se verbunden. Hierzu bedarf es weitergehender bildungspolitischer Setzungen, die zunächst national vorzunehmen sind.

Gleichwohl bedeutet die Umsetzung der von der Bundesregierung befürworteten Empfehlung für das deutsche Bildungs- und Berufsbildungssystem eine prinzipielle Erweiterung und Neuausrichtung von Abschlüssen und Berechtigungen. Der Bundesrat hat im Vorfeld der Beschlussfassung zur Empfehlung diese Einschätzung dadurch untermauert, dass er die Aufwertung nichtformaler und informeller Lernwege und -ergebnisse ausdrücklich würdigt und feststellt, dass die Umsetzung der Empfehlung zu einem umfassenden Wandel der Lern-, Anrechnungs- und Anerkennungskultur führen werde (*Beschluss des Bundesrates 2012*). Im Unterschied zu der primär auf Arbeitsmarkt und Beschäftigung zielenden Begründung der EU-Kommission für die Einführung nationaler Validierungssysteme betont der Bundesrat, dass es auch darum gehe, Werte zu vermitteln und die Persönlichkeit zur Entfaltung zu bringen.

Die in 26 europäischen Staaten gewonnenen Erkenntnisse und Erfahrungen zur Bewertung informell und nichtformal erworbener Kompetenzen sind in der Veröffentlichung „Europäische Leitlinien für die Validierung nicht formalen und informellen Lernens" zusammengefasst (*CEDEFOP* 2009) und können als europäisches Validierungskonzept bezeichnet werden. Diese von der Europäischen Kommission gemeinsam mit dem *CEDEFOP* veröffentlichten Leitlinien sind 2016 in überarbeiteter Fassung mit Bezug auf die Empfehlung des Rates von 2012 neu erschienen (*CEDEFOP* 2016). Die Überarbeitung stellt zugleich das Ergebnis einer ersten Überprüfung der 2012 herausgegebenen Rats-Empfehlung dar.

Das Interesse Europas an einer Förderung nationaler Bestrebungen zur Einführung von Validierungssystemen für informelles und nichtformales Lernen ist stark politisch-ökonomisch motiviert: Vergleichbarkeit und Transparenz der nationalen Systeme auf europäischer Ebene sind von großer Bedeutung, wenn ein jeweiliger allgemeiner Nutzen aus Validierungen nicht auf begrenzte Bereiche wie Länder, Regionen und Branchen beschränkt bleibt, sondern europaweite Wirkung entfalten soll. Eine dadurch geförderte Mobilität von Arbeitnehmer/innen innerhalb Europas ist für die Personalentwicklung von Unternehmen wichtig. Ihnen steht so ein größerer Pool an qualifizierten Arbeitskräften zur Verfügung, aus dem sie Mitarbeiter/innen gewinnen können. Für Arbeitnehmer/innen hingegen heißt dies, dass das Angebot an möglichen Arbeitsplätzen länderübergreifend erweitert wird und dass ihre Kompetenzen in einem transparenten System bilanziert werden.

Die Validierung informellen und nichtformalen Lernens ist ohne einen institutionellen und organisationalen Rahmen nicht realisierbar. In den europäischen Leitlinien wird eine Zertifizierungsstelle auf Regierungsebene vorgeschlagen, die die offizielle Anerkennung validierten nichtformalen und informellen Lernens sicherstellen könne (*CEDEFOP* 2009, S. 42 ff.). Mithilfe einer zentralen Bewertungs- und Validierungsstelle könne die Entwicklung von auf breiter Ebene anzuwendenden Verfahren betrieben werden. Grundsätzlich seien Bildungs- und Berufsbildungseinrichtungen im bestehenden öffentlich-rechtlichen Bildungssystem für die Validierung besonders wichtig, weil sie die Vergleichbarkeit der Standards von informell und formal erworbenen Kompetenzen fachlich kompetent beurteilen könnten. Diese herausragende Stellung des formalen Systems könne andererseits jedoch die Entwicklung von Bewertungsverfahren, die nicht von formalen Lernumgebungen abhängen, behindern.

Prinzipiell erfasst die Validierung die auf informellen und nichtformalen Wegen gemachten Lernerfahrungen und Lernergebnisse von Einzelpersonen in einem strukturierten Verfahren, sie bewertet und zertifiziert diese im Abgleich mit festgelegten Standards. Die Standards beziehen sich vor allem auf Branchen, Berufe, Qualifikationsrahmen, Kompetenzmodelle, auf berufliche oder akademische Bildungsgänge oder Teile davon.

In der bisherigen Validierungspraxis hat sich ein Fünf-Phasen-Konzept zur Identifizierung und Bewertung informell und nichtformal erworbener Kompetenzen durchgesetzt (*CEDEFOP* 2009; *Amtsblatt der Europäischen Union* 2012; *Dehnbostel* 2017, S. 7 ff.), das auch dem seit 2004 gesetzlich abgesicherten Validierungsverfahren in der Schweiz zugrunde liegt (*BBT* 2009). In der folgenden Abbildung sind die fünf Stufen in ihrer Abfolge dargestellt, wobei eine zwischen Dokumentation und Bewertung angesiedelte Zusatzstufe der ergänzenden Qualifizierung hinzugefügt ist:

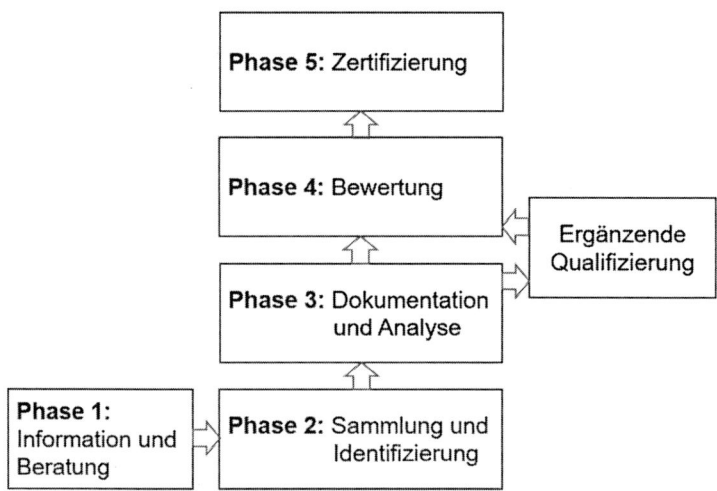

Abb. 18: Fünfstufiges Validierungsverfahren

Kern des Verfahrens sind die mittleren drei Stufen der „Sammlung und Identifizierung", der „Dokumentation und Analyse" sowie der „Bewertung". Je nach Zielstellung kann die Validierung entweder zunächst auf eine entwicklungsorientierte ergebnisoffene Kompetenzfeststellung oder aber gleich auf die Feststellung berufsrelevanter Kompetenzen mit Bezug auf Standards von Berufen oder Bildungsgängen und -abschlüssen zielen und damit anforderungsorientiert erfolgen.

Validierungsverfahren können also auch ohne abschließende Zertifizierung durchgeführt werden und mit einer Bewertung in der vierten Stufe abschließen. Im Allgemeinen sind jedoch die im Folgenden skizzierten fünf Stufen zu durchlaufen:

Phase 1: Information und Beratung

Information und Beratung von Einzelpersonen, aber auch von Gruppen über bestehende Möglichkeiten, ihre Kompetenzen einschätzen und anerkennen zu lassen, sind grundlegend für eine bewusste Teilnahme am Verfahren. Entsprechende Informations- und Beratungsangebote mit adressatenspezifischen Strukturen müssen entwickelt und ausgebaut werden. Es kann davon ausgegangen werden, dass bisherige Beratungsstrukturen und Angebote in der betrieblichen und regionalen Weiterbildung gut zu nutzen sind. Besonders zu beachten ist:

- Unterschiedliche Zielgruppen benötigen eine spezifisch auf sie ausgerichtete Ansprache, insbesondere ist nach Vorbildung und Arbeitssituation zu differenzieren.

- Beratende begleiten die Teilnehmenden im Vorfeld der Validierung und ggf., insbesondere bei sozial benachteiligten Zielgruppen, während des gesamten Validierungsprozesses.

Phase 2: Sammlung und Identifizierung

Grundsätzlich stellt sich die Frage, ob die Beratenden auch für die Identifizierung und erste Bewertung zuständig sein sollen oder ob hierfür eine andere Expertengruppe tätig sein soll. Prinzipiell spricht vieles für eine zumindest partielle Trennung, da die Beratung zumeist in der betrieblichen Weiterbildung oder in Informations- und Bildungszentren vorgenommen wird und die Beratenden häufig keine fachliche Validierungsexpertise besitzen. Besonders zu beachten ist:

- Sammlung und Identifizierung sollten nicht nur berufliche Kompetenzen, sondern ebenso individuelle Interessen und Fähigkeiten sichtbar und bewusst machen. Ein Portfolio, das ausführlich über die berufliche Entwicklung und die damit zusammenhängenden Kompetenzentwicklungen der Teilnehmenden Auskunft gibt, ist für die Identifizierung zentral.

- Bei der Identifizierung von Kompetenzen empfiehlt sich ein Rückgriff auf mehrere Methoden wie Selbst- und Fremdeinschätzungen und die Einordnung in ein eher entwicklungsorientiertes oder ein eher anforderungsorientiertes Verfahren.

Phase 3: Dokumentation und Analyse

Dokumentation und Analyse erfordern fachliche Expertise, d. h. kompetente Fachleute sind heranzuziehen. Im Allgemeinen beschränkt sich die Dokumentation auf die geordnete Zusammenstellung der Dokumente der vorhergehenden Phase der

Sammlung und Identifizierung. Die Dokumentation ist Grundlage für die Analyse. Sie kann aber auch um Interviews oder andere Erhebungsinstrumente ergänzt werden, um die Analysebasis zu erweitern. Zudem können Dokumentation und Analyse auch dazu führen, dass sich eine, wie aus der Abbildung 18 zu ersehen, ergänzende Qualifizierung als Zwischenstufe anschließt. Besonders zu beachten ist:

- Die Dokumentation sollte transparent sein und eine Analyse ermöglichen, die zur anschließenden Bewertung führt.

- Die Dokumentation ist möglichst digital zu erstellen, und zwar aus Gründen der Auswertbarkeit, der Transparenz und der Zeitersparnis.

Phase 4: Bewertung

Bei der Bewertung ist zu entscheiden, wer diese durchführt, und welche Qualifikationen dafür erforderlich sind. Die Bewertung und die vorausgehende Analyse sollten möglichst in einer Hand liegen. Die Aufgabe ist besonders anspruchsvoll, da die für formale Bewertungen vorhandenen Methoden und Instrumente nicht einfach übernommen werden können. Zudem stellt sich häufig die Aufgabe, mit den Teilnehmenden Anforderungen, Standards und Ergebnisse der Bewertung zu erörtern. Besonders zu beachten ist:

- Die Teilnehmenden sind von Beginn an darüber zu informieren, welche Anforderungen und welche Standards der Bewertung bestehen.

- Die Bewertung im Validierungsprozess ist nicht an den typischen Prüfungen zu orientieren, wie dies beispielsweise bei der Externenprüfung nach BBiG/HwO geschieht. Es sollten vielmehr Bewertungskriterien mit Bezug auf die jeweiligen Standards entwickelt werden, auf die sich die Validierung bezieht.

Phase 5: Zertifizierung

Bei der Zertifizierung ist zu unterscheiden, ob es sich um ein betrieblich, lokal oder regional ausgestelltes Zertifikat handelt, oder ob ein beruflicher Abschluss oder eine in einen Qualifikationsrahmen einzuordnende Qualifikation dokumentiert wird. Besonders zu beachten ist:

- Funktion und Wert der Zertifizierung sollten von vornherein angegeben werden, da hierin die Zielsetzung der Validierung wesentlich zum Ausdruck kommt.

- Die Zertifizierung enthält die Resultate der Bewertung und möglichst einen Hinweis auf Anerkennungen und die Einordnung in den Deutschen Qualifikationsrahmen (DQR).

Zu betonen ist, dass die Validierung von autorisierten zuständigen Stellen vorzunehmen ist. Es hat sich gezeigt, dass herkömmliche Institutionen, die sich mit der Erfassung und Bewertung des formalen Lernens beschäftigen, für die Einbeziehung und die Validierung des informellen und nichtformalen Lernens nicht ohne weiteres geeignet sind. Neben der fehlenden Expertise zur Beurteilung informeller und nichtformaler Lernprozesse und ihrer Ergebnisse können die Interessen und auch die Traditionslinien zu Widerständen führen, zumal diese Institutionen um ihre Monopolstellung fürchten. Bisher waren sie allein für die Anerkennung und Zertifizierung des Lernens und der damit verbundenen Berechtigungen zuständig.

Zusammenfassend kann die Validierung folgendermaßen charakterisiert werden:

Validierung von informell und nichtformal erworbenen Kompetenzen

Die Validierung informell und nichtformalen Lernens ist ein strukturiertes Verfahren, in dem die über dieses Lernen erworbenen Lernergebnisse als Kompetenzen erfasst und zertifiziert werden. Das Verfahren verläuft idealtypisch in fünf Phasen: Information und Beratung, Sammlung und Identifizierung, Dokumentation und Analyse, Bewertung und Zertifizierung. Die Validierung wird von autorisierten zuständigen Stellen vorgenommen, die Bewertung erfolgt unter Bezug auf Standards u. a. von Berufen, Kompetenzmodellen, Bildungsgängen, Bildungsabschlüssen oder Qualifikationsrahmen. Die personell begleitete und methodisch abgesicherte Durchführung gewährleistet ein objektives und transparentes Verfahren.

In Deutschland erfolgt die Einführung von nationalen Regelungen für ein verbindliches Validierungssystem im Sinne der Empfehlung des EU-Rates von 2012 eher abwartend. Vom Bundesministerium für Bildung und Forschung (*BMBF*) werden zwar seit Jahren Projekte zur Kompetenzfeststellung und Kompetenzanerkennung gefördert, die für spätestens 2018 empfohlenen nationalen Regelungen zeichnen sich aber noch nicht ab.

Neben zahlreichen betrieblichen und regionalen Projekten ist vor allem auf die Projekte hinzuweisen, die der Entwicklung und Erprobung bundesweit geltender Regelungen dienen: das 2014 ausgelaufene Projekt „PROTOTYPING" zur Berücksichtigung von Berufserfahrungen im Rahmen des im Jahr 2012 in Kraft getretenen Anerkennungsgesetzes, das Ende 2018 abgeschlossene Projekt „ValiKom" und das noch laufende direkte Anschlussprojekt „ValiKom Transfer" (*VALIKOM* 2019). Während die Valikom-Projekte im Kontext der Entwicklung und Erprobung nationaler Regelungen für die Anerkennung informell und nichtformal erworbener Kompetenzen stehen, diente das Projekt PROTOTYPING der Anerkennung ausländischer Berufsabschlüsse und dabei auch der Anrechnung beruflicher Teilqualifikationen. In dem noch laufenden Projekt „ValiKom Transfer" wird unter Beteiligung von Handwerkskammern, Industrie- und Handelskammern sowie Landwirtschaftskammern ein auf informell erworbene Kompetenzen bezogenes Validierungsverfahren mit den Standards von anerkannten Aus- und Fortbildungsabschlüssen erprobt und verbreitet.

Das „Berufsqualifikationsfeststellungsgesetz" (BQFG) als Teil des „Gesetzes zur Verbesserung der Feststellung und Anerkennung im Ausland erworbener Berufsqualifikationen", kurz: Anerkennungsgesetz, schafft übergreifend einen allgemeinen Rechtsanspruch auf ein Kompetenzfeststellungs- und Anerkennungsverfahren. Es fixiert die rechtlichen Grundlagen für die Gleichwertigkeitsfeststellung als besondere Form der Anerkennung im Ausland erworbener Berufsqualifikationen. Die Kriterien und Verfahren für die Gleichwertigkeitsprüfung werden gesetzlich geregelt. Unter bestimmten Bedingungen können die auf bundesrechtlich geregelte Berufe bezogenen Äquivalenzen durch Berufserfahrung oder weitere Befähigungsnachweise nachgewiesen werden. Das BIBB-Anerkennungsmonitoring zeigt seit Inkrafttreten des Anerkennungsgesetzes im Jahr 2012 einen kontinuierlichen Anstieg des Antragsaufkommens und der Anerkennungen *Schmitz/Winnige* 2019, S. 11 ff.)

Auch wenn bisher keine nationalen Regelungen für die Validierung informell und nichtformal erworbener Kompetenzen bestehen, so gibt es eine Vielzahl von Kompetenz-, Arbeits- und Arbeitsprozessanalysen und Bewertungen in Betrieben, die für die berufliche Weiterbildung sowie für individuelle Entwicklungs- und Aufstiegswege und damit auch für Anerkennung betrieblich erworbener Kompetenzen zu nutzen sind. Zu nennen sind hier vor allem: Arbeitszeugnisse und Mitarbeitergespräche; Assessmentverfahren; Kompetenzanalysen, -bilanzen, -gitter, -inventare; Diagnostik- und Arbeitsanalyseverfahren; REFA-Methoden sowie Zertifikate von Herstellern und Bildungsträgern.

In den Betrieben und auf dem Arbeitsmarkt gibt es spezifische Anerkennungen in Form von Zertifikaten, Gütesiegeln und Badges, entscheidend bleibt aber die angestrebte Anerkennung im Rahmen nationaler Regelungen und anerkannter Bildungsgänge. Die bisher bestehenden wichtigsten formalen Anerkennungen und Anrechnungen im Bildungssystem sind der folgenden Übersicht zu entnehmen:

Tab. 11: Anerkennung und Anrechnung im formalen Bildungssystem

Anerkennung und Anrechnung im formalen Bildungssystem	
Anerkennung	**Anrechnung**
• BBiG-Möglichkeiten von beruflicher Vorbildung bis Zeugnisgleichstellungen (§ 7, 8, 43 Abs. 2, 49, 50) • Zugang zum Studium ohne Abitur (KMK 2009) • Externenprüfungen (Hauptschulabschluss über AHR bis BBiG § 45/HwO § 37)	• Beruflich erworbene Kompetenzen auf Hochschulstudiengänge (KMK 2002, 2008) • IT-Weiterbildungssystem • Geprüfter Aus- und Weiterbildungspädagoge (BA Professional), Geprüfter Berufspädagoge (MA Professional)

Wie die Abbildung zeigt, ist zwischen Anerkennung und Anrechnung zu differenzieren. Während die Anrechnung auf die Verkürzung von Lernzeiten zielt, bezieht sich die formale Anerkennung auf Abschlüsse. Sie ermöglicht entweder einen unmittelbaren Zugang zu einem Bildungsgang und ist von daher dem vorausgehenden Bildungsabschluss gleichwertig oder verleiht, häufig verbunden mit einer Prüfung, einen Allgemeinbildungs- oder Berufsabschluss. Damit wird ein entscheidender Beitrag zur Durchlässigkeit zwischen beruflicher, allgemeiner und hochschulischer Bildung geleistet.

7.2.2 Verfahrenseinordnung und das Beispiel „Kompetenzreflektor"

In der betrieblichen Bildungsarbeit, der Personalentwicklung und auf regionaler und nationaler Ebene besteht eine Vielzahl von Kompetenzanalyse-, Kompetenzbilanzierungs- und Validierungsverfahren (*Erpenbeck/Rosenstiel* 2011; *Stiftung Warentest* 2017). Die in ihrer Grundstruktur und ihrem theoretischen Hintergrund sehr unterschiedlichen Verfahren bedürfen dringend einer Vergleichbarkeit. Als Besonderheit und zugleich als Vorteil im internationalen Vergleich ist dabei auf das in Deutschland bestehende Berufsprinzip und die Berufsform der Arbeit zu verweisen, die in vielen Verfahren als Referenz und Standardbezug gelten. Insgesamt spricht vieles dafür, dass Kompetenzanalyse- und Validierungsverfahren berufs-, branchen- oder betriebsbezogen ausgerichtet werden müssen, um die unterschiedlichen Qualifikationen und Kompetenzen erfassen und bewerten zu können. Allerdings sind sie zu übergreifenden, öffentlich-rechtlich sanktionierten Verfahren und Regelungen kompatibel anzulegen, um Anerkennungen und Anrechnungen zu ermöglichen.

In theoretischer und praktischer Hinsicht ist ein Unterscheidungsmerkmal grundlegend: Die Frage, ob das Verfahren anforderungs- oder entwicklungsorientiert ausgerichtet ist (*Gillen* 2006, S. 112 ff.; *Dehnbostel* 2007, S. 101 ff.; *Behrend* u. a. 2018, S. 6 ff.). Die bereits in der Beschreibung des allgemeinen fünfstufigen Validierungsverfahrens aufgenommene Unterscheidung von entwicklungsorientierten und anforderungsorientierten Verfahren steht für unterschiedliche Ausrichtungen und Begründungen. So sind Potenzialanalysen in der Schule durchweg entwicklungsorientiert angelegt, Qualifikationsanalysen in der Arbeit zur Durchführung einer Anpassungsqualifizierung hingegen anforderungsorientiert. Die Mehrzahl der Verfahren im beruflichen Kontext bewegt sich zwischen Anforderungs- und Entwicklungsorientierung, d. h. zwischen den beiden Polen Leistung/Arbeit und Individuum. Sie vereinen in Anspruch und Durchführung die polaren Orientierungen, auch wenn sie schwerpunktmäßig einer bestimmten Orientierung zuzuordnen sind.

Die folgende Kennzeichnung von anforderungsorientierten und entwicklungsorientierten Verfahren unter den Merkmalen Zielsetzung, Methode und Ergebnis ermöglicht eine erste Einordnung.

Tab. 12: Kompetenzanalysen zwischen Anforderungs- und Entwicklungsorientierung (*Behrend* u. a. 2018, S. 7)

Leistung/Arbeit		Individuum
	Anforderungsorientierte Verfahren	**Entwicklungsorientierte Verfahren**
Zentrale Zielsetzung	Verbesserung der Leistungsprozesse durch Beobachtung und Beurteilung des Individuums	Reflexion und Einschätzung der Fähigkeiten und Kompetenzen des Individuums
Methode des Verfahrens	„Objektive" Kompetenzmessung und -beobachtung	Subjektiv orientierende Kompetenzeinschätzung
Ergebnis des Verfahrens	Beurteilung und Einordnung individueller Kompetenzbestände an festgelegten Standards	Einschätzung der individuellen Kompetenzbestände im Hinblick auf Weiterentwicklung

Entwicklungsorientierte Verfahren zielen auf die Feststellung von in der Lebens- und Arbeitswelt erworbenen Kompetenzen. Sie sind unter besonderer Beachtung der individuellen Fähigkeiten und Stärken auf das Individuum bezogen. Die Zielsetzung besteht darin, Beschäftigten und Orientierung suchenden Menschen Unterstützung bei ihrer Lebens- und Berufswegeplanung zu geben.

Die Validierung und Bilanzierung der Kompetenzen bietet dabei Ansatzpunkte, Stärken weiter zu entwickeln und mögliche Defizite zu identifizieren und zu reduzieren. Der im Verfahren angelegte Reflexionsprozess stellt selbst einen Lernprozess dar. Entwicklungsorientierte Verfahren blicken auf den gesamten Entwicklungsprozess sowohl vor als auch nach der Kompetenzermittlung und lassen sich in diesem Sinne als formativ bezeichnen. Die Verfahren basieren zumeist auf Selbsteinschätzungen, die anhand vorgegebener Items oder Niveaustufen, aber auch durch eine qualifizierte Beschreibung des eigenen Handelns und Verhaltens erfolgen.

Ausgangspunkt anforderungsorientierter Verfahren sind Kompetenzen und Qualifikationen, die in Berufsbildern, Verordnungen, Qualifikationsrahmen und anderen Referenzrahmen festgelegt sind. Die Einschätzung der Kompetenzen erfolgt auf der Grundlage eines Kompetenzmodells mit Bezug auf die jeweiligen Standards. Anderweitig erworbene Wissensbestände, Fähigkeiten und Kompetenzen, so in privater oder ehrenamtlicher Tätigkeit, kommen eher indirekt zum Tragen. Methodisch dominieren in diesen Verfahren Fremdeinschätzungen in Form von Tests, Interviews, Beobachtungen und kommunikativer Validierung. Die Verfahren sind summativ angelegt.

Im Folgenden wird mit dem „Kompetenzreflektor" ein Validierungsverfahren beispielhaft dargestellt, das schwerpunktmäßig sowohl entwicklungsorientiert wie auch anforderungsorientiert ausgerichtet sein kann. Der Kompetenzreflektor ist ein betrieblich und regional eingesetztes Kompetenzfeststellungs- und Validierungsverfahren, das bereits vor über 10 Jahren entwickelt wurde und heute in weiterentwickelter Form in unterschiedlichen Branchen und auch in der Hochschule eingesetzt wird (*Gillen/Dehnbostel* 2011; *Dehnbostel/Hiestand/Gillen* 2017; *Behrend* u. a. 2018). Der Kompetenzreflektor richtet sich an Erwachsene in unterschiedlichen Berufs-, Sozial- und Lernkontexten und dient der Standortbestimmung des Individuums durch Selbstreflexion und Selbsteinschätzung der beruflichen und individuellen Kompetenzen. Er erfasst, dokumentiert und bewertet das Kompetenzprofil und die zukünftige Kompetenzentwicklung auf der Basis der Validierung informell und nichtformal erworbener Kompetenzen und der Einbeziehung formaler Qualifikationen. Eine Variante des Instruments, der Kompetenzreflektor als „Bilanzierungs- und Begleitungsverfahren" (*Dehnbostel/Hierstand/Gillen* 2017, S. 92 f.), dient zudem der temporären Begleitung der Kompetenzentwicklung, was zur eingeschränkten Einbeziehung von Aufgaben der Lernprozessbegleitung und des Coachings führt.

Der Kompetenzreflektor ist als offenes Verfahren der Kompetenzbilanzierung und Validierung konzipiert und für unterschiedliche Adressatengruppen einzusetzen. Er wird im Rahmen von gezielten Bildungsmaßnahmen durchgeführt oder angeboten. Die Analyse der Kompetenzen bietet den Individuen die Möglichkeit, Klarheit über ihre individuellen Fähigkeiten, Fertigkeiten, Kenntnisse und Stärken zu erhalten, um auf dieser Grundlage die weitere Kompetenzentwicklung und berufliche Entwicklung zu steuern und zu gestalten.

In Übereinstimmung mit dem oben skizzierten fünfphasigen Validierungskonzept besteht der Kompetenzreflektor aus fünf Schritten mit zentralen Fragen (ebd., S. 88 ff.). Zu den fünf Schritten stehen für die Nutzer kurz gefasste Unterlagen bzw. Formblätter zur Verfügung, die z. T. unter Begleitung bearbeitet werden. Die fünf Schritte mit den zentralen Fragen sind der folgenden Übersicht zu entnehmen.

Tab. 13: Die fünf Schritte des Kompetenzreflektors (*Dehnbostel/Hiestand/Gillen* 2017, S. 88)

Schritte	Zentrale Frage
1. Informieren, Erinnern	Welche Möglichkeiten gibt es? Welche Abschlüsse und in der Arbeit erworbenen Kompetenzen habe ich?
2. Sammeln	Welche fachlichen, sozialen und personalen Kompetenzen habe ich und welche brauche ich?
3. Analysieren	Wo liegen meine Stärken und Schwächen? Was macht mich aus?
4. Ziele setzen	Wie bewerte ich meine Entwicklung? Was ist mir wichtig und was will ich weiterentwickeln?
5. Konsequenzen ziehen	Wo kann es hingehen und welche Maßnahmen und Aktivitäten sind jetzt sinnvoll?

Im Schritt des **Informierens und Erinnerns** werden rückblickend wichtige Stationen des persönlichen und beruflichen Werdegangs betrachtet, die zum Aufbau des eigenen Kompetenzprofils beigetragen haben. Ausgehend von der aktuellen Situation werden die Stationen der beruflichen Entwicklung bewusst gemacht und in einem vorgegebenen Formblatt fixiert. Dieser Reflexionsprozess wird durch Fragen unterstützt wie z. B.: Wann war die Facharbeiterprüfung? In welchen Jahren wurde in welchen Positionen gearbeitet? Welche Weiterbildungsmaßnahmen fanden statt, von welcher Zeitdauer waren sie? Welche Kompetenzen wurden außerhalb der Erwerbsarbeit erworben?

Beim Schritt des **Sammelns** geht es darum, die einzelnen Entwicklungsstationen daraufhin zu untersuchen, welche Kompetenzen dort jeweils erworben wurden. Dazu gehören formale Qualifikationen, Tätigkeitsnachweise und in der Arbeits- und Lebenswelt erworbene Fertigkeiten, Kenntnisse und Fähigkeiten. Die von den Teilnehmenden kurz zu skizzierenden Tätigkeitsbeschreibungen sind nach Kompetenzen differenziert, die dem Kompetenzmodell der KMK für die berufliche Bildung (vgl. Zwischenkapitel 3.3) entsprechen. Wichtig ist, dass möglichst viele berufsbiografische Entwicklungen einschließlich der formalen Qualifikationen gesammelt werden und dass die informell und nichtformal erworbenen Kompetenzen grob erfasst und eingeordnet werden.

Wenn alles bewusst und sichtbar ist, folgt der Schritt des **Analysierens**. Hier gilt es, das Typische und die Stärken der eigenen Kompetenzentwicklung herauszuarbeiten, das erarbeitete Kompetenzprofil mit zukünftig möglichen Entwicklungen und Anforderungen zusammenzubringen. Dies geschieht u. a. über die Frage, welche der Kompetenzen und Fähigkeiten in Zukunft weiterentwickelt werden sollen.

Auf der Grundlage des Analysierens und der Bewertung der eigenen Entwicklung sind **Ziele** zu setzen. Die Ziele sollten gleichermaßen motivierend wie erreichbar sein. Sie bilden eine Orientierung und tragen zur weiteren beruflichen Entwicklung bei. In diesem Schritt werden die zuvor subjektiv gesetzten Ziele der Teilnehmenden fundiert und ggf. modifiziert. Die zunächst eigenständig vorgenommene Analyse kann durch Nachfragen begleitender Experten erweitert werden.

In einer abschließenden Phase werden konkrete **Konsequenzen** gezogen. Über die Teilnahme an bestimmten Weiterbildungsmaßnahmen hinausgehend, ist ggf. auch eine längerfristig angelegte Kompetenz- und Personalentwicklung anzusprechen. Dies kann auch veränderte oder erweiterte Arbeitsaufgaben und Berufspositionen betreffen. In jedem Fall geht es darum, konkrete Lern- und Entwicklungsschritte zu fixieren, die die Teilnehmenden dabei unterstützen, die eigenen Kompetenzen weiterzuentwickeln.

Der Kompetenzreflektor lässt sich methodisch genauer einordnen und von anderen Verfahren abgrenzen. Zunächst ist der Kompetenzreflektor als formatives Verfahren der Kompetenzanalyse anzusehen. Verfahren mit formativer Funktion dienen nach *Björnavold* (2001, S. 15ff.) der Unterstützung von Lern- und Entwicklungsprozessen, indem sie Lernenden eine Rückmeldung über ihren Leistungsstand und ihr Entwicklungspotenzial geben. Sie sind von summativen Verfahren zu unterscheiden, die nach Abschluss von Kompetenzentwicklungsprozessen eingesetzt werden. Formative Verfahren sind darauf ausgerichtet, laufende Lern- und Entwicklungsprozesse zu hinterfragen und evtl. neu auszurichten. Sie nutzen die Feststellung des Kompetenzbestandes als Datenbasis, um daraus Schlussfolgerungen für weitere

Entwicklungsschritte zu ziehen, und sie sind auf den Entwicklungsprozess vor und nach der Kompetenzerhebung bezogen.

Eine weitere Einordnung ergibt sich aus der Unterscheidung subjektiver von objektiven Verfahren der Kompetenzanalyse. Während rein objektive Verfahren die Kompetenzerhebung mit quantifizierenden und skalierenden Messinstrumenten durchführen, orientieren sich rein subjektive Verfahren in hohem Maße an vorrangigen Selbsteinschätzungsverfahren. In dieser polaren Betrachtungsweise ist der Kompetenzreflektor als ein vorrangig subjektorientiertes Verfahren anzusehen, das die Innenperspektive bzw. die subjektive Sichtweise des Beobachters und des Beobachteten in den Mittelpunkt stellt und stark mit qualitativen Methoden wie u. a. Interviews, Selbsteinschätzungen und der kommunikativen Validierung arbeitet, gleichwohl werden Instrumente der objektiven Kompetenzmessung dabei angewandt.

Aufgaben

1. Warum werden Validierungsverfahren eingeführt und worin sehen Sie Vorteile und ggf. auch Nachteile für Beschäftigte und Unternehmen?
2. Aus welchen fünf Phasen besteht das allgemeine Validierungsverfahren und welche personellen und institutionellen Rahmenbedingungen sind für die Durchführung der Validierung notwendig?
3. Was zeichnet das Verfahren des Kompetenzreflektors aus, was ist seine Zielgruppe und in welchen Schritten wird er durchgeführt?

8 Europäisierung der Berufsbildung und der Deutsche Qualifikationsrahmen

Der Einfluss der europäischen Bildungspolitik auf die Berufsbildung in Deutschland ist bereits mehrfach angesprochen worden. Er zeigt sich u. a. deutlich in den im vorherigen Kapitel 7 einbezogenen Stellungnahmen des Europäischen Rates und des CEDEFOP zur Validierung informell und nichtformal erworbener Kompetenzen. Generell werden die Berufsbildung und die Bildungssysteme in den Mitgliedstaaten der Europäischen Union und benachbarter Staaten wesentlich von europäisch vereinbarten Bildungsempfehlungen und Bildungsmaßnahmen geprägt.

Rückblickend kommt dem Konzept des lebenslangen Lernens eine maßgebliche Rolle zu. Es wurde bereits in den 1970er-Jahren durch den Europäischen Rat bekannt gemacht, und spätestens seit den 1990er-Jahren gehört es zu den bildungspolitischen Leitideen der Europäischen Union. Damit ist auch die Vielfalt formaler, informeller und nichtformaler Lernprozesse in unterschiedlichsten Lebens- und Arbeitszusammenhängen und in differenzierten Lern- und Bildungswegen mehr und mehr in den Blick gekommen. Um diese europaweit transparent und vergleichbar zu machen und möglichst wechselseitig anzuerkennen, ist der „Europäische Qualifikationsrahmen für lebenslanges Lernen" (EQR) im Jahr 2008 von der EU eingeführt worden.

In Deutschland wurde die Diskussion über die im Kapitel 7 thematisierten Validierungsverfahren mit dem EQR und der 2012 erfolgten Einführung des Deutschen Qualifikationsrahmens (DQR) intensiviert. Die vorrangige Aufgabe des DQR besteht in der zusammenhängenden Darstellung von in Deutschland erworbenen Kompetenzen und Qualifikationen, und zwar geht es in Übereinstimmung mit dem EQR gleichermaßen um die Erfassung und Einordnung von formal, informell und nichtformal erworbenen Kompetenzen. Deren Validierung und Anerkennung erfolgt zwar nicht im Rahmen des DQR, wohl aber sind in diesem Kontext entsprechende Verfahren und institutionelle Absicherungen bundesweit herzustellen. Insgesamt bietet der DQR zum einen eine Art bildungsbereichsübergreifende Abbildung oder Landkarte des Bildungswesens in Deutschland, zum anderen ordnet er die im DQR eingeordneten Qualifikationen und Kompetenzen dem EQR zu und macht sie damit europäisch und darüber hinaus international vergleichbar und prinzipiell anrechenbar.

Hiervon ausgehend wird im folgenden Zwischenkapitel zunächst die Europäisierung der Berufsbildung in einem kurzen Überblick erfasst, und der Europäische

Qualifikationsrahmen für lebenslanges Lernen (EQR) wird beschrieben (8.1). In einem zweiten Zwischenkapitel wird der Deutsche Qualifikationsrahmen für lebenslanges Lernen (DQR) dargestellt, und die Entwicklungen werden in ihrer Bedeutung für die Berufsbildung und die betriebliche Bildungsarbeit erörtert (8.2).

8.1 Europäisierung der Berufsbildung

Grundlage des EQR und anderer, ihn ergänzender und erweiternder Empfehlungen und Konzepte sind die Vereinbarungen, die auf den Treffen und Konferenzen der verantwortlichen Minister/innen der EU-Mitgliedstaaten getroffen wurden. Die wichtigsten Vereinbarungen sind unter den Bezeichnungen „Kopenhagen-Prozess" und „Bologna-Prozess" bekannt geworden. Sie haben in Europa zu grundlegenden Veränderungen auf dem Gebiet der beruflichen, allgemeinen und hochschulischen Bildung geführt.

8.1.1 Zentrale Empfehlungen und Entwicklungen

Die Beschlüsse und Vereinbarungen des „Kopenhagen- und Bologna-Prozesses" sind vielfach rezipiert und erörtert worden (*Grollmann/Spöttl/Rauner* 2006; *Bohlinger/Fischer* 2015; *Gehmlich* 2010; *Cendon/Dehnbostel* 2015, S. 235 ff.). Sie sind im Zusammenhang mit der Lissabon-Strategie von 2000 zu sehen, in deren Mittelpunkt die ambitionierte wirtschaftspolitische Zielsetzung stand, Europa bis ins Jahr 2010 zum wettbewerbsfähigsten und dynamischsten wissensbasierten Wirtschaftsraum der Welt zu machen (*Münk/Scheiermann* 2017, S. 146 ff.). Arbeitsmarkt- und berufsbildungspolitisch ist die Strategie auf „Employability" bzw. „Beschäftigungsfähigkeit" ausgerichtet. Diese ist in ihrer arbeitsfunktionalen Outcomeorientierung kaum mit der Beruflichkeit und den auch input- und prozessorientierten beruflichen Bildungsgängen in Deutschland zu vereinbaren und bedarf deshalb besonderer Anpassungen.

Die für die berufliche Bildung zuständigen europäischen Minister/innen und die Europäische Kommission beabsichtigten, mit der im November 2002 verabschiedeten „Kopenhagen-Erklärung" eine europäische Kooperation in der beruflichen Bildung mit der übergeordneten Zielsetzung der Bewertung und des Vergleichs von beruflich erworbenen Kompetenzen und Qualifikationen in den Mitgliedstaaten. Die Validierung und die wechselseitige Anerkennung von Qualifikationen in der beruflichen Bildung wurden als Voraussetzung für eine größere Mobilität auf dem europäischen Arbeitsmarkt im Zuge der Entwicklung eines europäischen Bildungsraums angesehen. Zudem wurden eine verbesserte Transparenz in der beruflichen Bildung und die Entwicklung gemeinsamer Instrumente zur Qualitätssicherung angestrebt.

Die im Jahr 2009 folgende Empfehlung zur Einrichtung eines „Europäischen Leistungspunktesystems für die Berufsbildung" bzw. des „European Credit System for Vocational Education and Training" (ECVET) zielt darauf, die „Anrechnung, Anerkennung und Akkumulierung von Lernergebnissen, die eine Einzelperson in formalen und gegebenenfalls in nicht formalen und informellen Zusammenhängen erzielt hat" auf Gemeinschaftsebene zu fördern und zu verbessern (*Empfehlung des Europäischen Parlaments und des Rates* 2009, S. 3). Das ECVET soll die Übertragung und Akkumulierung von Lernleistungen ermöglichen, die in verschiedenen Staaten in unterschiedlichen Formaten mit unterschiedlichen Lernformen erworben werden.

Der Aufbau des vom Europäischen Parlament und dem Rat verabschiedeten Leistungspunktesystems ECVET orientiert sich an den gleichen Prinzipien und Grundsätzen wie der im Jahr zuvor verabschiedete EQR, so vor allem an der über Lernergebnisse festgelegten Outcomeorientierung und an der Modulorientierung. Aber anders als der im nächsten Unterkapitel dargestellte EQR richtet sich das ECVET an Einzelpersonen, denen es ermöglicht werden soll, ihren individuellen Lernweg zu dokumentieren und die Lernergebnisse von einem auf einen anderen Lernkontext zu übertragen.

Der Empfehlungstext betont, dass mit dem ECVET keine Berechtigungen zur automatischen Anerkennung von Lernergebnissen oder Punkten geschaffen werden, seine Anwendung soll vielmehr im Rahmen der in den Mitgliedstaaten geltenden Rechtsvorschriften und Regelungen erfolgen. Das ECVET ermöglicht die quantitative Bewertung von Qualifikationen und deren Einheiten (Units), die das Gesamt einer Qualifikation bilden. Diese Konstruktion der modularisierten Qualifikationen entspricht eher dem angelsächsischen Weg der Qualifizierung über Module. In der Anwendung in Deutschland, so in dem noch darzustellenden DQR, werden die Einheiten durch Kompetenzen ersetzt, die Qualifikationen stellen sich dann als mit der Beruflichkeit übereinstimmende Kompetenzbündel dar.

Der Bologna-Prozess, in Gang gesetzt mit der Unterzeichnung der Bologna-Erklärung „Der Europäische Hochschulraum" (*Europäische Bildungsminister* 1999) durch 31 Minister/innen aus 29 europäischen Staaten im Juni 1999, gilt als der bisher tiefgreifendste freiwillige Veränderungs- und Kooperationsprozess europäischer Hochschulen. Wesentliches Ziel des Bologna-Prozesses ist die Schaffung eines einheitlichen Europäischen Hochschulraums (EHR), wobei dieses Ziel im Sinne der Lissabon-Strategie wesentlich damit begründet wird, Europas internationale Wettbewerbsfähigkeit zu stärken. Die Bologna-Erklärung wurde mit Teilzielen konkretisiert, zu denen die besondere Förderung arbeitsmarktrelevanter Qualifikationen und die Schaffung einer dreistufigen Studienstruktur zählt. Auch wurde für den Hochschulbereich ein Leistungspunktesystem eingeführt, dem das bereits 1989 im Rahmen eines EU-Projekts im Erasmus Programms eingeführte „European Credit Transfer and Accumulation System" (ECTS) zugrunde liegt.

Mit dem ECTS (*Europäische Union* 2015), dem „Europäischen System zur Übertragung und Akkumulierung von Studienleistungen", ist ein System geschaffen worden, das disziplinübergreifend Studienleistungen in Form von Leistungspunkten erfasst und sowohl deren Akkumulierung als auch Übertragung ermöglicht. ECTS-Leistungspunkte entsprechen dem Lernen auf der Grundlage von festgelegten Lerninhalten und dem damit verbundenen Arbeitsvolumen. 60 ECTS-Leistungspunkte entsprechen einem vollständigen Studien- oder Arbeitsjahr, das hochschulisch in Module gegliedert ist.

Bezogen auf das deutsche Hochschulsystem bestehen für die drei Studienzyklen Bachelor, Master und Doktorat bzw. die analogen Ebenen des „Qualifikationsrahmens für deutsche Hochschulabschlüsse" (HQR) (*Kultusministerkonferenz* 2017) folgende Festlegungen: Für die Bachelor-Ebene 180, 210 oder 240 ECTS Punkte, für die Master-Ebene als grundständigen Studiengang 240, 270 oder 300 ECTS Punkte, für Masterprogramme 60, 90 oder 120 ECTS Punkte (ebd., S. 13 ff.). Für die Doktoratsebene sind über Bologna und auch im HQR keine ECTS-Leistungspunkte festgelegt.

Das ECTS erkennt auch den Erwerb von außerhalb der Hochschulen erworbenen Leistungen an, gibt darüber hinaus Auskunft über die Lehrplangestaltung und ist mit der Qualitätssicherung im europäischen Hochschulraum verbunden. Es hat sich in kurzer Zeit in den Mitgliedstaaten der EU durchgesetzt, ebenso auch in zahlreichen Nicht-EU-Ländern wie der Schweiz, Norwegen und Israel.

Langfristig soll die Übertragung und Akkumulierung von Leistungspunkten auch zwischen dem allgemeinen bzw. akademischen Bereich und dem beruflichen Bereich ermöglicht werden. So heißt es in der Empfehlung zum ECVET, dass „die Kompatibilität, Vergleichbarkeit und Komplementarität der in der Berufsbildung bestehenden Leistungspunktesysteme und des … ECTS" verbessert werden sollen, um so „zu mehr Durchlässigkeit zwischen den verschiedenen Ebenen der allgemeinen und beruflichen Bildung" zu kommen (*Empfehlung des Europäischen Parlaments und des Rates* 2009, S. 2). Und T. *Dunkel* und I. *Le Mouillour* stellen in einer Grundsatzbetrachtung zu Qualifikationsrahmen und Kreditpunktesystemen fest, dass eine wichtige Zielsetzung darin besteht, „das ECVET-System mit dem ECTS-System langfristig zu einem integrierten kohärenten Gesamtsystem mit klarem Bezug" zum EQR zusammenzuführen (*Dunkel/Le Mouillour* 2008, S. 236).

Dieses kohärente System würde idealiter von der Berufsorientierung und Ausbildungsvorbereitung über die berufliche Aus- und Weiterbildung bis zur Hochschulbildung eine hohe Transparenz und Durchlässigkeit herstellen. Die Basis hierfür wären die Akkumulation und der Transfer von Lernergebnissen, die die beiden Leistungspunktesysteme ECVET und ECTS verbinden würden. Wie die folgende Abbildung zeigt, würde dies bedeuten, dass die erste Schnittstelle zwischen Berufsvorbereitung und Aus- und Weiterbildung liegt, die zweite Schnittstelle zwischen Aus- und Weiterbildung und Hochschulbildung. Diese Schnittstellen würden nicht mehr – wie bisher vorherrschend – der Abgrenzung und Selektion dienen, sondern im Gegenteil der Durchlässigkeit und Integration unter der Maßgabe von Kompetenzfeststellung und Kompetenzanerkennung.

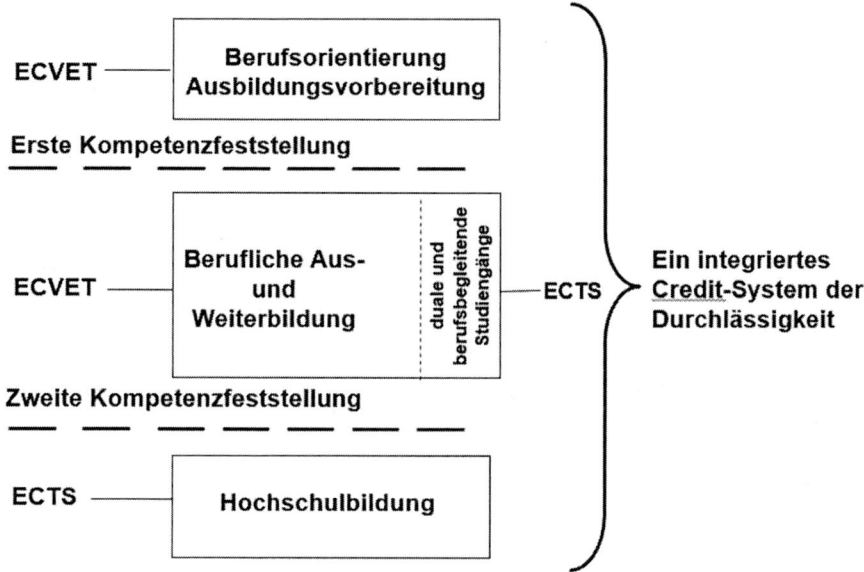

Abb. 19: Integriertes ECVET-ECTS-Credit-System

Der „Europass" zur Erfassung, Darstellung und Vergleichbarkeit von Qualifikationen und Kompetenzen und der Europäische Bezugsrahmen für die Qualitätssicherung in der beruflichen Aus- und Weiterbildung, der „European Quality Assurance Reference Framework for Vocational Education and Training" (EQARF) sind zwei weitere zentrale, ganz Europa betreffende Vereinbarungen und Instrumente. Der Europass, der aus fünf Dokumenten besteht und dessen Einführung vom Europäischen Parlament und Rat 2004 beschlossen wurde, bietet als ein Portfolio allen europäischen Bürgern die Möglichkeit, ihre in der Schule, an der Universität und in der Arbeit erworbenen Qualifikationen systematisch zu erfassen und ein Gesamtbild ihrer Qualifikationen herzustellen. Dabei werden die dargestellten Qualifikationen über Ländergrenzen hinweg vergleichbar, leichter anrechenbar und für Bewerbungen nutzbar. Die 2009 verabschiedete Empfehlung zur Einrichtung des EQARF sieht zehn einheitliche Kriterien, sogenannte Referenzindikatoren, vor, um die Qualitätssicherung und -entwicklung auf der Ebene nationaler Berufsbildungssysteme und Bildungsanbieter zu erfassen, abzubilden und letztlich zur kontinuierlichen Qualitätsverbesserung beizutragen.

Auch die im Kapitel 7 thematisierte Empfehlung des Europäischen Rates „zur Validierung nichtformalen und informellen Lernens" von 2012 ist im Zusammenhang mit den umfangreichen CEDEFOP-Arbeiten zur Validierung ein zentraler Baustein in der Europäisierung der Berufsbildung. Und schließlich sind zwei weitere, europaweit wirksame EU-Initiativen zu nennen: die „Schlüsselkompetenzen für lebenslanges Lernen" (*Empfehlung des Rates* 2018) sowie die erst entstehende Klassifikation für „European Skills, Competences and Occupations taxonomy" (ESCO), die „Europäische Klassifikation für Fähigkeiten, Kompetenzen, Qualifikationen und Berufe" (*Europäische Kommission* 2018).

Diese Klassifikation beschreibt Fähigkeiten / Kompetenzen, Qualifikationen und Berufe, die für den Arbeitsmarkt und die allgemeine und berufliche Bildung in der EU relevant sind. Sie sind in 27 Sprachen auf einem Internetportal frei zugänglich. Damit wird das Berufskonzept der deutschsprachigen Länder unmittelbar mit dem angelsächsischen Modulsystem in Beziehung gesetzt.

8.1.2 Der Europäische Qualifikationsrahmen für lebenslanges Lernen (EQR)

Im Frühjahr 2008 verabschiedeten das Europäische Parlament und der Rat die Empfehlung „zur Einrichtung des Europäischen Qualifikationsrahmens für lebenslanges Lernen" (*Europäische Kommission* 2008, S. 5 ff.). Diese wurde 2017 überarbeitet und um wichtige Punkte wie Kriterien und Verfahren für die Zuordnung Nationaler Qualifikationsrahmen oder -systeme zum EQR sowie Anforderungen der Qualitätssicherung erweitert (*Empfehlung des Rates* 2017). Die Empfehlung von 2008 war langjährig vorbereitet worden. Bereits 2004 beschlossen die Mitgliedstaaten der EU in Maastricht – nach mehreren Initiativen – die Erarbeitung eines EQR, der die Transparenz und Vergleichbarkeit von Qualifikationen zwischen den Ländern fördern sollte. Unter Rückgriff auf Vorarbeiten, besonders des CEDEFOP, wurde der EQR erarbeitet und verabschiedet.

Im EQR und den einschlägigen Dokumenten der EU sind die Outcome-Orientierung, d. h. die Orientierung an Lernergebnissen (Learning Outcomes) und die Gleichwertigkeit von formal, informell und nichtformal erworbenen Kompetenzen zwei zentrale Merkmale. Für Länder mit einem stark auf formales Lernen bezogenen Bildungssystem sind diese Merkmale, vor allem die gleichwertige Einbeziehung informellen und nichtformalen Lernens, von systemverändernder Bedeutung, deren Umsetzung viele Fragen aufwirft und auch auf Widerstände trifft.

Den Kern des EQR bilden acht Referenzniveaus vom allgemeinen Pflichtschulabschluss über die berufliche Aus- und Weiterbildung bis zu akademischen Abschlüssen, wobei die drei obersten Niveaus mit dem Qualifikationsrahmen für den Europäischen Hochschulraum korrespondieren. Mit dieser Zuordnung von Qualifikationen aus unterschiedlichen Bildungsbereichen in ein einheitliches Qualifikationsraster besteht ein bildungsbereichsübergreifender Rahmen, ein Metarahmen, der national erworbene Qualifikationen und Abschlüsse europaweit transparent, vergleichbar und übertragbar macht. Damit soll die Mobilität in und zwischen den europäischen Bildungssystemen sowie auf dem europäischen Arbeitsmarkt erleichtert und befördert werden. Er soll für Arbeitnehmer/innen und Lernende im lebenslangen Lernen Orientierung und Nutzen bringen, innerhalb komplexer Bildungssysteme die Steuerung verbessern und ein Unterstützungsangebot für Behörden, Bildungsinstitutionen, Verbände und Unternehmen bieten.

In der folgenden Übersicht ist der EQR in seiner Grundstruktur und als Rahmen zur Einordnung und zum Vergleich von national erworbenen Qualifikationen abgebildet.

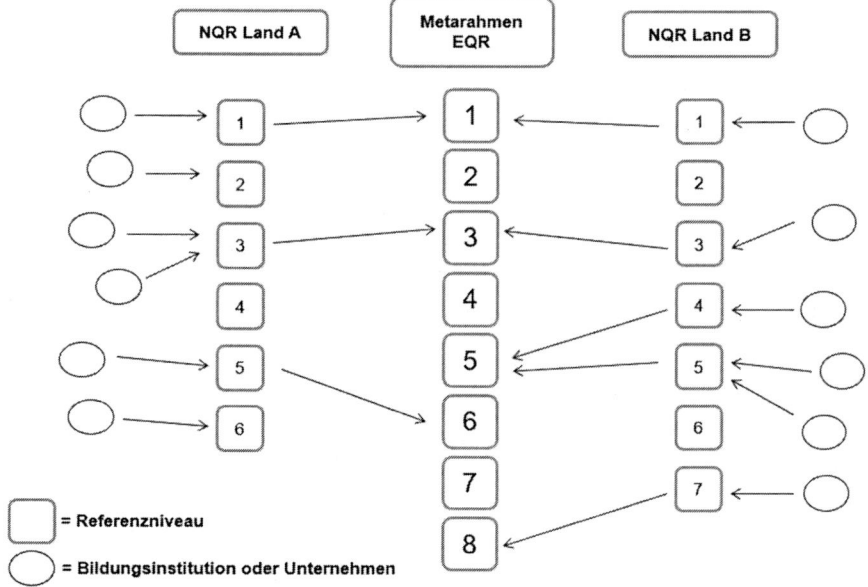

Abb. 20: Zuordnungen zwischen EQR und NQRs

Wie die Abbildung zeigt, differiert die Anzahl der Niveaus der Qualifikations-rahmen in einzelnen Ländern durchaus von der des EQR, und zwar verstärkt in der globalen Implementierung von Qualifikationsrahmen (*Allais* 2010; *Raffe* 2012; *Bohlinger* 2013; *CEDEFOP* et al. 2019). Während in Übereinstimmung mit dem EQR in Deutschland, Österreich und der Schweiz acht Niveaus festgelegt sind, bestehen für den schottischen Qualifikationsrahmen zwölf, für den australischen elf und für den thailändischen fünf Niveaus.

In Europa nehmen auf nationaler Ebene private oder öffentlich-rechtliche, in jedem Fall autorisierte Organisationen die Einordnung von Qualifikationen in das natio-nale Bildungssystem oder den Nationalen Qualifikationsrahmen (NQR) vor. Die Zuordnung zu den Niveaus des EQR erfolgt mit Hilfe eines sogenannten EQR-Zuordnungsberichts, der dem Expertengremium der EU, der EQF Advisory Group, präsentiert wird. Die Kriterien und Verfahren der Zuordnung sind festgelegt und „alle Qualifikationen mit EQR-Niveau sollten einer Qualitätssicherung" unterlie-gen (*Empfehlung des Rates* 2017, S. 25).

Auf jeder der acht Referenzniveaus des EQR sind die drei Kategorien „Kenntnisse" (Knowledge), „Fertigkeiten" (Skills) und „Verantwortung und Selbstständigkeit" (Responsibility and Autonomoy) zur Erfassung und Beschreibung von Qualifikati-onen als Lernergebnisse festgelegt (ebd., S. 20):

- **Kenntnisse** werden im EQR „als Theorie- und / oder Faktenwissen beschrieben".

- **Fertigkeiten** werden „als kognitive Fertigkeiten (unter Einsatz logischen, intuiti-ven und kreativen Denkens) und praktische Fertigkeiten (Geschicklichkeit und Verwendung von Methoden, Materialien, Werkzeugen und Instrumenten) beschrieben".

- **Verantwortung und Selbstständigkeit** wird als „die Fähigkeit einer / eines Ler-nenden" beschrieben, „Kenntnisse und Fertigkeiten selbstständig und verantwor-tungsbewusst anzuwenden".

Die Lernergebnis-Kategorien enthalten Aussagen darüber, „was ein Lernender weiß, versteht und in der Lage ist zu tun, nachdem er einen Lernprozess abgeschlos-sen hat" (ebd.). Sie werden in Subkategorien präzisiert, um die Deskriptoren der Lernergebnisse zu definieren, die als Qualifikationen in die Niveaus des DQR ein-geordnet werden. Angewandt auf das Niveau 1 des EQR sind tabellarisch folgende Deskriptoren festgelegt:

Tab. 14: Deskriptoren zur Beschreibung des Niveaus 1 des EQR (*Empfehlung des Rates* 2017, S. 22)

	Kenntnisse	Fertigkeiten	Verantwortung und Selbstständigkeit
Niveau 1 Zur Erreichung von Niveau 1 erforderliche Lernergebnisse	grundlegendes Allgemeinwissen	grundlegende Fertigkeiten die zur Erledigung einfacher Aufgaben erforderlich sind	Arbeiten oder Lernen unter direkter Anleitung in einem strukturierten Kontext

Der EQR wird laut Beschluss von Europäischem Parlament und Rat mit Hilfe nationaler Regelungen umgesetzt, wobei er die Funktion eines Übersetzungsinstruments oder eines Metarahmens für die nationalen Bildungs- und Qualifikationssysteme der Mitgliedstaaten hat. Er dient als Referenz- und Transparenzinstrument und hat keine determinierende Funktion. In der Empfehlung heißt es: „Die nationalen Qualifikationsrahmen oder -systeme werden … weder ersetzt noch definiert. Der EQR beschreibt keine spezifischen Qualifikationen oder Einzelkompetenzen, und bestimmte Qualifikationen sollten über das jeweilige nationale Qualifikationssystem dem entsprechenden EQR-Niveau zugeordnet werden." (ebd., S. 18). Er ist zusammenfassend folgendermaßen zu beschreiben:

Europäischer Qualifikationsrahmen für lebenslanges Lernen (EQR)

Das „European Qualification Framework" (EQF) oder der Europäische Qualifikationsrahmen (EQR) ist im April 2008 in Kraft getreten. Er hat die Aufgabe, auf europäischer Ebene die national erworbenen Qualifikationen auf acht Niveaustufen jeweils durch die drei Deskriptoren „Kenntnisse", „Fertigkeiten" sowie „Verantwortung und Selbstständigkeit" zu erfassen, zu beschreiben und in ein einheitliches Qualifikationsraster einzuordnen. Er dient dazu, formal, informell und nichtformal erworbene Lernergebnisse aus allen Bildungsbereichen vergleichbar zu machen und stellt ein Übersetzungsinstrument zwischen den Bildungs- und Qualifikationssystemen der Mitgliedstaaten dar.

In den nationalen Qualifikationsrahmen der beteiligten Staaten geht es also darum, die Eigenständigkeit und Besonderheiten des eigenen Bildungs- und Qualifizierungssystems zum Ausdruck zu bringen. Der EQR strebt die Vergleichbarkeit von j national erworbenen Qualifikationen und Kompetenzen an und macht darüber hinaus die jeweiligen nationalen Bildungsbereiche und Teilsysteme in ihren Stärken und Schwächen auf europäischer Ebene vergleichbar. Dieser Anspruch ist deutlich von der häufig anzutreffenden Fehlinterpretation zu unterscheiden, nach der der EQR die nationalen Systeme angleichen und vereinheitlichen will. Ebenso wäre es verfehlt, die Deskriptoren des EQR unmittelbar der Qualifikationsbewertung von Lernergebnissen zugrunde zu legen und nicht die jeweiligen nationalen Kategorien, weil deren spezifische kulturell und qualifikatorische Prägung ansonsten verloren geht.

Der EQR ist aber auch in mehrfacher Hinsicht kritisch zu sehen. Deskriptorenbildung und Outcomeorientierung sind durchaus als Hinwendung zur Modularisierung von Bildungssystemen im angelsächsischen Sinn zu verstehen. Dies wirft die Frage auf, ob öffentlich-rechtliche Bildungsstandards in diesem System hinreichend Berücksichtigung finden und ob ganzheitliche, auf berufliche Bildung zielende Entwicklungswege nicht über die Modularisierung aufgehoben werden (*Drexel* 2006; *Young* 2006). Werden Module als autonome Einheiten verstanden, die einzeln oder in geringer Addition zertifiziert und auf dem Arbeitsmarkt anerkannt sind, dann stehen sie im Widerspruch zu dem in deutschsprachigen Ländern vorherrschenden Berufsprinzip und den damit verbundenen Bildungsgängen. Damit werden auch die mit dem Berufsprinzip einhergehenden hohen fachlichen und personenbezogenen Qualitätsstandards außer Kraft gesetzt.

Zudem ist die Outcomeorientierung als dominierendes Kriterium für die Qualifikations- und Kompetenzfeststellung und für die Steuerung von Bildungs- und Berufsbildungssystemen und für das betriebliche Bildungsmanagement kaum haltbar. Die Ausblendung der Input- und Prozessorientierung stellt eine Verengung dar, die die Inputfaktoren einschließlich normativer Bildungspositionen und prospektiver Kompetenzentwicklung ausblendet und die Vorzüge geordneter beruflicher Entwicklungswege und begleiteter Lern- und Sozialisationsprozesse innerhalb und außerhalb des Betriebes offensichtlich unterschätzt (*Dehnbostel* 2011).

Bestehen so eine Reihe von Risiken, ist andererseits zu fragen, ob nicht umgekehrt die Vorzüge entwicklungsfördernder Berufsbildungsgänge und ganzheitlicher Bildungsansprüche über das EQR-System sichtbar gemacht und verbreitet werden können. Für die hoch entwickelte Berufsbildung in den deutschsprachigen Ländern besteht für den Vergleich mit modularisierten Qualifizierungssystemen eine gute Ausgangsposition. Auch für die höherqualifizierende Berufsbildung mit Abschlüssen auf den EQR-Niveaus 6 und 7 wird der Vergleich mit den akademischen BA- und MA-Abschlüssen anderer Länder im Hinblick auf eine Gleich- oder Höherwertigkeit voraussichtlich positiv ausfallen. Am deutlichsten kommt dies in der höheren

Berufsbildung in der Schweiz als Teil des tertiären Bereichs zum Ausdruck, wo, beginnend mit der beruflichen Grundbildung, ein beruflicher Bildungsweg aufgezeigt und praktiziert wird, der sozial und individuell von hohem Wert und insgesamt attraktiv ist (*Klingovsky/Schmid* 2018, S. 51 ff.).

Eine Evaluation des EQR und seiner primären Ziele für Beschäftigte, Lernende, Bildungseinrichtungen und Unternehmen dürfte für die Gleichwertigkeit und Durchlässigkeit beruflicher, allgemeiner und akademischer Bildung wichtige Hinweise geben. Anstelle der Gleichwertigkeit beruflicher und allgemeiner bzw. akademischer Bildung werden der Hochschulbereich und Hochschulabschlüsse weltweit höher eingeschätzt und präferiert. Eine Evaluation des EQR steht aber bisher noch aus. Allerdings geben die fortlaufenden Erfassungen und Beschreibungen von nationalen Qualifikationsrahmen – das CEDEFOP führt diese im Auftrag der EU-Kommission seit 2009 durch – erste wichtige Orientierungen (*CEDEFOP* 2019; *CEDEFOP* et al. 2019).

Zusammenfassend lässt sich sagen, dass die im EQR verankerte Gleichstellung von formal, informell und nichtformal erworbenen Kompetenzen ein Meilenstein in der Entwicklung der Qualifizierung und der betrieblichen Bildungsarbeit darstellt. Lernen im Prozess der Arbeit, betriebliche Lernkonzepte, Lernorte und Lernformen tragen damit zu einer anerkannten Kompetenz- und Bildungsentwicklung bei. Modelle zur Verbindung von Arbeiten und Lernen und der berufliche Bildungsweg werden darüber gestärkt, die betriebliche Bildungsarbeit erfährt eine starke Anerkennung.

8.2 Der Deutsche Qualifikationsrahmen für lebenslanges Lernen (DQR)

Die Entwicklung des Deutschen Qualifikationsrahmens für lebenslanges Lernen (DQR) geht auf eine Initiative des Bundesministeriums für Bildung und Forschung (BMBF) und der Kultusministerkonferenz (KMK) von 2006 zurück und ist unter breiter Beteiligung von Vertretern unterschiedlicher Bildungsbereiche, der Sozialpartner und von Experten aus Wissenschaft und Praxis erarbeitet und im Jahr 2011 fertiggestellt worden (*AK DQR* 2011). Anlass und Ausgangspunkt waren die Empfehlung des Europäischen Parlaments und des Rats zur Einrichtung des EQR und die damit verbundenen Ziele und Hinweise für die Mitgliedstaaten.

8.2.1 Ziele und Grundstrukturen

Die vorrangige Aufgabe des DQR besteht in der zusammenhängenden Darstellung von in Deutschland erworbenen Qualifikationen. Damit entsteht zum einen eine bildungsbereichsübergreifende Abbildung, eine Art Landkarte des deutschen Bildungssystems, zum anderen werden die im DQR eingeordneten Qualifikationen dem EQR zugeordnet, um sie so europäisch und international vergleichbar zu machen. Der DQR bezieht, außer dem Primar- und Elementarbereich, alle Bildungsbereiche des Bildungssystems ein: das allgemeinbildende Schulwesen und die berufliche Ausbildung (Sekundarbereich), die hochschulische Bildung (tertiärer Bereich) und die Weiterbildung (quartärer Bereich).

Mit dem DQR werden vielfältige Zielsetzungen verbunden. Die in der Erarbeitung des DQR verfolgten Aufgaben und Ziele sind im Wesentlichen so zu beschreiben (*Dehnbostel/Neß/Overwien* 2009; *AK DQR* 2011; *Büchter/Dehnbostel/Hanf* 2012):

- Der DQR hat die Aufgabe, die über Lernergebnisse erworbenen Qualifikationen auf acht Niveaus durch kompetenzbasierte Deskriptoren zu erfassen und einzuordnen. Prinzipiell erfasst der DQR alle formalen Qualifikationen des deutschen Bildungs- und Berufsbildungssystems, darüber hinaus soll er die Lernergebnisse des informellen und nichtformalen Lernens einbeziehen und das lebenslange Lernen stärken.

- Der DQR soll die in Deutschland erworbenen Qualifikationen in den europäischen Bildungs- und Wirtschaftsraum einbringen, indem über den EQR eine Vergleichbarkeit zu den Qualifikationen anderer europäischer Länder hergestellt wird. Die Mobilität von Beschäftigten und Lernenden innerhalb Europas soll hierüber erleichtert und gefördert werden.

- Der DQR soll das deutsche Bildungssystem transparenter und durchlässiger machen und einen Beitrag zur Gleichwertigkeit allgemeiner, beruflicher und hochschulischer Bildung leisten; zudem soll er die Qualitätssicherung und Qualitätsentwicklung fördern.

Aus reformpolitischer und auch aus betrieblicher Sicht sind die zuletzt genannten Zielsetzungen von besonderer Bedeutung. Ihre Realisierung könnte durch eine wechselseitige Anerkennung und Anrechnung von Kompetenzen auf allgemeine, berufliche und akademische Bildungsgänge die Durchlässigkeit und Chancengleichheit erhöhen, in weiten Teilen des Bildungssystems überhaupt erst herstellen. Dabei geht es sowohl um die wechselseitige Anrechnung von Kompetenzen zwischen Bildungsbereichen wie zwischen der Weiterbildung und der Hochschulbildung als auch innerhalb einzelner Bildungsbereiche.

Deutscher Qualifikationsrahmen für lebenslanges Lernen (DQR)

Der DQR hat die Aufgabe, die im gesamten Bildungssystem einschließlich der Weiterbildung erworbenen Qualifikationen auf acht Niveauebenen jeweils durch Deskriptoren zu erfassen, zu beschreiben und einzuordnen. Er dient dazu, erworbene Kompetenzen bzw. Qualifikationen national und über den EQR europäisch und international vergleichbar zu machen. In Deutschland soll er zudem zu Durchlässigkeit und Transparenz im Bildungssystem sowie zur Gleichwertigkeit von allgemeiner, beruflicher und hochschulischer Bildung beitragen. Prinzipiell bezieht der DQR formal, informell und nichtformal erworbene Kompetenzen ein.

Die verabschiedete Fassung des DQR besteht aus dem Einführungstext, einer Matrix als dem Kernstück und einem Glossar (*AK DQR* 2011). Der Einführungstext informiert über Hintergrund und Entwicklung des DQR-Dokuments, gibt über dessen Ziele Auskunft, erläutert zentrale Begriffe und Verständnisse und geht auf den Geltungs- und Gegenstandsbereich ein. Für die acht Niveaus wird eine einheitliche Struktur mit einem Kompetenzmodell vorgegeben, das in „Fachkompetenz" und „Personale Kompetenz" und jeweils zwei Unterkategorien gegliedert ist. Das Modell ist mit seinen definitorischen Bestimmungen im Zwischenkapitel 3.3 bereits dargestellt und aus der folgenden Tabelle zu ersehen.

Tab 15: Kompetenzmodell des Deutschen Qualifikationsrahmens (*AK DQR 2011*, S. 5)

Niveauindikator			
Anforderungsstruktur			
Fachkompetenz		**Personale Kompetenz**	
Wissen	**Fertigkeiten**	**Sozial-kompetenz**	**Selbst-ständigkeit**
Tiefe und Breite	Instrumentelle und syste-mische Fertig-keiten, Beurtei-lungsfähigkeit	Team-/Führungs-fähigkeit, Mitge-staltung und Kommunikation	Eigenständigkeit/ Verantwortung, Reflexivität und Lernkom-petenz

Die Einordnung der Qualifikationen mit als Kompetenzen beschriebene Deskriptoren ist für den DQR grundlegend, wobei für die acht Niveaus 32 Deskriptoren angegeben sind. Die Deskriptoren werden auch als „zu Kompetenzen gebündelte Lernergebnisse" bezeichnet (*AK DQR* 2011, S. 9; *Bund-Länder-Koordinierungsstelle* 2013, S. 17). Die Kompetenzen bilden keine individuellen „Lern- und Berufsbiografien ab", sondern beschreiben „die Kompetenzen, die für die Erlangung einer Qualifikation erforderlich sind" (*AK DQR* 2011, S. 4).

Die im Zentrum des DQR stehende Kompetenzbasierung ist nicht nur in den Deskriptoren verankert, sondern zusätzlich in dem jedem Niveau vorangestellten „Niveauindikator", der die kompetenzorientierte Anforderungsstruktur des jeweiligen Niveaus beschreibt. Im Hinblick auf das Verhältnis von Bildung und Kompetenz wird ausgesagt, dass dem DQR „entsprechend dem deutschen Bildungsverständnis ein weiter Bildungsbegriff zugrunde" liegt (ebd., S. 4).

8.2.2 Entwicklung und Perspektiven

Nach der „EQR-Referenzierung" (*BMBF/KMK* 2013) ist der DQR formell durch einen „Gemeinsamen Beschluss" der KMK, des BMBF, der Wirtschaftsministerkonferenz und des Bundesministeriums für Wirtschaft und Technologie zum 1. Mai 2013 in Kraft getreten (ebd., S. 213 ff.). Die seither erfolgte Implementierung des DQR konzentriert sich auf die Zuordnung der formalen Qualifikationen, die nach dem Konsensprinzip erfolgt. Die Grundlage hierfür ist in einem im DQR-Handbuch beschriebenen Verfahren festgelegt (*Bund-Länder-Koordinierungsstelle* 2013). Eine Arbeitsgruppe des BMBF und der KMK ist für die verbindliche Zuordnung von Qualifikationen zum DQR zuständig. Die Liste der dem DQR zugeordneten Qualifikationen wird jährlich zum 1. August aktualisiert, wobei der Einzelauflistung pro Niveau eine Übersicht der den Niveaus zugeordneten Qualifikationen und Qualifikationstypen vorangestellt ist (*Bund-Länder-Koordinierungsstelle* 2019).

Wie mit den über nichtformales und informelles Lernen erworbenen Lernergebnissen verfahren werden soll, ist weitgehend offen, wobei die mit dem DQR intendierte Gleichwertigkeit von allgemeiner und beruflicher Bildung und die Einbeziehung der Ergebnisse informellen Lernens prinzipiell bekräftigt werden (ebd., S. 11). Im Jahr 2013 hat auch eine „Erprobung der Zuordnung von Ergebnissen nicht-formalen Lernens" eingesetzt mit dem Ziel, „Verfahren und Kriterien der Zuordnung von Ergebnissen nicht-formalen Lernens" zu entwickeln (ebd., S. 5 f.). Auch die Einbeziehung informellen Lernens ist zu Beginn der Implementierung des DQR eingeplant worden (ebd., S. 42).

In rechtlicher Hinsicht hat die Zuordnung der Qualifikationen zum DQR bisher keine Konsequenzen, weder im Hinblick auf Berechtigungen im Bildungssystem noch in tarif- oder besoldungsrechtlicher Hinsicht im Beschäftigungssystem. Mit dem Selbstverständnis als „orientierender Qualifikationsrahmen" kommen die

Funktionsmöglichkeiten eines „regulierenden Qualifikationsrahmens" (ebd., S. 34) als Steuerungs- und Gestaltungsinstrument nicht in Betracht. Regulierende Qualifikationsrahmen verknüpfen mit der Einordnung von Qualifikationen rechtsverbindliche Berechtigungen wie z.B. den Zugang zu höheren Bildungs- und Berufsabschlüssen.

Das Beispiel von Ländern wie England, Wales und Nordirland zeigt die Durchsetzung von Berechtigungen und Anerkennungen, die mit den Qualifikationsfeststellungen und -einordnungen verbunden werden können (*Bjørnåvold/Coles* 2010; *CEDEFOP* 2019; *CEDEFOP* et al. 2019). Die unterschiedliche Ausrichtung nationaler Qualifikationsrahmen hat D. Raffe bereits früh analysiert und drei breit gefasste Typen unterschieden: einen „communications framework", einen „transformational framework" und einen „reforming framework" (*Raffe* 2012, S. 360 ff.). Insbesondere Letzterer wird mit gesetzlich abgesicherten Vereinbarungen und Anerkennungen verbunden.

Der DQR verbleibt in der Zuordnung zum ersten Typ auf der Ebene eines Beschreibungs- und Transparenzinstruments, zudem lässt er die Einbeziehung der für das lebenslange Lernen dominierenden Lernergebnisse des informellen und des nichtformalen Lernens offen. Gleichwohl hat eine vom BMBF in Auftrag gegebene Studie zur Analyse der Nutzungsmöglichkeiten des DQR für verschiedene Zielgruppen ergeben, dass die klare Struktur des DQR und die Kompetenzbasierung ein Vorteil für Kompetenzanalysen und Qualifikationsfeststellungen sind (*Dehnbostel/Hochschule für angewandtes Management/KWB* 2016). Überraschenderweise greifen insbesondere kleine und mittlere Unternehmen (KMU), die kein eigenes Kompetenzmodell und wenig Ressourcen im Personalwesen haben, verstärkt auf den DQR zu.

In wissenschaftlicher Hinsicht ist das DQR-Dokument in mehreren Punkten nicht hinreichend fundiert, u.a. in der einseitig handlungstheoretisch vorgenommenen Kompetenzbestimmung für alle Bildungsbereiche, in der unbestimmten bildungstheoretischen Positionierung und in den vagen Aussagen zur Einbeziehung von über informelles und nichtformales Lernen erworbenen Kompetenzen. Auch ist die Verwendung gleichgewichtiger Kompetenzdimensionen als Ober- und Unterkategorie nicht haltbar. Zudem erscheint die Bezeichnung der vierten Kompetenzsäule als „Selbständigkeit" verfehlt, kompetenztheoretisch trifft eher Selbstkompetenz oder Humankompetenz den Sachverhalt der die „Personale Kompetenz" unterteilenden Deskription.

Allerdings ist es über die Matrix gelungen, wichtige soziale und bildungspolitische Eckpunkte strukturell zu fixieren. So bringen die vier Kompetenzsäulen und dazugehörigen Definitionen und Beschreibungen ein ganzheitliches Kompetenzverständnis – anders als der EQR – zum Ausdruck (*Bund-Länder-Koordinierungsstelle* 2013, S. 12 ff.). Dies wird durch Beschreibungsmerkmale wie Teamfähigkeit, Mitgestaltung und Reflexivität gestärkt, und es nimmt individuelle sowie berufliche Entwicklungen in den Blick. Auch die Definition der im Glossar aufgenommenen Begriffe, insbesondere die der personalen Kompetenz, der Fach- und der Sozialkompetenz entsprechen dieser ganzheitlichen Sichtweise und stärken die bundesweite Verbreitung eines einheitlichen übergreifenden Kompetenzstrukturmodells.

Die Struktur der DQR-Matrix fördert zudem die Gleichwertigkeit allgemeiner, beruflicher und hochschulischer Qualifikationen, indem die Niveaus die Bildungsbereiche integriert aufnehmen und auch in den oberen Niveaus keine Trennung zwischen beruflichen und akademischen Deskriptoren erfolgt. Dies stellt zugleich eine Aufforderung dar, die ausgewiesenen Qualifikationen wechselseitig anzuerkennen und auf entsprechende Bildungsgänge anzurechnen. Sicherlich können die notwendigen Validierungs- und Anerkennungsverfahren nicht im oder über den DQR vorgenommen werden, wohl aber sind die zu entwickelnden Verfahren im Kontext des DQR bundesweit zu sanktionieren, und mit dem Qualifikationsrahmen sind dann rechtsverbindliche Berechtigungen zu schaffen.

Auch hier könnte dem Beispiel anderer Länder gefolgt werden, vorrangig dem Beispiel Österreichs und der Schweiz mit ihren hoch entwickelten Berufsbildungssystemen (*CEDEFOP* et al. 2019, S. 51 ff.; S. 601 ff.). In der Schweiz ist die Validierung informell und nichtformal erworbener Kompetenzen sogar im Berufsbildungsgesetz von 2004 in Art. 9 und Art. 33 unter der Maßgabe der Stärkung von Gleichwertigkeit und Durchlässigkeit abgesichert (*Klingovsky/Schmid* 2018, S. 129 ff.). In jedem Fall würde die Realisierung einer verfahrens- und ordnungspolitisch abgesicherten wechselseitigen Anerkennung und Anrechnung von Kompetenzen zwischen allgemeinen, beruflichen und akademischen Bildungsgängen zu einer verstärkten Durchlässigkeit im Bildungssystem führen bzw. diese in weiten Teilen überhaupt erst herstellen.

Schließlich stellt sich die bereits mehrfach angesprochene Frage nach der Einbeziehung informell und nichtformell erworbener Kompetenzen nicht nur als eine kompetenztheoretisch und verfahrensmäßig zu lösende Aufgabe, sondern als Systemfrage. Mit der gleichwertigen Einbeziehung von Lernergebnissen des nichtformalen und des informellen Lernens in das bisher über formales Lernen geprägte Bildungs- und Qualifikationssystem verändern sich dessen einschlägige system- und institutionstheoretische Grundlegungen. Mit der Einführung des EQR und des DQR sind entsprechende Systemfragen aufgeworfen worden (*Geldermann/Seidel/Severing* 2009, S. 108 ff; *Dehnbostel/Seidel/Stamm-Riemer* 2010, S. 47 ff.), wobei zwischen drei Entwicklungswegen unterschieden wird:

1.) Beibehaltung des formalen Bildungssystems

Beurteilung und Validierung nichtformalen und informellen Lernens mit Bezug auf Standards, Kriterien und Zertifikaten des formalen Bildungssystems. Für die Berücksichtigung nichtformalen und informellen Lernens kommt dabei bisherigen Externenprüfungen und der Zulassung zur Abschlussprüfung einer anerkannten Ausbildung nach BBiG § 45, Abs. (2) eine gewisse Vorbildfunktion zu.

2.) Entwicklung eines kompetenzbasierten Systems

Kompetenzorientierte Neuformulierung von Standards und Kriterien unter gleichwertiger Einbeziehung nichtformalen und informellen Lernens; Neufassung und Erweiterung der Prüf- und Bewertungsverfahren und der Zertifikate.

3.) Entwicklung eines Parallelsystems

Neben dem bestehenden formalen System konstituiert sich ein eigenständiges kompetenzbasiertes System mit der Bewertung, Prüfung und Zertifizierung vereinbarter Standards zum nichtformalen und informellen Kompetenzerwerb. In einer Anzahl von zumeist größeren Unternehmen zeigen sich Ansätze eines solchen Systems mit zumeist unternehmensspezifischen Kompetenzmodellen und eigenen Bewertungs- sowie Anerkennungsverfahren.

In welche Richtung sich die nationalen Bildungs- und Qualifikationssysteme mit der gleichwertigen Einbeziehung und Anerkennung formalen, nichtformalen und informellen Lernens entwickeln ist bisher analytisch nicht geklärt. Allerdings stellt sich die Gegenüberstellung der drei Entwicklungswege für Länder ohne ein stark entwickeltes formales Berufsbildungssystem nicht in dieser Form. Und für Deutschland und den DQR sind die berücksichtigten Bildungsbereiche zwar kompetenzorientiert ausgerichtet, mit der bisherigen Zurückstellung der Einbeziehung von Lernergebnissen des nichtformalen und informellen Lernens in den DQR bleibt aber die Frage unterschiedlicher Entwicklungswege und darauf bezogener Mischformen offen. Es ist allerdings kaum von wesentlichen Reformentwicklungen auszugehen, so dass sich die Fokussierung auf das tradierte formale Bildungssystem kaum verändern wird.

In jedem Fall werden für die betriebliche Bildungsarbeit die in der Arbeit erworbenen Kompetenzen mit dem DQR in einen Bezugsrahmen gestellt, der über die Validierung und Anerkennung neue Bildungswege eröffnet. Insbesondere das informelle Lernen und die informelle Weiterbildung bieten hier Ansatzpunkte für die Stärkung von Chancengleichheit und Durchlässigkeit, da das Lernen in der Arbeit erheblich expandiert, mit weniger Hürden verbunden ist und die soziale Differenzierung deutlich geringer ausgeprägt ist als in der formalen Qualifizierung. Aber auch das in der betrieblichen Bildungsarbeit geförderte nichtformale Lernen, also das Lernen in organisierten, lernintentionalen, aber nicht dem Bildungssystem zugehörigen Maßnahmen und Formaten, ist einzubeziehen und dient der Durchlässigkeit.

Dabei ist die im vorherigen Kapitel 7 beschriebene Validierung des informellen und nichtformalen Lernens ein entscheidender Schritt zur Identifizierung und Anerkennung von in der Arbeit erworbenen Kompetenzen. Im Zusammenhang mit dem Grundsatz des lebenslangen Lernens zielen Erfassung und Validierung von nichtformalem und informellem Lernen darauf ab, die Kenntnisse, Fähigkeiten und Kompetenzen einer Einzelperson in ihrer gesamten Bandbreite erkennbar zu machen und einzuordnen. Dem sozialen Umfeld der Lernenden, aber vor allem dem Lernen in der Arbeit und damit der betrieblichen Bildungsarbeit kommt hier eine vorrangige Rolle zu. Mit dem Bezug auf das Berufsprinzip, einer umfassenden beruflichen Handlungskompetenz und der die Outcomeorientierung erweiternden Income- und Prozessorientierung trägt der DQR prinzipiell zur Transparenz und Durchlässigkeit im Bildungssystem sowie zur Verzahnung von Bildungs- und Beschäftigungssystem bei.

Aufgaben

1. Wie äußert sich der Einfluss europäischer Bildungspolitik und europäischer Empfehlungen auf die Berufsbildung in Deutschland und die betriebliche Bildungsarbeit und wie schätzen Sie diesbezüglich die weitere Entwicklung ein?

2. Wie ist der EQR definiert und welche Merkmale zeichnen ihn aus? Und sind die mit dem EQR verbundenen Zielsetzungen der Vergleichbarkeit der europäischen Bildungssysteme und der Erleichterung der Mobilität auf dem europäischen Arbeitsmarkt einlösbar?

3. Worin bestehen die Zielsetzungen des Deutschen Qualifikationsrahmens, mit welchen Reformoptionen wird der Qualifikationsrahmen verbunden?

4. Worin besteht die Grundstruktur des DQR, zwischen welchen Kompetenzen wird in der DQR-Matrix unterschieden und was könnte die Einbeziehung von informell und nichtformal erworbenen Kompetenzen in den DQR für das Bildungswesen und für die betriebliche Bildungsarbeit bedeuten?

Literatur

Achtenhagen, Frank (1990): Vorwort. In: Senatskommission für Berufsbildungsforschung (Hrsg.): Berufsbildungsforschung an den Hochschulen der Bundesrepublik Deutschland: Situation, Hauptaufgaben, Förderungsbedarf. Weinheim

AiQuA (Arbeitsintegrierte Qualifizierung in der Altenpflege) (Hrsg.) (2015). Fachkräftemangel? Das können wir tun! Ein Leitfaden. Books on Demand.

AK DQR (Arbeitskreis Deutscher Qualifikationsrahmen) (2011): Der Deutsche Qualifikationsrahmen für lebenslanges Lernen. Verabschiedet vom Arbeitskreis Deutscher Qualifikationsrahmen (AK DQR) am 22. März 2011. https://www.dqr.de/media/content/Der_Deutsche_Qualifikationsrahmen_fue_lebenslanges_Lernen.pdf [14.05.2020]

Allais, Stepanie (2010): The implementation and impact of National Qualifications Frameworks: Report of a study in 16 countries. https://www.researchgate.net/publication/266137309_The_implementation_and_impact_of_National_Qualifications_Frameworks_Report_of_a_study_in_16_countries [04.02.2020]

Amtsblatt der Europäischen Union (2012): Empfehlung des Rates vom 20. Dezember 2012 zur Validierung nichtformalen und informellen Lernens (2012/C 398/01)

Argyris, Chris/Schön Donald A. (2002): Die lernende Organisation. 2. Auflage, Stuttgart

Argyris, Chris/Schön, Donald A. (1978): Organizational Learning: A Theory of Action Perspective. Reading/Mass

Arnold, Patricia u.a. (2015): Handbuch E-Learning. Lehren und Lernen mit digitalen Medien. 4. Auflg., Bielefeld

Arnold, Rolf: Betriebspädagogik. 2. Aufl., Berlin 1997

Arnold, Rolf/Lermen, Markus/Günther, Dorit (Hrsg.) (2016): Lernarchitekturen und (Online-) Lernräume. Baltmannsweiler

Baethge, Martin/Baethge-Kinsky, Volker (1998): Jenseits von Beruf und Beruflichkeit? Neue Formen der Arbeitsorganisation und Beschäftigung und ihre Bedeutung für eine zentrale Kategorie gesellschaftlicher Integration. In: Mitteilungen aus der Arbeitsmarkt- und Berufsforschung, 3 (1998), S. 461–472

Baitsch, Christof (1998): Lernen im Prozeß der Arbeit – zum Stand der internationalen Forschung. In: Arbeitsgemeinschaft Qualifikations-Entwicklungs-Management (1998): Kompetenzentwicklung '98. Forschungstand und Forschungsperspektiven. Münster.

Bauer, Hans-G. u.a. (1999): Erfahrungsgeleitetes Arbeiten und Lernen. In: Dehnbostel, Peter/Markert, Werner/Novak, Hermann (Hrsg.): Erfahrungslernen in der beruflichen Bildung – Beiträge zu einem kontroversen Konzept. Neusäss, S.174–183

Bauer, Hans-G. u.a. (2002): Hightech-Gespür – erfahrungsgeleitetes Arbeiten und Lernen in hoch technisierten Arbeitsbereichen: Ergebnisse eines Modellversuchs beruflicher Bildung in der chemischen Industrie. Bielefeld

Bauer, Hans-G. u.a. (2004): Lernen im Arbeitsalltag. Wie sich informelle Lernprozesse organisieren lassen. Bielefeld

Bauer, Hans G. u.a. (2006) (Hrsg.): Lern(prozess)begleitung in der Ausbildung. Wie man Lernende begleiten und Lernprozesse gestalten kann. Ein Handbuch. Bielefeld

Bauer, Hans G. u. a. (2016) (Hrsg.): Lernprozessbegleitung in der Praxis. Beispiele aus Aus- und Weiterbildung. München: GAB München

Baumhauer, Maren u. a. (2021): LERNORT BETRIEB 4.0. Organisation, Subjekt und Bildungskooperation in der digitalen Transformation der Chemieindustrie. Hans Böckler Stiftung, Study 454, Düsseldorf

BBT – Bundesamt für Berufsbildung und Technologie (2009): Validierung von Bildungsleistungen. Leitfaden für die berufliche Grundbildung, Bern

Beck, Klaus (1984): Zur Kritik des Lernortkonzepts – Ein Plädoyer für die Verabschiedung einer untauglichen pädagogischen Idee. In: Georg, Werner (Hrsg.): Schule und Berufsausbildung. Bielefeld, S. 247–262

Beck, Ulrich (1986): Risikogesellschaft. Auf dem Weg in eine andere Moderne. Frankfurt a. M.

Beck, Ulrich (1999): Schöne neue Arbeitswelt. Vision: Weltbürgerschaft. Frankfurt a. M.

Beck, Ulrich / Giddens, Anthony / Lash, Scott (1996): Reflexive Modernisierung. Eine Kontroverse. Frankfurt a. M.

Becker, Manfred (2005): Personalentwicklung: Bildung, Förderung und Organisationsentwicklung in Theorie und Praxis. 4. Aufl., Stuttgart

Becker, Matthias & Spöttl, Georg (2019): Auswirkungen der Digitalisierung auf die berufliche Bildung am Beispiel der Metall- und Elektroindustrie. In: *Zeitschrift für* Erziehungswissenschaft 22, S. 567–592.

Becker, Matthias / Windelband, Lars (2021): Weiterbildung zwischen Tradition und Moderne – Weiterbildung 4.0 noch Utopie? In: Baron, Stefan / Dick, Peer-Michael / Zitzelsberger, Roman (Hrsg.): weiterbilden#weiterdenken. Den Strukturwandel in der Metall- und Elektroindustrie durch berufliche Weiterbildung gestalten. Bielefeld, S. 17–42

Behrend, Christian u. a. (2018): Kompetenzreflektor Weiterbildungspersonal. Ein Instrument zur Validierung beruflicher Kompetenzen. In: Laske, Stephan / Orthey, Astrid / Schmid, Michael (Hrsg.): PersonalEntwickeln, (Losebl.), Beitrag Nr. 6.177. Köln, S. 1–28

Bergmann, Bärbel (1996): Lernen im Prozeß der Arbeit. In: Arbeitsgemeinschaft Qualifikations-Entwicklungs-Management (Hrsg.): Kompetenzentwicklung '96: Strukturwandel und Trends in der betrieblichen Weiterbildung. Münster u. a., S. 153–262

Bergmann, Bärbel u. a. (2000): Kompetenzentwicklung und Berufsarbeit. Münster u. a.

Bernhard, Christian u. a. (Hrsg.) (2015): Erwachsenenbildung und Raum. Theoretische Perspektiven – professionelles Handeln – Rahmungen des Lernens. Bielefeld

Beschluss des Bundesrates (2012): Vorschlag für eine Empfehlung des Rates zur Validierung der Ergebnisse nichtformalen und informellen Lernens. http://www.umwelt-online.de/cgi-bin/parser/Drucksachen/drucknews.cgi?texte=0535_2D12B [30.11.2017].

BIBB (Bundesinstitut für Berufsbildung) (1997): Empfehlung des Hauptausschusses des Bundesinstituts für Berufsbildung zur Kooperation der Lernorte. Berlin. https://www.bibb.de/dokumente/pdf/HA099.pdf [20.10.2019]

BIBB (Bundesinstitut für Berufsbildung) (2014): Empfehlung des Hauptausschusses des Bundesinstituts für Berufsbildung vom 26. Juni 2014 zur Struktur und Gestaltung von Ausbildungsordnungen – Ausbildungsberufsbild, Ausbildungsrahmenplan. https://www.bibb.de/dokumente/pdf/HA160.pdf [10.03.2021]

Bilger, Frauke (2016): Statistische Erfassung informellen Lernens. In: Rohs, Matthias (Hrsg.): Handbuch Informelles Lernen. Wiesbaden, S. 637–658

Björnavold, Jens (2001): Lernen sichtbar machen. Luxembourg

Björnavold, Jens / Coles, Mike (2010): The Added Value of National Qualifications Frameworks in Implementing the EQF. European Qualifications Framework: Explanatory Note 2. Luxembourg: European Commission

BMAS (Bundesministerium für Arbeit und Soziales) (2017): Weissbuch Arbeiten 4.0. Diskussionsentwurf, Stand: Januar 2017, Berlin

BMAS (Bundesministerium für Arbeit und Soziales) (2019): Bekanntmachung der Förderrichtlinie „Zukunftsfähige Unternehmen und Verwaltungen im digitalen Wandel", 25. September 2019. https://www.bundesanzeiger.de/ebanzwww/wexsservlet?page.navid= official_starttoofficial_view_publication&session.sessionid=d870dc4439171b 33c265fd3de543ca99&fts_search_list.selected=0d8d667ca0840282&&fts_search_ list.destHistoryId=22346&fundstelle=BAnz_AT_11.10.2019_B1 [20.10.2019]

BMAS (Bundesministerium für Arbeit und Soziales) (2020): Bekanntmachung der Förderrichtlinie „Aufbau von Weiterbildungsverbünden" vom 17. Juni 2020 – https:// www.bmas.de/SharedDocs/Downloads/DE/PDF-Pressemitteilungen/2020/foerderrichtlinie-bundesprogramm-weiterbildungsverbuende.pdf?__blob=publicationFile&v=3 [01.07.2020]

BMAS / BMBF (Hrsg.) (2019): Nationale Weiterbildungsstrategie. https://www.bmbf.de/ files/190611_BMAS_DINA4_Strategiepapier_v2_ansicht.pdf [12.07.2019]

BMBF (Bundesministerium für Bildung und Forschung) (2011): Verbundausbildung – die Ausbildungsform der Zukunft? Bonn

BMBF (Bundesministerium für Bildung und Forschung) (2019): Weiterbildungsverhalten in Deutschland 2018. Ergebnisse des Adult Education Survey – AES-Trendbericht. https:// www.bundesregierung.de/breg-de/suche/weiterbildungsverhalten-in-deutschland-2018- 1666140 [29.09.2020]

BMBF (Bundesministerium für Bildung und Forschung) (2020): Berufsbildungsbericht 2020. Bonn

BMBF (Bundesministerium für Bildung und Forschung) (Hrsg.) (2021): Gemeinsam mit Partnern ausbilden. Vier Modelle der Verbundausbildung. Bonn

BMBF / KMK (Bundesministerium für Bildung und Forschung / Kultusministerkonferenz) (2013): Deutscher EQR-Referenzierungsbericht. https://www.dqr.de/media/content/ Deutscher_EQR_Referenzierungsbericht.pdf [04.02.2020.

BMBW (Bundesminister für Bildung und Wissenschaft) (Hrsg.) (1985): Der zwischenbetriebliche Verbund. Ein neues Instrument. Bonn

Böhle, Fritz (2005): Erfahrungswissen hilft bei der Bewältigung des Unplanbaren. In: Berufsbildung in Wissenschaft und Praxis, Jg. 34, H. 5, S. 9 – 13

Böhle, Fritz / Neumer, J. (2015): Lernhemmnisse bei qualifizierter Arbeit – Eine neue Herausforderung für die Arbeitsforschung und Arbeitsgestaltung. In: praeview – Zeitschrift für innovative Arbeitsgestaltung und Prävention. Jg. 6, Heft 2, 32 – 33.

Böning, U. (2000): Coaching: Der Siegeszug eines Personalentwicklungs-Instruments. Eine 10-Jahres-Bilanz. In: Rauen, Chr. (Hrsg.), a. a. O., S. 17 – 39

Bohlinger, Sandra (2013): Eine Landkarte der Qualifikationsrahmen und eine kurze Geschichte ihrer globalen Entwicklung: In. Berufsbildung in Wissenschaft und Praxis, 42, H. 2, S. 38–41

Bohlinger, Sandra/Fischer, Andreas (Hrsg.) (2015): Lehrbuch Europäische Berufsbildungsforschung und -politik – Grundlagen, Herausforderungen und Perspektiven. Bielefeld

Bolte, Annegret/Neumer, Judith (2021): Lernen in der Arbeit. Erfahrungswissen und lernförderliche Arbeitsgestaltung bei wissensintensiven Berufen. Augsburg, München

Bonin, Holger/Gregory, Terry/Zierahn, Ulrich (2015). Übertragung der Studie von Frey und Osborne (2013) auf Deutschland. ZEW Kurzexpertise, No. 57, Zentrum für Europäische Wirtschaftsforschung (ZEW). Mannheim

Bonz, Bernhard (2009): Methodik. Lern-Arrangements in der Berufsbildung. (Studientexte Basiscurriculum Berufs- und Wirtschaftspädagogik, Bd. 4, 2., neubearbeitete Auflage, Baltmannsweiler

Botthof, Alfons/Hartmann, Ernst A. (Hrsg.) (2015): Zukunft der Arbeit in Industrie 4.0. Berlin, Heidelberg

Brater, Michael/Büchele Ute (1991): Persönlichkeitsorientierte Ausbildung am Arbeitsplatz. München

Bretschneider, Markus u. a. (2007): Begrifflichkeiten, Ansätze und Praxiserfahrungen in der beruflichen Beratung und Begleitung. In: Dehnbostel, Peter/Elsholz, Uwe/Gillen, Julia (Hrsg.): Kompetenzerwerb in der Arbeit. Perspektiven arbeitnehmerorientierter Weiterbildung. Bielefeld, S. 120–137

Buchem, Ilona/König, Anne (2011): Lebensphasen von Online-Communities am Beispiel der Mediencommunity. https://www.e-teaching.org/etresources/media/pdf/langtext_2011_buchem_koenig_lebensphasen-von-online-communities.pdf [02.10.2017]

Büchter, Karin/Dehnbostel, Peter/Hanf, Georg (Hrsg.) (2012): Der Deutsche Qualifikationsrahmen (DQR). Ein Konzept zur Erhöhung von Durchlässigkeit und Chancengleichheit im Bildungssystem? Bielefeld

Bund-Länder-Kommission (1999): Kooperation der Lernorte im dualen System der Berufsbildung. (Materialien zur Bildungsplanung und Forschungsförderung, H. 73) Bonn

Bund-Länder-Koordinierungsstelle für den Deutschen Qualifikationsrahmen für lebenslanges Lernen (2013): Handbuch zum Deutschen Qualifikationsrahmen. Struktur – Zuordnungen – Verfahren – Zuständigkeiten https://www.dqr.de/media/content/DQR_Handbuch_01_08_2013.pdf [14.05.2018].

Bund-Länder-Koordinierungsstelle für den Deutschen Qualifikationsrahmen für lebenslanges Lernen (Hrsg.) (2019): Liste der zugeordneten Qualifikationen. Aktualisierter Stand 1. August 2019. https://www.dqr.de/media/content/2019_DQR_Liste_der_zugeordneten_Qualifikationen_01082019.pdf [12.02.2020]

Butollo, Florian/Ehrlich, Martin/Engel, Thomas (2017): Amazonisierung der Industriearbeit? Industrie 4.0, Intralogistik und die Veränderung der Arbeitsverhältnisse in einem Montageunternehmen der Automobilindustrie. In: ARBEIT 26 (1), S. 33–59

Castells, Manuel (2000): Elemente einer Theorie der Netzwerk-Gesellschaft. In: Sozialwissenschaftliche Literaturrundschau, Jg. 23, H. 41, S. 37–54

CEDEFOP (2009): Europäische Leitlinien für die Validierung nicht formalen und informellen Lernens, Luxemburg

CEDEFOP (2016): Europäische Leitlinien für die Validierung nicht formalen und informellen Lernens. Luxemburg.

CEDEFOP (2019): Qualifikationsrahmen in Europa. Entwicklungen 2018. https://www.cedefop.europa.eu/files/9139_de.pdf [10.03.2019]

CEDEFOP/ETF/UNESCO/UIL (2019): Global inventory for regional and national qualifications frameworks. Volume II: National und regionale cases. https://www.cedefop.europa.eu/en/publications-and-resources/publications/2222 [21.01.2020]

Cendon, Eva/Dehnbostel, Peter (2015): Validierung nichtformal und informell erworbener Kompetenzen als Beitrag zur Durchlässigkeit im Bildungssystem. In: Bohlinger, Sandra/Fischer, Andreas (Hrsg.), a.a.O., S. 225–261

Decker, Franz (2000): Bildungsmanagement Lernprozesse erfolgreich gestalten, betriebswirtschaftlich führen und finanzieren. 2. Aufl., Würzburg

Dehnbostel, Peter (1993): Lernen im Arbeitsprozeß und neue Lernortkombinationen. In: Bundesinstitut für Berufsbildung (Hrsg.): Umsetzung neuer Qualifikationen in die Berufsbildungspraxis. Nürnberg, S. 163–168. https://www.pedocs.de/volltexte/2010/1529/pdf/Dehnbostel_Peter_Lernen_im_Arbeitsprozess_und_neue_Lernortkombinationen_D.pdf [27.10.2021]

Dehnbostel, Peter (2001): Perspektiven für das Lernen in der Arbeit. In: Arbeitsgemeinschaft Qualifikations-Entwicklungs-Management (Hrsg.): Kompetenzentwicklung 2001. Tätigsein – Lernen – Innovation. Münster u.a., S. 53–93

Dehnbostel, Peter (2002): Bilanz und Perspektiven der Lernortforschung in der beruflichen Bildung. In: Zeitschrift für Pädagogik, Jg. 48, H. 3, S. 356–377

Dehnbostel, Peter (2007): Lernen im Prozess der Arbeit. Münster u.a.

Dehnbostel, Peter (2008): Berufliche Weiterbildung. Grundlagen aus arbeitnehmerorientierter Sicht. Berlin

Dehnbostel, Peter (2009a): Kompetenzentwicklung in der betrieblichen Weiterbildung als Konvergenz von Bildung und Ökonomie? In: Bolder, Axel/Dobischat, Rolf (Hrsg.): EigenSinn und Widerstand. Kritische Beiträge zum Kompetenzentwicklungsdiskurs. Wiesbaden, S. 207–219

Dehnbostel, Peter (2009b): Lernorte. In: Mertens, Gerhard u.a.: Handbuch der Erziehungswissenschaft, Bd. II, Paderborn u.a., S. 793–803

Dehnbostel, Peter (2011): Qualifikationsrahmen: Lernergebnis- und Outcomeorientierung zwischen Bildung und Ökonomie. In: Magazin erwachsenenbildung.at. Ausgabe 14 S. 05-1-05-10

Dehnbostel, Peter (2014): Lernen in und bei der Arbeit – Arbeitsintegrierte Berufsqualifizierung in der Altenpflege. In Jahrbuch Bildungs- und Talentmanagement 2014. München, S. 134–139

Dehnbostel, Peter (2016a): Informelles Lernen in der Industrie 4.0. Betriebliche Bildung in informellen, nichtformalen und formalen Kontexten. In: Industrie 4.0 Management, 3 (32), S. 23–26

Dehnbostel, Peter (2016b): Communities of Practice – Eine zukunftsweisende Lernorganisationsform für die digitale Arbeitswelt. In: Siepmann, Frank (Hrsg.) Jahrbuch eLearning & Wissensmanagement 2016. Hagen im Bremischen, S. 48–52

Dehnbostel, Peter (2017): Validierung informellen und nichtformalen Lernens. In: Laske, Stephan/Orthey, Astrid/Schmid, Michael (Hrsg.): PersonalEntwickeln (Losebl.), Beitrag Nr. 5.123, Köln: Wolters Kluwer Deutschland, S. 1–24

Dehnbostel, Peter (2018): Lern- und kompetenzförderliche Arbeitsgestaltung in der digitalisierten Arbeitswelt. In: ARBEIT Zeitschrift für Arbeitsforschung, Arbeitsgestaltung und Arbeitspolitik 4(27), S. 269–294

Dehnbostel, Peter (2019): Lernort Arbeitsplatz – Metalernort und hybrider Lernraum. In: Arnold, Rolf/Rohs, Matthias/Schiefner-Rohs, Mandy (Hrsg.): Von der Lernortkooperation zur entgrenzten Berufsbildung. Baltmannsweiler, S. 59–70

Dehnbostel, Peter (2020a): Erfahrungslernen mit organisiertem Lernen verbinden. Weiterbildung. Zeitschrift für Grundlagen, Praxis und Trends 31 (1), S. 19–21

Dehnbostel, Peter (2020b): Lernorte, Lernräume und Lernarchitekturen in der digitalen Transformation der Arbeit. In: Richter, G. (Hrsg.), a. a. O., S. 19–34

Dehnbostel, Peter (2020c): Beruf und informelles Lernen. In: Harring, Marius/Witte, Matthias D. (Hrsg.): Enzyklopädie Erziehungswissenschaft Online. Weinheim und Basel, S. 1–25

Dehnbostel, Peter (2020d): Lernorte der beruflichen Bildung. In: Bellmann, Lutz u. a. (Hrsg.): Schlüsselthemen der beruflichen Bildung in Deutschland. Leverkusen, S. 127–140

Dehnbostel, Peter/Pätzold, Günther (2004): Lernförderliche Arbeitsgestaltung und die Neuorientierung betrieblicher Bildungsarbeit. In: Dieselben (Hrsg.): Innovationen und Tendenzen der betrieblicher Berufsbildung. ZBW, Beiheft 18. Stuttgart, S. 19–30

Dehnbostel, Peter/Holz, Heinz/Novak, Hermann (Hrsg.) (1992): Lernen für die Zukunft durch verstärktes Lernen am Arbeitsplatz – Dezentrale Aus- und Weiterbildungskonzepte in der Praxis. Berlin

Dehnbostel, Peter/Holz, Heinz/Novak, Hermann (Hrsg.) (1996): Neue Lernorte und Lernortkombinationen – Erfahrungen und Erkenntnisse aus dezentralen Berufsbildungskonzepten. Bielefeld

Dehnbostel, Peter/Erbe, Heinz-H./Novak, Hermann (Hrsg.) (1998): Berufliche Bildung im lernenden Unternehmen. Berlin

Dehnbostel, Peter/Neß, Harry/Overwien, Bernd (2009): Der Deutsche Qualifikationsrahmen (DQR) – Positionen, Reflexionen und Optionen. Gutachten im Auftrag der Max-Traeger-Stiftung. Frankfurt a. M.: GEW Hauptvorstand

Dehnbostel, Peter/Seidel, Sabine/Stamm-Riemer, Ida (2010): Einbeziehung von Ergebnissen informellen Lernens in den DQR – eine Kurzexpertise. Bonn, Hannover

Dehnbostel, Peter/Hochschule für angewandtes Management/KWB (2016): Studie zu den Nutzungspotenzialen des Deutschen Qualifikationsrahmens für lebenslanges Lernen (DQR). https://www.dqr.de/media/content/Studie_Nutzungspotenziale_ DQR_2016.pdf [04.02.2019]

Dehnbostel, Peter/Hiestand, Stefanie/Gillen Julia (2017): Der Kompetenzreflektor – ein Verfahren zur Analyse, Reflexion und Validierung von Kompetenzen. In: Erpenbeck, John u. a. (Hrsg.): Handbuch Kompetenzmessung. 3. Auflage, Stuttgart, S. 82–98

Dehnbostel, Peter u. a. (2001): Mitten im Arbeitsprozess: Lerninseln. Hintergründe – Konzeption – Praxis – Handlungsanleitung. Bielefeld

Dengler, Katharina (2019): Substituierbarkeitspotenziale von Berufen und Veränderbarkeit von Berufsbildern. IAB-Stellungnahme, 2/2019, Nürnberg

Dengler, Katharina/Matthes, Britta (2018): Substituierbarkeitspotentiale von Berufen. Wenige Berufsbilder halten mit der Digitalisierung Schritt. In: Institut für Arbeitsmarkt- und Berufsforschung (Hrsg.): IAB-Kurzbericht 4/2018

Deutscher Bildungsrat (1974): Zur Neuordnung der Sekundarstufe II. Konzept für eine Verbindung von allgemeinem und beruflichem Lernen. Bonn

Dewey, John (1910/1951): Wie wir denken. Zürich

Dewey, John (1993): Demokratie und Erziehung. Eine Einleitung in die philosophische Pädagogik. Weinheim

Die Bundesregierung (2018): Nationale Strategie für Künstliche Intelligenz. www.bmbf.de/files/Nationale_KI-Strategie.pdfki-strategie-deutschland.de [18.03.2019].

Diesner, Ilona (2008): Bildungsmanagement in Unternehmen. Konzeptualisierung einer Theorie auf der normativen und strategischen Ebene. Wiesbaden

Dietzen, Agnes (2021): Spannungsverhältnis von berufsspezifischen und berufsübergreifenden Kompetenzen. Diskurse in der Berufsbildung und offene Fragen. In: Berufsbildung in Wissenschaft und Praxis ((BWP), 50. Jg., H. 1, S. 14–17

Dobischat, Rolf/Düsseldorff, Karl/Schurgatz, Robert (2011): Beruflich-betriebliche Weiterbildung. In: Zeuner, Christine (Hrsg.): Enzyklopädie Erziehungswissenschaft Online. Weinheim und Basel, S. 1–34

Dörschel, Alfons (1974): Bemerkungen zur politischen Dimension einer berufspädagogischen Reform. In: Zeitschrift für Berufsbildungsforschung 3 (1974), S. 25–26.

Dohmen, Günther (2001): Das informelle Lernen. Die internationale Erschließung einer bisher vernachlässigten Grundform menschlichen Lernens für das lebenslange Lernen aller. Bonn: BMBF

Drexel, Ingrid (2006): Europäische Berufsbildungspolitik: Deregulierung, neoliberale Regulierung und die Folgen – für Alternativen zu EQR und ECVET. In: Grollmann, Philipp/Spöttl, Georg/Rauner, Felix (Hrsg.), a.a.O., S. 13–33

Drexel, Ingrid/Welskopf, R. (1994): Lernen im Arbeitsprozess, seine Voraussetzungen, Potentiale und Grenzen – das Beispiel der ostdeutschen Betriebe. In: Zeitschrift für Sozialisationsforschung und Erziehungssoziologie, Jg. 14, H. 4, S. 294–318

Drucker, Peter F. (2005): Management im 21. Jahrhundert. Berlin

Dubs u. a. (2009): Einführung in die Managementlehre. 5 Bände. 2. Aufl., Bern

Duell, Werner/Frei, Felix (1986): Leitfaden für qualifizierende Arbeitsgestaltung. TÜV Rheinland. Köln

Dunkel, Torsten/Le Mouillour, Isabelle (2008): Qualifikationsrahmen und Credit-Systeme – ein Bausatz für die Bildung in Europa. In: Europäische Zeitschrift für Berufsbildung, Nr. 42/43, S. 218–239

Dybowski, Gisela u. a. (1999): Betriebliche Innovations- und Lernstrategien. Implikationen für berufliche Bildungs- und betriebliche Personalentwicklungsprozesse. Bielefeld

Elsholz, Uwe (2015): Expertennetzwerke als Weiterbildungsform und Lernraum. In: Wittwer, Wolfgang/Diettrich, Andreas/Walber, Markus (Hrsg.), a.a.O., S. 171–18.

Elsholz, Uwe/Dehnbostel, Peter (Hrsg.) (2004): Kompetenzentwicklungsnetzwerke. Konzepte aus gewerkschaftlicher, berufsbildender und sozialer Sicht. Bielefeld

Empfehlung des Europäischen Parlaments und des Rates (2009): Empfehlung des Europäischen Parlaments und des Rates vom 18. Juni 2009 zur Einrichtung eines Europäischen Leistungspunktesystems für die Berufsbildung (ECVET). https://bildung.erasmusplus.at/fileadmin/Dokumente/bildung.erasmusplus.at/Policy_Support/ECVET_Expertinnen/ECVET_Empfehlung_Parl_Rat_2009-06-18.pdf [15.08.2014]

Empfehlung des Rates (2017): Empfehlung des Rates vom 22. Mai 2017 über den Europäischen Qualifikationsrahmen für lebenslanges Lernen und zur Aufhebung der Empfehlung des Europäischen Parlaments und des Rates vom 23. April 2008 zur Einrichtung des Europäischen Qualifikationsrahmens für lebenslanges Lernen https://www.qualifikationsregister.at/wp-content/uploads/2018/11/de.pdf [21.01.2020].

Empfehlung des Rates (2018): Empfehlung des Rates vom 22. Mai 2018 zu Schlüsselkompetenzen für lebenslanges Lernen. https://www.kmk-pad.org/fileadmin/Dateien/download/v_na/10_EU_Schluesseldokumente/Empfehlung_ Schluesselkompetenzen_2018.pdf [13.4.2020]

Erpenbeck, John/Rosenstiel, Lutz von (Hrsg.) (2011): Handbuch Kompetenzmessung. 2. Aufl., Stuttgart

Euler, Dieter (Hrsg.) (2004): Handbuch der Lernortkooperation. Band 1: Theoretische Fundierung; Band 2: Praktische Erfahrungen. Bielefeld

Euler, Dieter (2020): Kompetenzorientierung in der beruflichen Bildung. In: Arnold, Rolf/Lipsmeier, Antonius/Rohs, Matthias (Hrsg.): Handbuch Berufsbildung. Wiesbaden, S. 205–217

Euler, Dieter/Lang, Martin/Pätzold, Günter (Hrsg.) (2006): Selbstgesteuertes Lernen in der beruflichen Bildung. (Zeitschrift für Berufs- und Wirtschaftspädagogik, Beiheft 20). Stuttgart

Europäische Bildungsminister (1999): Der Europäische Hochschulraum. Gemeinsame Erklärung der Europäischen Bildungsminister, 19. Juni 1999, Bologna. https://www.bmbf.de/files/bologna_deu.pdf [20.11.2018]

Europäische Kommission (2008): Der Europäische Qualifikationsrahmen für lebenslanges Lernen. https://ec.europa.eu/ploteus/sites/eac-eqf/files/brochexp_de.pdf [20.11.2018].

Europäische Kommission (2018): Europäische Klassifikation für Fähigkeiten, Kompetenzen, Qualifikationen und Berufe https://ec.europa.eu/esco/portal/home?resetLanguage=true&newLanguage=de

Europäische Union (2015): ECTS Leitfaden. https://ec.europa.eu/education/resources-and-tools/european-credit-transfer-and-accumulation-system-ects_de

Falk, Rüdiger (2000): Betriebliches Bildungsmanagement. Arbeitsbuch für Studium und Praxis. Köln

Faulstich, Peter/Bayer, Mechthild (Hrsg.) (2008): Lernwiderstände. Anlässe für Vermittlung und Beratung. Hamburg

Faulstich, Peter/Bayer, Mechthild (Hrsg.) (2009): Lernorte. Vielfalt von Weiterbildungs- und Lernmöglichkeiten. Hamburg

Fischer, Martin (1996): Überlegungen zu einem arbeitspädagogischen und -psychologischen Erfahrungsbegriff. In: Zeitschrift für Berufs- und Wirtschaftspädagogik, Jg. 92, S. 227–244

Fischer-Epe, Marem (2018): Coaching: Miteinander Ziele erreichen. 7. Auflage, Reinbek bei Hamburg

Forneck, Herman, J. (2006): Selbstlernarchitekturen. Lernen und Selbstsorge I. Baltmannsweiler.

Franke, Guido (1999): Erfahrung und Kompetenzentwicklung. In: Dehnbostel, Peter/Markert, Werner/Novak. Hermann (Hrsg.): Erfahrungslernen in der beruflichen Bildung – Beiträge zu einem kontroversen Konzept. Neusäß, S. 54–70

Franke, Guido/Kleinschmitt, Manfred (1987): Der Lernort Arbeitsplatz. Berlin, Köln

Frey, Carl B./Osborne, Michael A. (2013). The future of employment: How susceptible are jobs to computerisation? https://www.oxfordmartin.ox.ac.uk/downloads/academic/The_Future_of_Employment.pdf [14.12.220]

Friedmann, Georges (1952): Der Mensch in der mechanisierten Produktion. Köln

Friedrich, Helmut Felix/Mandl, Heinz (1997): Analyse und Förderung selbstgesteuerten Lernens. In: Weinert, Franz E./Mandl, Heinz (Hrsg.): Enzyklopädie der Psychologie, Themenbereich D, Serie I, Bd. 4. Göttingen, S. 237–293

Frieling, Ekkehart/Schäfer, Ellen/Fölsch, Thomas (2007): Konzepte zur Kompetenzentwicklung und zum Lernen im Prozess der Arbeit. Entwicklung eines Verfahrens zur Bestimmung der Lernmöglichkeiten am Arbeitsplatz. Münster u. a.

Gehmlich, Volker (2010): Qualifikationsrahmen im Kopenhagen- und Bologna-Prozess. Chancen für mehr Durchlässigkeit zwischen Berufs- und Hochschulbildung. In: Berufsbildung in Wissenschaft und Praxis 39, H. 2, S. 39–43

Geldermann, Brigitte/Seidel, Sabine/Severing, Eckart (2009): Rahmenbedingungen zur Anerkennung informell erworbener Kompetenzen. Bielefeld

Geprüfte/r Aus- und Weiterbildungspädagoge/in (2009): Verordnung über die Prüfung zum anerkannten Fortbildungsabschluss Geprüfter Aus- und Weiterbildungspädagoge/Geprüfte Aus- und Weiterbildungspädagogin vom 21. August 2009 (BGBl. I S. 2934).

Geprüfte/r Berufspädagoge/in (2009): Verordnung über die Prüfung zum anerkannten Fortbildungsabschluss Geprüfter Berufspädagoge/Geprüfte Berufspädagogin vom 21. August 2009 (BGBl. I S. 2927).

Georg, Werner (1996): Lernen im Prozeß der Arbeit. In: Dedering, H. (Hrsg.): Handbuch zur Arbeitsorientierten Bildung. München, S. 637–659

Gerstenmaier, Jochen/Mandl, Heinz (1995): Wissenserwerb unter konstruktivistischer Perspektive. In: Zeitschrift für Pädagogik, Jg. 41, H. 6, S. 867–882

Gessler, Michael (Hrsg.) (2009): Handlungsfelder des Bildungsmanagements. Münster

Giddens, Anthony (1988): Die Konstitution der Gesellschaft. Grundzüge einer Theorie der Strukturierung. Frankfurt/New York

Gieseke-Schmelzle, Wiltrud (1985): Erfahrungsorientierte Lernprozesse. In: Raapke, Hans-Dietrich/Schulenberg, Wolfgang (Hrsg.): Didaktik der Erwachsenenbildung. Stuttgart, S. 74–92

Gillen, Julia (2006): Kompetenzanalysen als berufliche Entwicklungschance. Eine Konzeption zur Förderung beruflicher Handlungskompetenz. Bielefeld

Gillen, Julia/Dehnbostel, Peter (2011): Der Kompetenzreflektor – Ein Verfahren zur Analyse und Reflexion von Kompetenzen. In: Erpenbeck, John/v. Rosenstiel, Lutz (Hrsg.), a. a. O., S. 459–471

Göhlich, Michael (2018): Organisationales Lernen als zentraler Gegenstand der Organisationspädagogik. In: Göhlich, Michael/Schröer, Andreas/Weber Susanne M. (Hrsg.): Handbuch Organisationspädagogik. Wiesbaden, S. 365–379

Goltz, Marianne (1999): Betriebliche Weiterbildung im Spannungsfeld von tradierten Strukturen und kulturellem Wandel. München, Mering 1999

Gonon, Philipp (2004): Informelles Lernen im Lichte aktueller Theorieperspektiven betrieblicher Weiterbildung. In: Dehnbostel, Peter/Gonon, Philipp (Hrsg.): Informell erworbene Kompetenzen in der Arbeit – Grundlegungen und Forschungsansätze. Bielefeld: W. Bertelsmann, S. 39–50

Greinert, Wolf-Dietrich (1997): Konzepte beruflichen Lernens unter systematischer, historischer und kritischer Perspektive. Stuttgart

Greinert, Wolf-Dietrich (1999): Berufsqualifizierung und dritte Industrielle Revolution. Baden-Baden

Grollmann, Philipp/Spöttl, Georg/Rauner, Felix (Hrsg.) (2006): Europäisierung Beruflicher Bildung – eine Gestaltungsaufgabe. Hamburg

Grotlüschen, Anke/Pätzold, Henning (2020): Lerntheorien in der Erwachsenen- und Weiterbildung. Bielefeld

Grüner, Herbert (2000): Bildungsmanagement im mittelständischen Unternehmen. Herne/Berlin

Grünewald, Uwe u. a. (1998): Formen arbeitsintegrierten Lernens. Möglichkeiten und Grenzen der Erfassbarkeit informeller Formen der betrieblichen Weiterbildung. (QUEM-Report, Heft 53). Berlin

Hacker, Winfried/Skell, Wolfgang (1993): Lernen in der Arbeit. Berlin, Bonn

Haefeli, Odette/Dehnbostel, Peter (2017): Lerninseln im Gesundheits- und Pflegebereich – Konzeption und Entwicklung am Universitätsspital Basel. In: Berufsbildung in Wissenschaft und Praxis (BWP), 46. Jg., H. 1, S. 26–29

Hanft, Anke (1997): Lernen in Netzwerkstrukturen. Tendenzen einer Neupositionierung der betrieblichen und beruflichen Bildung. In: Zeitschrift Arbeit, Jg. 3, H. 6, S. 282–303

Hanft, Anke (2008): Bildungs- und Wissenschaftsmanagement. München

Harke, Erdmann (1974): Lernen im Prozeß der Arbeit. Berlin 1974

Harteis, Chr./Bauer, J./Coester, H. (2002): Betriebliche Personal- und Organisationsentwicklung zwischen ökonomischen und pädagogischen Überlegungen. Forschungsbericht Nr. 2. Universität Regensburg, Lehrstuhl Pädagogik für Lehr-Lern-Forschung und Medienpädagogik

Heid, Helmut/Harteis, Christian (2004): Zur Vereinbarkeit ökonomischer und pädagogischer Prinzipien in der modernen betrieblichen Personal- und Organisationsentwicklung. In: Dehnbostel, Peter/Pätzold, Günter (Hrsg.): Innovationen und Tendenzen der betrieblichen Berufsbildung. ZBW), Beiheft 18. Stuttgart, S. 222–231

Helmrich, Robert u. a. (2016): Digitalisierung der Arbeitslandschaften. Keine Polarisierung der Arbeitswelt, aber beschleunigter Strukturwandel und Arbeitsplatzwechsel. (BIBB, Wissenschaftliche Diskussionspapiere, H. 180). Bonn

Henschel, Alexander (2001): Communities of Practice. Plattform für organisationales Lernen und den Wissenstransfer. Wiesbaden

Hensge, Kathrin/Meyer, Klaus (1989): Arbeitsteilige Ausbildung im Verbund mehrerer Betriebe. Fallanalytische Aufarbeitung der betrieblichen Verbundpraxis. Berlin

Herkner, Volkmar/Pahl, Jörg-Peter (2020): Handlungsorientierung in der Berufsbildung. In: Arnold, Rolf/Lipsmeier, Antonius/Rohs, Matthias (Hrsg.): Handbuch Berufsbildung. Wiesbaden, S. 189–203

Hessisches Ministerium für Soziales und Integration (2015) (Hrsg.). Qualifizierung in der Altenpflege, 2. Auflage. Wiesbaden

Hirsch-Kreinsen, Hartmut/Karačić, Anemari. (2019): Autonome Systeme und Arbeit. Perspektiven, Herausforderungen und Grenzen der Künstlichen Intelligenz in der Arbeitswelt. Bielefeld

Hirsch-Kreinsen, Hartmut/Ittermann, Peter/Niehaus, Jonathan (Hrsg.) (2018). Digitalisierung industrieller Arbeit. Die Vision 4.0 und ihre sozialen Herausforderungen. 2. Auflg., Baden-Baden

IG Metall Vorstand (2018): Gewerkschaftliche Weiterbildungsmentoren. Vertrauensschaffende Experten für Bildungswege. https://wap.igmetall.de/Weiterbildungsmentoren_08265120737dcff6cd37e2961653dc2c384ec594.pdf [13.02.2019]

Jürgensen, Anke/Dauer, Bettina (2021): Handreichung für die Pflegeausbildung am Lernort Praxis. Bundesinstitut für Berufsbildung. Bonn 2021

Kaufmann, Katrin (2016): Beteiligung am informellen Lernen. In: Rohs, Matthias (Hrsg.): Handbuch Informelles Lernen. Wiesbaden, S. 65–86

Kern, Horst/Schumann, Michael (1984): Das Ende der Arbeitsteilung? München

Klingovsky, Ulla/Schmid, Martin (Hrsg.) (2018): Validieren und anerkennen. Informell erworbene Kompetenzen sichtbar machen – eine Auslegeordnung für die Schweiz. Bern

Kohl, Matthias/Molzberger, Gabriele (2005): Lernen im Prozess der Arbeit. Überlegungen zur Systematisierung betrieblicher Lernformen in der Aus- und Weiterbildung. In: Zeitschrift für Berufs- und Wirtschaftspädagogik, Jg. 101, H. 3, S. 349–363

Kommission der Europäischen Gemeinschaften (2001): Mitteilung der Kommission: Einen europäischen Raum des Lebenslangen Lernens schaffen. KOM (2001) 678, Brüssel

Kräenbring, René (2013): Lernprozessbegleitung in der beruflich-betrieblichen Bildung. Hamburg

Kraus, Katrin (2008): Lernort: Raumtheoretische Überlegungen zu einem Grundbegriff der Berufs- und Wirtschaftspädagogik. In: Münk, Dieter/Breuer, Klaus/Deissinger, Thomas (Hrsg.): Berufs- und Wirtschaftspädagogik – Probleme und Perspektiven aus nationaler und internationaler Sicht. Opladen, S. 46–55

Kraus, Katrin (2015): Lernorte. In: Jörg Dinkelaker/Aiga von Hippel (Hrsg.): Erwachsenenbildung in Grundbegriffen. Stuttgart, S. 135–142

Kröll, Martin (2020): Innovationsprojekte und organisationalen Wandel professionell gestalten. Theorie der Reflexion und Reflexionskompetenz. Wiesbaden

Krogoll, Tilmann/Pohl, Wolfgang/Wanner, Claudia (1988): CNC-Grundlagenausbildung mit dem Konzept CLAUS: Didaktik und Methoden. Frankfurt a. M.

Krüger, Heinz-Hermann/Lersch, Rainer (1993): Lernen und Erfahrung. Perspektiven einer Theorie schulischen Handelns. Opladen

Kultusministerkonferenz (2017): Qualifikationsrahmen für deutsche Hochschulabschlüsse. https://www.kmk.org/fileadmin/Dateien/veroeffentlichungen_beschluesse/2017/2017_02_16-Qualifikationsrahmen.pdf [20.11.2018]

Lang, Martin/Pätzold, Günter (Hrsg.) (2006): Wege zur Förderung selbstgesteuerten Lernens in der beruflichen Bildung. Bochum Freiburg

Lash, Scott (1996): Reflexivität und ihre Doppelungen: Struktur, Ästhetik und Gemeinschaft. In: Beck, Ulrich/Giddens, Anthony/Lash, Scott (Hrsg.). Reflexive Modernisierung. Frankfurt am Main, S. 195–286

Lave, Jean (1993): Situated learning in communities of practice. In: Resnick, Lauren/Levine, John M./Teasley, Stephanie D. (Hrsg.): Perspectives on socially shared cognition. Washington DC, S. 63–82

Lave, Jean/Wenger, Etienne (1991): Situated Learning. Legitimate Peripheral Participation. Cambridge

Lehmkuhl, Kirsten (2002): Unbewusstes bewusst machen. Selbstreflexive Kompetenz und neue Arbeitsorganisation. Hamburg

Lempert, Wolfgang (2009): Berufliche Sozialisation: Persönlichkeitsentwicklung in der betrieblichen Ausbildung und Arbeit. (Studientexte Basiscurriculum Berufs- und Wirtschaftspädagogik, Bd. 5), 2. Aufl., Baltmannsweiler

Linderkamp, Rita (2011): Kollegiale Beratungsformen. Genese, Konzepte und Entwicklung. Bielefeld

Lippmann, Eric D. (2009): Intervison: Kollegiales Coaching professionell gestalten. 2. Auflage, Heidelberg

Lipsmeier, Antonius (1996): Formalisierung und Institutionalisierung beruflicher Qualifizierungsprozesse sowie Organisationsformen beruflicher Ausbildung. In: Geißler, H. (Hrsg.): Arbeit, Lernen und Organisation. Ein Handbuch. Weinheim, S. 301–318

Löw, Martina (2001). Raumsoziologie. Frankfurt a. M.

Mader, Wilhelm (1984): Paradigmatische Ansätze in der Erwachsenenbildung, in: Schmitz, Enno/Tietgens, Hans (Hrsg.): Erwachsenenbildung. Enzyklopädie Erziehungswissenschaft Bd. 11. Stuttgart/Dresden, S. 43–58

Maier Reinhard, Christiane/Wrana, Daniel (Hrsg.) (2008): Autonomie und Struktur in Selbstlernarchitekturen. Opladen

Markert, Werner (1985): Die LERNSTATT. Ein Modell zur beruflichen Qualifizierung von Ausländern am Beispiel der BMW AG. Berichte zur beruflichen Bildung, H. 79. Berlin und Bonn: Bundesinstitut für Berufsbildung

Meyer, Rita (2006): Theorieentwicklung und Praxisgestaltung in der beruflichen Bildung. Bildungsforschung am Beispiel des IT-Weiterbildungssystems. Bielefeld

Meyer, Rita u. a. (Hrsg.) (2004): Kompetenzen entwickeln und moderne Weiterbildungsstrukturen gestalten. Schwerpunkt IT-Weiterbildung, Münster, New York

Meyer-Dohm, Peter (1991a): Bildungsarbeit im lernenden Unternehmen. In: Meyer-Dohm, Peter/Schneider, Peter (Hrsg.): Berufliche Bildung im lernenden Unternehmen. Neue Wege zur beruflichen Qualifizierung. Stuttgart, S. 19–31

Meyer-Dohm, Peter (1991b): Lernen im Unternehmen – Vom Stellenwert betrieblicher Bildungsarbeit. In: Meyer-Dohm, Peter/Schneider, Peter (Hrsg.): Berufliche Bildung im lernenden Unternehmen. Neue Wege zur beruflichen Qualifizierung. Stuttgart, S. 195–211 mmb Trendmonitor 2019/2020. https://www.mmb-institut.de/wp-content/uploads/mmb-Trendmonitor_2019-2020.pdf [13.08.2020]

Molzberger, Gabriele (2007): Rahmungen informellen Lernens. Zur Erschließung neuer Lern- und Weiterbildungsperspektiven. Wiesbaden

Molzberger, Gabriele u. a. (2008): Weiterbildung in den betrieblichen Arbeitsprozess integrieren. Erfahrungen und Erkenntnisse in kleinen und mittelständischen IT-Unternehmen. Münster

Molzberger, Gabriele (2012): Wirtschaft und Bildung im Widerstreit? Gegenrede: Ambivalenzen handlungspraktischer Gestaltung von betrieblicher Bildung. In: Weiterbildung. Zeitschrift für Grundlagen, Praxis und Trends, 23, 1, S. 22–24

Molzberger, Gabriele (2018): Arbeitsintegrierte betriebliche Kompetenzentwicklung – Innovation oder Exnovation? In: Molzberger, Gabriele/Ahrens, Daniela (Hrsg.): Kompetenzentwicklung in analogen und digitalisierten Arbeitswelten. Berlin, S. 187–196

Moraal, Dick/Schönfeld, Gudrun/Grünewald, Uwe (2004): Moderne Weiterbildungsformen in der Arbeit und Probleme ihrer Erfassung und Bewertung. In: Meyer, Rita u. a. (Hrsg.) Kompetenzen entwickeln und moderne Weiterbildungsstrukturen gestalten. Münster u. a., S. 29–44

Müller, Ulrich (2007): Bildungsmanagement – Skizze zu einem orientierenden Rahmenmodell. In: Schweizer, Gerd/Iberer, Ulrich/Keller, Helmut (Hrsg.): Lernen am Unterschied. Bildungsprozesse gestalten – Innovationen vorantreiben. Bielefeld: wbv-Verlag, S. 99–121

Müller, Ulrich (2010): Kann man Bildung managen? In: Schweizer, Gerd/Müller, Ulrich/Adam, Thomas (Hrsg.), a. a. O., S. 13–26

Müller-Vorbrüggen, Michael (2010): Struktur und Strategie der Personalentwicklung. In: Bröckermann, Reiner/Müller-Vorbrüggen, Michael (Hrsg.): Handbuch Personalentwicklung: Die Praxis der Personalbildung, Personalförderung und Arbeitsstrukturierung. 3. Aufl., Stuttgart, S. 3–14

Münch, Joachim (1977) (Hrsg.): Lernen – aber wo? Der Lernort als pädagogisches und lernorganisatorisches Problem. Trier

Münch, Joachim (1990): Lernen am Arbeitsplatz – Bedeutung innerhalb der betrieblichen Weiterbildung. In: Schlaffke, Winfried/Weiß, Reinhold (Hrsg.): Tendenzen betrieblicher Weiterbildung. Aufgaben für Forschung und Praxis. Köln, S. 141–176

Münch, Joachim (1995): Personalentwicklung als Mittel und Aufgabe moderner Unternehmensführung. Bielefeld

Münch, Joachim (2007): Berufsbildung und Personalentwicklung. Baltmannsweiler: Schneider

Münch, Joachim/Kath, F. M. (1973): Zur Phänomenologie und Theorie des Arbeitsplatzes als Lernort. In: Zeitschrift für Berufsbildungsforschung, Jg. 2, H. 1, S. 19–30

Münch, J. u. a. (1981a). Interdependenz von Lernort-Kombinationen und Output-Qualitäten betrieblicher Berufsausbildung in ausgewählten Berufen. Berlin

Münch, J. u. a. (1981b). Organisationsformen betrieblichen Lernens und ihr Einfluß auf Ausbildungsergebnisse. Berlin

Münk, Dieter/Scheiermann, Gero (2017): Die europäische Berufsbildungspolitik und ihre Folgen für die deutsche Berufsbildung. In: Bonz, Bernhard/Schanz, Heinrich/Seifried, Jürgen (Hrsg.): Berufsbildung vor neuen Herausforderungen. Baltmannsweiler: Schneider Hohengehren, S. 141–159

Negt, Oskar (1975): Soziologische Phantasie und exemplarisches Lernen. Zur Theorie und Praxis der Arbeiterbildung. Frankfurt am Main, Köln

Neuweg, Georg Hans (1999): Könnerschaft und implizites Wissen. Zur lehr-lerntheoretischen Bedeutung der Erkenntnis- und Wissenstheorie Michael Polanyis. Münster

Nickolaus, Reinhold (2008): Didaktik – Modelle und Konzepte beruflicher Bildung. (Studientexte Basiscurriculum Berufs- und Wirtschaftspädagogik, Bd. 3). 3. Aufl., Baltmannsweiler

Niemeyer, Beatrix (2005): „Neue Lernkulturen" in der Benachteiligtenförderung. In: Niemeyer, Beatrix (Hrsg.): Neue Lernkulturen in Europa? Prozesse, Positionen, Perspektiven. Wiesbaden, S. 77–9

Nuissl von Rein, Ekkehard (2006): Zur Aufgabe von Lernorten im lebenslangen Lernen. Der Omnibus muss Spur halten. In: Zeitschrift für Erwachsenenbildung, 13. Jg., H. IV, S. 29–31

Overwien, Bernd (2005): Stichwort: Informelles Lernen. In: Zeitschrift für Erziehungswissenschaft 3, 339–355

Overwien, Bernd (2016): Informelles Lernen – ein historischer Abriss. In: Harring, M./Witte, M. D./Burger, T. (Hrsg.): Handbuch informelles Lernen. Weinheim und Basel, S. 41–51

Pätzold, Henning (2017): Das organisationale Lerndreieck – eine lerntheoretische Perspektive auf organisationales Lernen. In: Zeitschrift für Weiterbildungsforschung H. 1, S. 41–52

Pätzold, Günter (1991): Lernortkooperationen – pädagogische Perspektive für Schule und Betrieb. In: Kölner Zeitschrift für „Wirtschaft und Pädagogik", Jg. 6, H. 11, S. 37–49

Pätzold, Günter/Walden, Günter (Hrsg.) (1995): Lernorte im dualen System der Berufsbildung. Bielefeld

Pätzold, Günter/Lang, Martin (1999): Lernkulturen im Wandel. Didaktische Konzepte für eine wissensbasierte Organisation. Bielefeld

Pätzold, Günter; Walden, Günter (Hrsg.) (1999): Lernortkooperation – Stand und Perspektiven. Bielefeld

Pätzold, Günter/Reinisch, Holger/Wahle, Manfred (2014): Ideen- und Sozialgeschichte der beruflichen Bildung. Entwicklungslinien der Berufsbildung von der Ständegesellschaft bis zur Gegenwart. (Studientexte Basiscurriculum Berufs- und Wirtschaftspädagogik, Bd. 10), 2. Aufl., Baltmannsweiler

Polanyi, Michael (1985): Implizites Wissen. Frankfurt am Main

QUEM (Arbeitsgemeinschaft Qualifikations-Entwicklungs-Management) (1995): Von der beruflichen Weiterbildung zur Kompetenzentwicklung. Schriften zur beruflichen Weiterbildung in den neuen Ländern. Berlin

Raffe, David (2012): National Qualifications Frameworks: European experiences and findings in an educational and an employment perspective. In: Büchter, Karin/Dehnbostel, Peter/Hanf, Georg (Hrsg.), a. a. O., S. 357–373

Rauen, Christopher (Hrsg.) (2000): Handbuch Coaching. Göttingen

Rauner, Felix (1995): Didaktik beruflicher Bildung. In: Dehnbostel, Peter/Walter-Lezius, Hans-Joachim (Hrsg.): Didaktik moderner Berufsbildung. Bielefeld, S. 331–357

Rebmann, Karin/Tenfelde, Walter (2008): Betriebliches Lernen. Explorationen zur theoriegeleiteten Begründung, Modellierung und praktischen Gestaltung Reichelt, Beate (2008): Mentoring und Patenschaft. Stuttgart

Reichelt, Beate (2008): Mentoring und Patenschaft. Stuttgart

Reinhardt, Kai (2020): Maschinen wie wir: Wie künstliche Intelligenz das organisationale Lernen verändern kann. In: Richter, Götz (Hrsg.), a.a.O., S. 143–159

Reinmann, Gabi/Eppler, Martin J. (1998): Wissenswege. Methoden für das persönliche Wissensmanagement. Bern u.a.

Reinmann-Rothmeier, Gabi/Mandl, Heinz (2000): Individuelles Wissensmanagement. Strategien für den persönlichen Umgang mit Information und Wissen am Arbeitsplatz. Bern u.a.

Reinmann-Rothmeier, Gabi/Mandl, Heinz (2001): Lernen in Unternehmen: Von einer gemeinsamen Vision zu einer effektiven Förderung des Lernens. In: Dehnbostel, Peter u.a. (Hrsg.): Berufliche Bildung im lernenden Unternehmen. Zum Zusammenhang von betrieblichen Reorganisationen, neuen Lernkonzepten und Persönlichkeitsentwicklung. 2. Aufl., Berlin, S. 195–216

REPORT (2002). Literatur- und Forschungsreport Weiterbildung: Kompetenzentwicklung statt Bildungsziele? Nr. 49. Bielefeld

Richter, Götz (Hrsg.) (2020): Lernen in der digitalen Transformation der Arbeit. Stuttgart

Rohs, Matthias (2010): Zur Neudimensionierung des Lernortes. In: Report – Zeitschrift für Weiterbildungsforschung, 33 Jg. (2), S. 34–45.

Rohs, Matthias (2016): Genese informellen Lernens. In: Rohs, M. (Hrsg.): Handbuch informelles Lernen. Wiesbaden, S. 3–38

Rottmann, Joachim (1997): Zur Professionalisierung von Diplom-Pädagogen und Diplom-Pädagoginnen in beruflich-betrieblichen Handlungsfeldern. Frankfurt a.M.

Rüegg-Stürm, Johannes (2003): Das neue St. Galler Management-Modell. Grundkategorien einer integrierten Managementlehre. 2. Aufl., Bern

Sauerborn, Elgen (2019): Digitale Arbeits- und Organisationsräume. Räumliche Dimensionen digitaler Arbeit am Beispiel Crowdworking. In: ARBEIT Zeitschrift für Arbeitsforschung, Arbeitsgestaltung und Arbeitspolitik 3(28), S. 241–262

Sauter, Edgar (2003): Strukturen und Interessen. Auf dem Weg zu einem kohärenten Berufsbildungssystem. Bielefeld

Schanz, Heinrich (2010): Institutionen der Berufsbildung. Vielfalt in Gestaltungsformen und Entwicklung. (Studientexte Basiscurriculum Berufs- und Wirtschaftspädagogik, Bd. 2). 2. Aufl., Baltmannsweiler

Schenkel, Peter (1993): Didaktisches Design für die multimediale, arbeitsorientierte Berufsbildung. Berlin

Schiersmann, Christiane (2007): Berufliche Weiterbildung. Wiesbaden

Schiersmann, Christiane/Remmele, Heide (2002): Neue Lernarrangements in Betrieben. (QUEM-report 75). Berlin

Schiersmann, Christiane/Thiel, Heinz-Ulrich (2009): Organisationsentwicklung. Prinzipien und Strategien von Veränderungsprozessen. Wiesbaden

Schlee, Jörg (2004): Kollegiale Beratung und Supervision für pädagogische Berufe. 3. Auflage. Stuttgart

Schlottau, Walter / Schmidtmann-Ehnert, Angelika / Selka, Reinhard. (1995): Ausbilden im Verbund. Argumente, Modelle, Checklisten, Vertragsmuster. Bielefeld

Schmid, Bernd / Veith, Thorsten / Weidner, Ingeborg (2013): Einführung in die kollegiale Beratung. Heidelberg

Schmidt, Hermann (2003): Die Entwicklung von Standards in der Berufsbildung. In: Bredow, Antje / Dobischat, Rolf / Rottmann, Joachim (Hrsg.): Berufs- und Wirtschaftspädagogik von A – Z. Baltmannsweiler, S. 293 – 314

Schmitz, Nadja / Winnige Stefan (2019): Anerkennung ausländischer Berufsqualifikationen: Anträge aus dem Ausland im Spiegel der amtlichen Statistik. Ergebnisse des BIBB-Anerkennungsmonitorings. Bonn

Schnabel, Bernhard / Schneider, Ulrike (2017). Heute angelernt – morgen Fachkraft. Chancen und Bedingungen arbeitsintegrierter Altenpflegeausbildung für angelernte Kräfte in der Altenpflege und für Altenpflegehelfer. In PADUA, 12 (4), 275 – 282

Schön, Donald A. (1983): The reflective practitioner. New York

Schreyögg, Georg (2008): Organisation – Grundlagen moderner Organisationsgestaltung. 5. Aufl., Wiesbaden

Schröder, Thomas (2008): Das Spezialistenprofil in der Fortbildungsverordnung und das ITAQU-Qualifizierungskonzept. In: Molzberger, Gabriele u. a., a. a. O., S. 75 – 84

Schröder, Thomas (2009): Arbeits- und Lernaufgaben für die Weiterbildung. Eine Lernform für das Lernen im Prozess der Arbeit. Bielefeld

Schröder, Thomas / Dehnbostel, Peter (2007): Arbeits- und Lernaufgaben – eine arbeitsgebundene Lernform für die betriebliche Berufsbildung. In: Dehnbostel, Peter / Lindemann, Hans-Jürgen / Ludwig, Christoph (Hrsg.): Lernen im Prozess der Arbeit in Schule und Beruf. Münster u. a., S. 291 – 300

Schultz-Wild, Lore / Lutz, Burkart (1997): Industrie vor dem Quantensprung. Eine Zukunft für die Produktion in Deutschland. Berlin u. a.

Schweizer, Gerd / Müller, Ulrich / Adam, Thomas (Hrsg.) (2010): Wert und Werte im Bildungsmanagement. Nachhaltigkeit – Ethik – Bildungscontrolling. Bielefeld

Seeber, Susan / Nickolaus, Reinhold (2010). Kompetenz, Kompetenzmodelle und berufliche Kompetenzentwicklung in der beruflichen Bildung. In Nickolaus, Reinhold u. a. (Hrsg.), Handbuch Berufs- und Wirtschaftspädagogik. Stuttgart, S. 247 – 257

Sekretariat der Kultusministerkonferenz (Hrsg.) (2018): Handreichung für die Erarbeitung von Rahmenlehrplänen der Kultusministerkonferenz für den berufsbezogenen Unterricht in der Berufsschule und ihre Abstimmung mit Ausbildungsordnungen des Bundes für anerkannte Ausbildungsberufe. Berlin. https://www.kmk.org/fileadmin/Dateien/veroeffentlichungen_beschluesse/2011/2011_09_23-GEP-Handreichung.pdf [12.02.2020]

Senatskommission für Berufsbildungsforschung (Hrsg.) (1990): Berufsbildungsforschung an den Hochschulen der Bundesrepublik Deutschland: Situation, Hauptaufgaben, Förderungsbedarf. Weinheim u. a.

Senge, Peter M. (1996). Die fünfte Disziplin. Kunst und Praxis der lernenden Organisation. 3. Aufl., Stuttgart

Seufert, Sabine (2004): Virtuelle Lerngemeinschaften: Konzepte und Potenziale für die Aus- und Weiterbildung. In Zinke, Gert / Fogolin, Angela (Hrsg.): Online-Communities. Chancen für informelles Lernen in der Arbeit. Bielefeld, S. 28 – 38

Seufert, Sabine (2013): Bildungsmanagement. Einführung für Studium und Praxis. Stuttgart

Seyda, Susanne/Placke, Beate (2020): IW-Weiterbildungserhebung 2020: Weiterbildung auf Wachstumskurs. IW-Trends 4/2020. https://www.iwkoeln.de/fileadmin/user_upload/Studien/IW-Trends/PDF/2020/IW-Trends_2020-04-07_Seyda_Placke.pdf [12.04.2021]

Siepmann, Frank (Hrsg.) (2020): eLearning BENCHMARKING Studie 2020. Gesamtstudie: Betriebliche Bildung im digitalen Wandel. Hagen im Bremischen: Siepmann media.

Sonntag, Karlheinz (1996): Lernen im Unternehmen. Effiziente Organisation durch Lernkultur. München

Sonntag, Karlheinz/Stegmaier, Rolf (2007): Arbeitsorientiertes Lernen. Zur Psychologie der Integration von Lernen und Arbeit. Stuttgart

Staehle, Wolfgang H. (1999): Management. 8. Aufl., München

Stiftung Warentest (2017): Weiterbildungsguide: Kompetenzbilanz-Verfahren. Stärken sichtbar machen. http://weiterbildungsguide.test.de/infothek/beratung/kompetenzbilanzierung [15.05.2017]

Stratmann, Karl-Wilhelm (1993). Die gewerbliche Lehrlingserziehung in Deutschland. Modernisierungsgeschichte der betrieblichen Berufsausbildung. Bd. 1: Berufserziehung in der ständischen Gesellschaft. Frankfurt am Main: G. A. F. B.

Stratmann, Karlwilhelm (1995): Das duale System der Berufsbildung – eine historisch-systematische Analyse. In: Pätzold, G./Walden, G. (Hrsg.): Lernorte im dualen System der Berufsbildung. Bielefeld, S. 25–43

Stratmann, Karlwilhelm/Schlösser, Manfred (1990): Das duale System der Berufsbildung. Eine historische Analyse seiner Reformdebatten. Frankfurt am Main

Sydow, Jörg u. a. (2003): Kompetenzentwicklung in Netzwerken. Eine typologische Studie. Wiesbaden

Tetzel, Kathrin (2007): Perspektiven der Gruppenarbeit werden vor Ort erlebbar. In: RKW Magazin 58 (4), S. 26–28

Tietze, Kim-Oliver (2016): Kollegiale Beratung. Problemlösen gemeinsam entwickeln. 8. Auflage, Reinbek bei Hamburg

Ulich, Eberhard (1999): Lern- und Entwicklungspotentiale in der Arbeit – Beiträge der Arbeits- und Organisationspsychologie. In: Sonntag, Karlheinz (Hrsg.): Personalentwicklung in Organisationen: Psychologische Grundlagen, Methoden und Strategien. Göttingen, S. 123–151

Ulrich, Peter (2009): Die normativen Grundlagen der unternehmerischen Tätigkeit. In: Dubs u. a. (Hrsg.), Bd. 1, a. a. O., S. 143–158

VALIKOM (2019): Berufsrelevante Kompetenzen bewerten und zertifizieren. https://www.validierungsverfahren.de/startseite/ [23.10.2020].

Volpert, Walter (1989): Entwicklungsförderliche Aspekte von Arbeits- und Lernbedingungen. In: Kell, Adolf/Lipsmeier, Antonius (Hrsg.): Lernen und Arbeiten (ZBW-Beiheft 8). Stuttgart, S. 117–134

Vonken, Matthias (2007): Handlung und Kompetenz. Theoretische Perspektiven für die Erwachsenen- und Berufspädagogik. Wiesbaden

Wächter, Hartmut / Modrow-Thiel, Britta (2002): Arbeitsgestaltung als Personalentwicklung. Arbeitsanalyse und die Kritik gängiger Konzeptionen von Personalentwicklung. In: Moldaschl, Manfred (Hrsg.): Neue Arbeit – Neue Wissenschaft von Arbeit? Heidelberg, S. 365 – 382

Walgenbach, Peter (2001): Giddens´ Theorie der Strukturierung. In: Kieser, Alfred (Hrsg.): Organisationstheorien. 4. Aufl., Stuttgart, S. 355 – 375

Wenger, Etienne / Snyder, William. M. (2000): Communities of Practice: The Organizational Frontier. In: Harvard Business Review, Vol. 78 (2000), H. 1, S. 139 – 145

Wilbers, Karl (2020): Einführung in die Berufs- und Wirtschaftspädagogik. Schulische und betriebliche Lernwelten erkunden. Berlin

Winkler, Katrin (2004): Wissensmanagementprozesse in face-to-face und virtuellen Communities. Berlin

Wittwer, Wolfgang / Diettrich, Andreas / Walber, Markus (Hrsg.) (2015): Lernräume: Gestaltung von Lernumgebungen für Weiterbildung. Wiesbaden

Wolter, Marc Ingo u. a. (2019): Wirtschaft 4.0 und die Folgen für Arbeitsmarkt und Ökonomie. Szenario-Rechnungen im Rahmen der fünften Welle der BIBB-IAB-Qualifikations- und Berufsprojektionen. (BIBB, Wissenschaftliche Diskussionspapiere, H. 200). Leverkusen

Womack, James P. / Jones, Daniel T. / Roos, Daniel (1992): Die zweite Revolution in der Autoindustrie. Fünfte Aufl., Frankfurt am Main, New York

Wrana, Daniel / Maier Reinhard, Christiane (Hrsg.) (2012): Professionalisierung in Lernberatungsgesprächen. Opladen

Young, Michael (2006): Auf dem Weg zum Europäischen Qualifikationsrahmen: Einige kritische Bemerkungen. In: Grollmann, Philipp / Spöttl, Georg / Rauner, Felix (Hrsg.), a. a. O., S. 81 – 93

Zinke, Gert (2019): Berufsbildung 4.0 – Fachkräftequalifikationen und Kompetenzen für die digitalisierte Arbeit von morgen: Branchen- und Berufescreening. Vergleichende Gesamtstudie. (BIBB, Wissenschaftliche Diskussionspapiere, Heft 213). Leverkusen

Zinke, Gert / Fogolin, Angela (Hrsg.) (2004): Online-Communities – Chancen für informelles Lernen in der Arbeit. Bielefeld

Zimmer, Gerhard (2015): Berufsbildung als subjektive Kompetenzentwicklung. In: Allespach, Martin / Held, Josef (Hrsg.): Handbuch Subjektwissenschaft. Ein emanzipatorischer Ansatz in Forschung und Praxis. Frankfurt am Main 2015, S. 369 – 382

zukunftsInstitut (2021): Megatrends 2021: Zeit für eine Revision. https://www.zukunftsinstitut.de/artikel/megatrends-nach-corona-zeit-fuer-eine-revision/ [23.3.2021]

Abbildungsverzeichnis

Tabellenverzeichnis

Sachwortverzeichnis